AGRICULTURE

DU

DÉPARTEMENT DE LA MEUSE

IMPRIMERIE
CUNTANT-LAGUERRE

LVX VITÆ

BAR LE C.ᵉ

Ouvrage récompensé, en 1892, par la *Société d'Encouragement pour l'Industrie nationale* (Prix unique : **2,000** fr.)

AGRICULTURE

DU

DÉPARTEMENT

DE

LA MEUSE

PAR

A. PRUDHOMME

ANCIEN ÉLÈVE DES ÉCOLES D'AGRICULTURE DES MERCHINES, DE GRAND-JOUAN
ET DE L'INSTITUT NATIONAL AGRONOMIQUE
PROFESSEUR D'AGRICULTURE DE LA MEUSE, CHEVALIER DU MÉRITE AGRICOLE

BAR-LE-DUC

CONTANT-LAGUERRE, IMPRIMEUR-ÉDITEUR

1893

SOCIÉTÉ D'ENCOURAGEMENT

POUR

L'INDUSTRIE NATIONALE.

PRIX D'AGRICULTURE.

RAPPORT *fait par* M. Risler *au nom du Comité d'Agriculture,
sur le* prix proposé pour la meilleure Étude sur l'Agriculture et l'Économie rurale *d'une* province ou d'un département.

Nous avons eu cette année neuf concurrents pour le prix de 2,000 francs destiné à la meilleure étude sur l'Agriculture et l'Économie rurale d'une province ou d'un département.

Le meilleur incontestablement des travaux qui ont été présentés à notre concours est l'*Agriculture du département de la Meuse,* par M. Prudhomme, professeur départemental. Aucun des autres ne peut lui être comparé. C'est complet, exact à la fois au point de vue pratique et au point de vue scientifique, clair et bien écrit. L'auteur nous montre bien comment les caractères agronomiques du sol superficiel et cultivé dépendent de la constitution géologique de la contrée.

Au centre se trouve la vallée de la Meuse, dont les riches alluvions sont couvertes de belles prairies, entre autres celles de Vaucouleurs. Des deux côtés de la vallée s'étendent des plateaux de calcaires jurassiques interrompus de loin en loin par des fractures qui forment les vallées secondaires du pays.

Du côté de l'Ouest, ces plateaux n'ont qu'une faible pente et s'élèvent doucement jusqu'à des hauteurs qui sont couvertes de forêts; mais, du côté de l'Est, les pentes sont abruptes, et sur ces pentes, quand elles sont exposées au Sud, on trouve encore, malgré la latitude du département, des vignes qui valaient plus de 10,000 francs par hectare il y a quelques années et qui donnaient, d'après M. Prudhomme, un produit brut de 50 hectolitres et un produit net de 500 à 600 francs dans les années favorables. Mais, hélas! ces années favorables sont devenues de plus en plus rares; aux gelées tardives sont venues se joindre des maladies de toutes sortes. Les vignerons meusiens ont beaucoup souffert, et quelques-uns ont complètement abondonné leurs vignes.

Au Nord-Est du département s'étend la vaste plaine de la Woëvre, dont le sol serait bien fertile s'il n'était pas trop compact et souvent trop humide. Après une jachère nue, labourée à plusieurs reprises au moyen d'un attelage de six chevaux, on y fait une récolte de blé médiocre, et pour clore cet antique assolement triennal, une avoine encore plus maigre. Il n'y a rien d'étonnant à ce que le prix de revient des céréales obtenues dans ces conditions, aient de la peine à lutter contre la concurrence de celles de l'Amérique. Il faudrait drainer ces terres. On l'a fait sur quelques points, mais il faudrait le faire partout. On pourrait alors supprimer la jachère improductive et intercaler entre le blé et l'avoine des fourrages ou des racines qui fourniraient de quoi nourrir plus de bétail et permettraient de faire plus de fumier. En ajoutant à ce fumier des phosphates, on aurait dans la Woëvre des récoltes et des bénéfices aussi considérables que dans les meilleurs pays. Quelques agriculteurs l'ont montré, et, grâce à leur exemple, grâce au développement de l'instruction agricole, ces progrès tendent à se généraliser.

La Meuse a une excellente École pratique d'agriculture aux Merchines, dans la partie Nord-Ouest du département qui confine à la Champagne et aux Ardennes, et qui en a déjà les caractères agricoles.

Elle a également une École primaire d'agriculture à Ménil-la-Horgne. Il y a même des cours d'agriculture dans les collèges de Commercy, de Verdun et d'Étain. Le plus grand obstacle à l'application de beaucoup d'améliorations agricoles, c'est l'extrême division et l'enchevêtrement des parcelles de terre, qui souvent n'aboutissent pas à un chemin, en sorte qu'elles sont obligées de suivre le même mode de culture que toutes leurs voisines. Au lieu de la liberté de culture, on a l'omnipotence de la majorité, qui n'est pas toujours du côté du progrès, ou du moins qui ne l'était pas jusqu'à présent. Mais, à notre époque de suffrage universel, il ne faut pas médire de la majorité et avoir foi dans la puissance de l'instruction pour l'amener au bien : c'est ce qui arrive peu à peu dans l'agriculture. Par des abornements sérieux et de nouveaux tracés de chemins, quelques communes de la

Meuse ont déjà remédié à ces inconvénients de l'extrême morcellement, et elles ont si bien réussi que leur exemple tend à être suivi ailleurs.

Je proposerai donc de donner le prix de 2,000 francs à M. Prudhomme.

Signé : RISLER, *rapporteur,*

Directeur de l'Institut national agronomique.

« EXTRAIT » DU TABLEAU

DES

RÉCOMPENSES DÉCERNÉES POUR L'ANNÉE 1892

Dans la Séance générale du 27 Mai 1892.

Prix de 2.000 francs

Pour la meilleure Étude sur l'Agriculture et l'Économie rurale d'une province ou d'un département.

LE PRIX EST DÉCERNÉ, POUR 1892,

à M. PRUDHOMME,

Professeur départemental d'agriculture de la Meuse, à Commercy.

AGRICULTURE

DU

DÉPARTEMENT DE LA MEUSE.

PREMIÈRE PARTIE.

APERÇU HISTORIQUE ET GÉOGRAPHIQUE.

Situation. — Le département de la Meuse tient son nom du fleuve la *Meuse*, qui le traverse diagonalement, suivant une ligne SSE-NNO.

Compris dans la région du Nord-Est de la France, il fait partie de l'ancienne province la *Lorraine* et se trouve situé entre les 48°,24′,33″ et 49°,37′,8″ de latitude septentrionale et les 2°,33′,13″ et 3°,31′,8″ de longitude Est. Son chef-lieu est *Bar-le-Duc*, placé par 2°,49′,24″ de longitude Est et 48°,46′,8″ de latitude Nord.

Les limites du département ne sont naturelles que sur quelques points; ailleurs, il existe une ligne conventionnelle divisant les plateaux, les plaines, les vallées et les collines. Il est borné, au Nord, par le département des Ardennes; à l'Est, par la Belgique (Luxembourg) et le département de Meurthe-et-Moselle; au Sud, par les départements des Vosges et de la Haute-Marne; à l'Ouest, par ceux de la Marne et des Ardennes.

Les départements de la Marne, de l'Aisne, de l'Oise et de la Seine-Inférieure séparent le département de la Meuse, de la Manche; la Haute-Marne, la Côte-d'Or, la Saône-et-Loire, l'Ain, l'Isère, la Drôme, le Vaucluse et les Bouches-du-Rhône se trouvent entre la Meuse et la mer Méditerranée; depuis 1870, seul, le département de Meurthe-et-Moselle le sépare de l'Alsace-Lorraine.

Formation du département. — L'histoire nous rapporte qu'à la mort de Clovis, l'Austrasie dont la capitale était Metz, était divisée en un grand nombre de pays (*pagus*) qui devinrent, dans la suite, des contrées, des comtés ou des duchés.

En feuilletant divers ouvrages anciens et modernes, ayant trait à l'historique de la Lorraine et du Barrois, nous avons recueilli, sur ces pays, les renseignements suivants :

Le Barrois (*pagus Barrensis*) a fait partie du pays des Leuquois, puis du royaume d'Austrasie; lorsqu'il formait un État particulier, il mesurait quarante lieues en longueur sur dix de largeur. Plus tard, il fut divisé en Barrois mouvant et en Barrois non mouvant.

Le Barrois mouvant, situé sur la rive droite de la Meuse, relevait du parlement de Paris; à la fin du xvıᵉ siècle, il comprenait les bailliages de Bar-le-Duc, Saint-Mihiel, Bassigny et Clermont-en-Argonne.

Le Barrois non mouvant comprenait les terres situées à l'Ouest du fleuve.

Cette contrée, érigée en duché en 1314, avait pour capitale *Bar-le-Duc* et comprenait les territoires de Bar, Ligny Commercy, Saint-Mihiel et Gondrecourt; elle avait pour limites : l'Argonne, le Verdunois, la Woëvre, le Bassigny, la Voide, le Blaisois et le Perthois.

Le Verdunois (*pagus Virdunensis*) avait pour capitale *Verdun*, il était autrefois très-étendu; il mesurait environ 18 lieues de longueur sur 12 de largeur et renfermait les décanats de Wallons, de Juvigny, de Longuyon, de Carignan et de Bazeilles. La séquestration de ces villes, placées plus tard entre les mains de l'archevêque de Trèves, réduisit la contrée, dont les limites furent les terres du pays de Toul, Trèves, Metz et Châlons. Le Verdunois touchait alors à la Champagne du côté de l'Occident et se trouvait enclavé au Nord, au Sud et à l'Est, dans la Lorraine.

La Voivre, Woëvre (*pagus Wabrensis*) était limitée par le

Verdunois, le Toulois, le Scarponois, le duché de Mosellane et le pays de Carme; indépendamment d'une partie de ces contrées qu'elle comprenait, elle renfermait aussi les bailliages d'Étain, de Briey, de Longuyon et de Viller-la-Montagne, tous dépendant du Barrois.

Ce vaste pays, limité par la Meuse et la Moselle, est l'un des plus fertiles de la Lorraine; il peut être divisé en deux parties : la Grande-Woëvre ou Haute-Woëvre, appartenant aux arrondissements de Verdun et de Montmédy et la Petite-Woëvre ou Basse-Woëvre qui fait partie de l'arrondissement de Commercy. Sa capitale était *Étain*.

L'Argonne, jadis couvert de vastes forêts, s'étendait de la Champagne aux rives de la Meuse.

Le pays de Vaux (*pagus Vallium*) avait pour capitale *Vaucouleurs* et comprenait dix-neuf à vingt villages divisés en deux cantons, les Vaux de la Meuse et les Vaux de l'Ornain.

L'Ornois en Barrois (*pagus Odornensis*), situé dans le Barrois mouvant, entre la rivière de l'Ornain et celle de la Saulx, avait pour chef-lieu *Gondrecourt*.

L'Ornois dans le Verdunois (*pagus Ornensis*) dérivait d'*Ornes,* ville et rivière.

Le pays Beden (*pago Bedensi*) s'étendait sur les bords de la Meuse et du côté de l'Occident, vers l'Ornois et dans le Barrois : ce fut plus tard un comté dans lequel se trouvaient les villes de *Commercy* et de *Void*.

Le Bassigny était le pays compris entre la Marne, la Meuse, l'Ornain et la Saulx; entre le Soulossois à l'Orient, le Blaisois au Couchant, l'Ornois au Nord. Ses principales villes étaient : *Vaucouleurs* et *Gondrecourt*.

Le Blaisois ou pays de Blois en Barrois (*Pagus Blesensis*) avait pour limites : l'Ornain, la Meuse, le pays de Void et celui de Vaux, le Barrois et l'Ornois.

Le Dormois s'avançait dans le diocèse de Reims. Les villes de *Dun* et de *Montfaucon* en faisaient partie; cette contrée s'étendait de la Meuse au delà de l'Aire et de l'Aisne.

Le pays de Carme ou Carmois est placé, par M. de Lisle, dans la Woëvre : *Bouconville*, village situé sur le Rupt-de-Mad, était dans le Carmois.

Le Saintois (*pagus Segintensis*) avait *Sauvigny* pour chef-lieu, ses limites étaient : à l'Orient le Chaumontois, au Couchant l'Ornois, au Nord le Toulois et le pays de Void, au Midi le Soulossois et le pays de Mirecourt.

Enfin le Perthois était aussi compris dans le département de la Meuse ainsi que l'attestent les désignations des villages de Savonnières-en-Perthois, d'Aulnois-en-Perthois.

Les anciennes provinces qui ont servi en tout ou seulement en partie à former ce département sont :

1° La Lorraine pour 378,393 hectares; elle comprenait le Toulois renfermant le territoire de Void, le Barrois ou duché de Bar auquel appartenaient les territoires de Bar-le-Duc, Ligny, Commercy, Saint-Mihiel et Gondrecourt.

Le Bassigny n'a fourni au département que les cantons de Gondrecourt et de Vaucouleurs.

La Woëvre.

2° Le Verdunois, qui avait pour capitale Verdun et renfermait le territoire d'Étain; il comprenait aussi l'Ornois.

3° Le Luxembourg français, ou le territoire de Montmédy.

4° Les Trois-Evêchés, pour 139,130 hectares, contrée située à l'Est de l'Argonne orientale.

5° Le Clermontois faisait partie de l'Argonne; il renfermait 34,111 hectares et s'étendait sur les territoires de Clermont-en-Argonne et sur une portion de ceux de Varennes, Dun et Stenay.

6° La Champagne à laquelle appartenait 50,000 hectares et qui comptait une fraction des doyennés de Dun et de Varennes.

Le 22 décembre 1789 une loi, promulguée par l'Assemblée nationale, divisait la France en départements. En janvier 1790 un décret, rendu par la même Assemblée, réunissait les Trois-Evêchés, le Barrois et la Lorraine pour former quatre départements dont l'un, la Meuse, fut tout d'abord désigné sous le nom de *département du Barrois*; puis enfin, définitivement, sous celui de *département de la Meuse*.

La Meuse fut ensuite divisée en huit districts dont les chefs-lieux étaient : *Bar-le-Duc, Clermont, Commercy, Etain, Gondrecourt, Saint-Mihiel, Stenay* et *Verdun*, avec cette restriction que ce nombre de huit districts pourrait être réduit à quatre si le département en faisait la demande.

Ces districts, subdivisés en 79 cantons, comprenaient 590 communes.

District de Bar-le-Duc (13 cantons) : Ancerville, Bar-le-Duc Beurey, Chardogne, Ligny, Loisey, Marats, Noyers, Revigny, Saudrupt, Stainville, Vaubecourt, Vavincourt.

District de Clermont (9 cantons) : Autrécourt, Clermont, Les Islettes, Montfaucon, Montzéville, Rarécourt, Récicourt, Triaucourt, Varennes.

District de Commercy (8 cantons) : Bovée, Commercy, Dagonville, Domremy-aux-Bois, Saint-Aubin, Sorcy, Vignot, Void.

District d'Etain (9 cantons) : Arrancy, Buzy, Etain, Gouraincourt, Herméville, Morgemoulin, Pareid, Romagne-sous-Montfaucon, Saint-Laurent.

District de Gondecourt (7 cantons) : Demange-aux-Eaux, Gondrecourt, Goussaincourt, Mandres, Maxey-sur-Vaise, Montiers-sur-Saulx, Vaucouleurs.

District du Saint-Mihiel (11 cantons) : Apremont, Bannoncourt, Bouconville, Hannonville-sous-les-Côtes, Hattonchâtel, Heudicourt, Lacroix, Pierrefitte, Saint-Mihiel, Sampigny, Woël.

District de Stenay (9 cantons) : Aincreville, Avioth, Dun, Inor, Jametz, Marville, Montmédy, Stenay, Wiseppe.

District de Verdun (13 cantons) : Beauzée, Charny, Châtillon-sous-les-Côtes, Damvillers, Dieue, Dugny, Fresnes-en-Woëvre, Ornes, Sivry-la-Perche, Sivry-sur-Meuse, Souilly, Tilly, Verdun.

En 1795, le gouvernement de la République supprima la division en districts et maintint celle des cantons.

Le 17 février 1800, le département fut divisé en quatre arrondissements; enfin un arrêté du 19 octobre 1801 réduisit le nombre des cantons à 28.

Divisions administratives. — Le département de la Meuse fait partie du 6e corps d'armée dont le quartier général est à Châlons-sur-Marne, — il forme le diocèse de Verdun (suffragant de l'archevêché de Besançon). — Il ressortit à la cour d'appel de Nancy; — à l'académie de Nancy; — il est rattaché à la 6e légion *bis* de gendarmerie dont le chef-lieu est Nancy; — à la 4e inspection des ponts et chaussées; — à l'arrondissement minéralogique de Nancy (sous-arrondissement de

Mézières); — à la 16ᵉ conservation des forêts (Bar-le-Duc); — au 6ᵉ arrondissement d'inspection des haras.

Il comprend 4 arrondissements, 28 cantons, 586 communes (1).

1° *Arrondissement de Bar-le-Duc.* — 8 cantons, 130 communes.

Canton d'Ancerville. . . . . 18 communes.
— Bar-le-Duc. . . . . 8 —
— Ligny . . . . 21 —
— Montiers-sur-Saulx . . . . 14 —
— Revigny. . . . . 17 —
— Triaucourt. . . . . 20 —
— Vaubecourt . . . . 17 —
— Vavincourt. . . . . 15 —

2° *Arrondissement de Commercy.* — 7 cantons, 176 communes.

Canton de Commercy. . . . . 29 communes.
— Gondrecourt. . . . . . . 23 —
— Pierrefitte. . . . . 26 —
— Saint-Mihiel . . . . 28 —
— Vaucouleurs . . . . 20 —
— Vigneulles. . . . . 28 —
— Void. . . . . 22 —

3° *Arrondissement de Montmédy.* — 6 cantons, 131 communes.

Canton de Damvillers. . . . . 23 communes.
— Dun . . . . 18 —
— Montfaucon . . . . 18 —

(1) En 1790, le nombre des communes était de 590, aujourd'hui il n'est plus que de 586, par suite de la réunion : 1° de la commune de Villefranche à celle de Saulmory (ordonnance du 3 novembre 1819); — 2° de la commune de Benoîte-Vaux à celle de Rambluzin (ordonnance du 28 novembre 1834); — 3° de la commune de Bassaucourt à celle de Saint-Maurice-sous-les-Côtes (décret du 15 janvier 1856); — 4° de la commune de Bertheléville à celle de Dainville-aux-Forges (décret du 15 juillet 1876).

Canton de Montmédy. . . . . 27 communes.
—   Spincourt 27   —
—   Stenay. 18   —

4° *Arrondissement de Verdun.* — 7 cantons,
149 communes.

Canton de Charny. . . . . 21 communes.
—   Clermont. 17   —
—   Etain 29   —
—   Fresnes-en-Woëvre . . . 38   —
—   Souilly. 21   —
—   Varennes 12   —
—   Verdun 11   —

Configuration du sol. — Le département de la Meuse a
une forme très-allongée, presque elliptique. Sa plus grande
longueur du Nord au Sud est de 133 kilomètres, de Breux à
Dainville-aux-Forges; sa plus grande largeur, de Corniéville
à Remennecourt est de 75 kilomètres.

La différence d'altitude entre le point le plus élevé (le plateau d'Amanty (423 mètres) et le point le plus bas (territoire
de Remennecourt (125 mètres) est de 298 mètres.

Voici la cote de quelques points pris en divers endroits du
département :

Mont de Ménil-la-Horgne. . . . . . 414 mètres.
Signal d'Hattonchâtel 412   —
Signal de Sauvigny. 411   —
Colline de Relfroy 400   —
Plateau d'Haraumont (Sivry) 398   —
Mont de Delouze 395   —
Collines de Géry et de Lignères . . . 371   —
Triconville 356   —
Montfaucon. 342   —
Gare de Loxéville. 309   —
Clermont-en-Argonne. 308   —
Varennes. 263   —
Gare de Sorcy 242   —
Gare de Spincourt 237   —

Gare de Lérouville . . . . 231 mètres.
Woëvre (plaine) . . . . 200 à 250   —
Gare de Verdun 200   —
Bar-le-Duc. 185   —
Revigny 138   —

Examiné dans son ensemble, le département de la Meuse offre l'aspect d'un vaste plateau ayant deux inclinaisons, l'une vers le Nord, l'autre vers l'Ouest et fissuré du Sud-Est au Nord-Ouest par une vallée assez large dans laquelle coule le fleuve la *Meuse.*

Si l'on pousse l'investigation plus loin, il est facile de distinguer : 1° une grande plaine, 2° une première chaîne de montagnes, 3° une vallée, 4° une seconde chaîne de montagnes, 5° une série de plateaux inclinés vers l'Ouest et séparés par des vallées de forme et de direction variables.

La plaine, qui occupe la partie Est du département, porte le nom de Woëvre; elle est limitée par le département de Meurthe-et-Moselle et l'Argonne orientale; son altitude varie de 200 à 250 mètres; quant à sa plus grande largeur elle ne dépasse pas 15 kilomètres.

Quoique d'un aspect monotone, la Woëvre est cependant agrémentée par de nombreux filets d'eau, par de beaux étangs et de magnifiques forêts. Son inclinaison vers l'Est facilite l'écoulement de ses eaux vers le Rhin; cette plaine fait donc partie du bassin du Rhin.

La chaîne de montagnes, qui sépare la plaine de la Woëvre de la vallée de la Meuse, est l'Argonne orientale, plus communément désignée sous le nom de *Côtes* (Côtes de la Woëvre). Cette série de montagnes dont les sommets forment la ligne de partage des eaux entre le bassin du Rhin et le bassin de la Meuse, s'étend de Corniéville à Stenay, en présentant des différences d'altitude très-variables; ainsi à l'Est de Commercy, sa cote est de 394 mètres; à Gironville de 412; entre Verdun et Fresnes-en-Woëvre, son niveau s'abaisse à 363 mètres pour se relever entre Charny et Étain à 383 mètres; enfin son altitude est de 390 mètres entre Dun et Damvillers.

Des contreforts, plus ou moins élevés, se détachent de la

chaîne principale et viennent se confondre avec la plaine de la Woëvre. Le versant Est des Côtes se trouvent en grande partie couvert de vignobles et d'arbres fruitiers; les sommets sont boisés. Dans cette région les villages sont nombreux et très-rapprochés. Le versant occidental, moins abrupt que celui de l'Est, est en culture; seules, les pentes, trop rapides, sont boisées ou en friches.

La vallée de la Meuse, limitée par les Argonnes orientale et occidentale, a une largeur de quelques kilomètres seulement; la largeur maximum est comprise entre Dun et Stenay. Son niveau est sensiblement inférieur à celui de la plaine de la Woëvre avec laquelle elle communique, en quelques endroits : le col de Boncourt, la vallée de la Creüe et celle du ruisseau d'Aulnois. A son entrée dans le département, sa cote est de 267 mètres, elle est de 162 mètres à sa sortie. Cette vallée, très-fertile, est presque entièrement couverte de jolies prairies justement renommées par l'abondance et la qualité tout exceptionnelles de leurs foins.

L'Argonne occidentale sépare le bassin de la Meuse de celui de la Seine : elle est coupée par de nombreux vallons qu'arrosent les affluents de la Meuse et de l'Aire. Ses principaux sommets sont : le buisson d'Amanty, 423 mètres; les hauteurs de Delouze, 395 mètres; de Méligny-le-Grand, 448 mètres; de Ménil-la-Horgne, 414 mètres; à Courouvre, sa cote est de 320 mètres; près de Sivry-la-Perche, 357 mètres; à Montfaucon, 342 mètres.

L'Argonne occidentale occupe deux à trois fois plus de largeur que l'Argonne orientale; à part quelques sommets, elle est moins élevée que celle-ci et ses pentes sont ou en culture ou couvertes de bois.

Le plateau du Barrois couvre la plus grande partie de l'arrondissement de Bar-le-Duc; il s'étend même dans les arrondissements de Commercy et de Verdun; son inclinaison vers l'Ouest est très-sensible. Plusieurs dépressions très-étroites livrent passage à quelques cours d'eau, dont les principaux sont : l'*Ornain*, la *Saulx* et la *Chée*.

Ce plateau, parsemé de petits bosquets, est entièrement livré à la culture arable.

Les coteaux, dits de l'*Argonne,* se dirigent parallèlement à la rivière d'*Aire* et servent à séparer cette vallée de celle de l'*Aisne;* ils sont complètement couverts par la belle forêt des Argonnes, comprise entre Beaulieu et Montblainville.

Enfin, dans la partie Nord du département, on remarque des coteaux abrupts, peu fertiles, séparant les vallées de la Chiers, de l'Othain et de la Loison ; des collines partageant le terrain en vallées secondaires, dans lesquelles coulent les eaux de plusieurs rivières ou ruisseaux, ou alors, formant des vallons assez gracieux.

La superficie totale du département de la Meuse est de 622,806 hectares 61 ares, répartis de la manière suivante entre les quatre arrondissements.

	hectares.	ares.	cent.
Arrondissement de Bar-le-Duc. .	141,916	27	51
— Commercy . .	196,798	54	36
— Montmédy . .	135,094	21	34
— Verdun. . . .	148,997	58	08

Superficie de chacun des cantons du département.

1° *Arrondissement de Bar-le-Duc.*

	hectares.	ares.	cent.
Canton d'Ancerville.	20.069	08	34
— Bar-le-Duc	9,192	20	14
— Ligny.	19,451	45	88
— Montiers.	19,959	33	13
— Revigny.	16,621	05	93
— Triaucourt	19,728	13	97
— Vaubecourt	22,069	05	12
— Vavincourt	14,825	95	00

2° *Arrondissement de Commercy.*

	hectares.	ares.	cent.
Canton de Commercy	29,489	46	71
— Gondrecourt.	34,124	29	81
— Pierrefitte.	29,886	79	02
— Saint-Mihiel	28,524	38	40
— Vaucouleurs.	21,271	58	87
— Vigneulles..	26,074	21	18
— Void	27,427	80	37

3° *Arrondissement de Montmédy.*

	hectares.	ares.	cent.
Canton de Damvillers	21,526	54	02
— Dun	16,993	36	33
— Montfaucon	21,465	87	35
— Montmédy	25,627	73	00
— Spincourt	29,888	53	95
— Stenay	19,592	16	69

4° *Arrondissement de Verdun.*

Canton de Charny	23,069	03	20
— Clermont	19,860	89	30
— Etain	24,070	95	50
— Fresnes-en-Woëvre	25,692	51	89
— Souilly	24,060	24	66
— Varennes	15,362	58	44
— Verdun	16,881	35	09

Hydrographie. — Considérée sous le rapport hydrographique, la *Meuse* peut être divisée en deux bassins : celui du Rhin et celui de la Seine.

La ligne de partage des eaux, très-sinueuse, a une direction sensiblement parallèle au cours de la Meuse; elle prend naissance dans le département à Vaudeville, suit la direction S.-E. N.-O. en passant par Amanty, Delouze, Rosières-en-Blois, Broussey-en-Blois, Méligny-le-Grand, à l'Ouest de Ménil-la-Horgne, à Ernecourt, Ménil-aux-Bois, Rupt-devant-Saint-Mihiel, Courouvre, Heippes, Lemmes, Blercourt, Sivry-la-Perche, Montfaucon, Épinonville, Gesnes et Bantheville, puis se prolonge dans le département des Ardennes.

Les eaux recueillies par les 2,345 cours d'eau, dont 20 rivières et un fleuve, que compte le département, sont réparties à peu près également entre les deux bassins. La longueur de ces cours d'eau forme un total de 4,775 kilomètres.

Bassin du Rhin. — Ce bassin occupe la partie Est du département; il a une superficie d'environ 370,000 hectares et peut être divisé en trois bassins secondaires : le bassin de *la*

Moselle qui reçoit les cours d'eau du Sud-Est; celui de *la Meuse* recevant ceux de l'Ouest; celui de *la Chiers*, dépendance du précédent, reçoit les filets d'eau venant du Nord-Est.

BASSIN DE LA MOSELLE. — Les eaux des 340 cours d'eau qui appartiennent au bassin de la Moselle, dont la superficie est pour la Meuse de 86,942 hectares, se rendent dans ce fleuve par l'intermédiaire de deux cours d'eau : le *Rupt de Mad* et l'*Orne*.

Le *Rupt de Mad* prend sa source dans le bois de Raulecourt, baigne Broussey-en-Woëvre, reçoit les eaux du ruisseau de Pinceron, celles provenant de l'écoulement des étangs de Moulin-Neuf et de Bouquenel; passe à Bouconville où il se grossit des eaux de l'étang de ce nom, gagne Xivray-Marvoisin, Richecourt, Lahayville, quitte le département et passe dans celui de Meurthe-et-Moselle où il reçoit la Madine dont le parcours est de 12 kilomètres dans la Meuse.

L'*Orne*, dont le trajet est de 30 kilomètres dans le département, naît au-dessus d'Ornes, village du canton de Charny ; il reçoit les eaux des étangs d'Amel, de Bloucq, traverse la ville d'Etain, se grossit du Tavanne, arrose Warcq, Gussainville, Buzy, Saint-Jean et Parfondrupt, puis entre dans Meurthe-et-Moselle.

Cette rivière, dont la largeur moyenne est de 7 mètres à Étain, roule, lors des grandes crues, un volume d'eau de 57 mètres cubes par seconde, entre Étain et Warcq.

L'Orne, dont la pente est assez forte et le fond vaseux, a pour affluents, sur la rive gauche : les ruisseaux de Bèche, de Longeau, de Rosa, de Béchamps et sur la rive droite : ceux de Vaux, de Tavanne, d'Eix, de Moulainville, de Ronvaux, de Renessel.

Le *rû de Longeau* prend sa source à la ferme de Longeau, commune d'Hannonville, traverse la plaine de la Woëvre, arrose Fresnes-en-Woëvre, s'unit dans Meurthe-et-Moselle à l'Yron qui mêle ses eaux à celles de l'Orne, près de Conflans. La pente de ce cours d'eau est plus forte que celle de l'Orne, aussi ses crues sont-elles de moins longue durée.

Le Longeau a pour affluents, sur la rive droite : les ruisseaux de Fin-de-Devant, de Chapelotte, d'Hannonville et le rû de Seigneulles, et sur la rive gauche ceux d'Haudiomont, de Riaville, de Maizeray et de Pareid.

La rivière d'*Yron*, affluent de la rive droite de l'Orne, se forme près de Vigneulles, rencontre l'Orne à Conflans après un parcours du 34 kilomètres (dont 13 au-dessus du point où elle quitte le département de la Meuse), se grossit ensuite des eaux des ruisseaux de Saumure et d'Hattonville. Le bassin de cette rivière renferme les étangs les plus considérables du département. Les étangs de Beugné, d'Afrique, de Parrois et de Lachaussée occupent environ le dixième de la surface de ce bassin.

BASSIN DE LA MEUSE. — Le bassin de la Meuse couvre, dans le département, une surface de 209,208 hectares et compte 766 cours d'eau ayant une longueur totale de 1,413 kilomètres.

La *Meuse*, généralement considérée comme fleuve, n'est en réalité qu'un grand tributaire du Rhin avec les eaux duquel elle se mêle près de son embouchure.

Elle entre dans le département à Brixey-aux-Chanoines avec la cote de 267 mètres et en sort, au-delà de Pouilly, avec celle de 162 : son trajet étant d'environ 226 kilomètres. sa pente dans la Meuse est donc de $0^m,00044$ par mètre.

La Meuse prend sa source au village de Meuse (Haute-Marne), par 409 mètres d'altitude.

Les principales localités arrosées par ce cours d'eau sont : Sauvigny, Vaucouleurs, Pagny-sur-Meuse, Commercy, Saint-Mihiel, Lacroix, Tilly, Dieue, Verdun, Charny, Bras, Consenvoye, Sivry-sur-Meuse, Vilosnes, Dun, Stenay, Pouilly.

Le bassin de la Meuse est argileux, imperméable dans les départements supérieurs; l'importance des affluents de ce fleuve dans les mêmes départements et la forme étranglée de sa vallée, dans la Meuse, font que ce cours d'eau croît très-rapidement lors des grandes pluies ou de la fonte des neiges; il n'est pas rare de le voir sortir de son lit trois ou quatre fois par an.

Ses berges étant relativement peu élevées, il inonde toutes les terres de la vallée et les couvre d'une nappe d'eau de 1 mètre à 1 mètre 50 de hauteur.

Lorsque les crues se produisent en hiver, c'est un bienfait, car elles laissent sur le sol un limon très-riche qui le fertilise; malheureusement, les inondations arrivent parfois pendant la fenaison; il en résulte, pour le cultivateur, des pertes très-sérieuses, pouvant varier de 200,000 francs à un million. Le foin, sali par les dépôts, perd de ses qualités et, par suite, de sa valeur, souvent même il est entraîné par le courant.

Depuis quelques années, l'établissement d'un service télégraphique a permis d'informer les cultivateurs, au moins deux jours à l'avance, de l'importance des crues; c'est là, selon nous, un excellent moyen de prévenir ces grands désastres, toujours si préjudiciables à la culture et, par conséquent, à l'aisance des populations rurales.

Le débit de la Meuse à l'étiage était, en 1839, de 2 mètres cubes 40 au moulin de Rigny-la-Salle. Il était, d'après les jaugeages faits en 1822, par M. Vallée, de 4 mètres cubes par seconde à Ville-Issey; 4,500 au-dessus de Mécrin; 5 à Chauvoncourt; 5,500 à Villers-sur-Meuse; 6 en amont de Verdun; 6,300 à Cumières; 8 à Sassey et 9 à Martincourt. Il est facile de voir, par ces chiffres, que la Meuse sort du département avec un volume d'eau plus que double de celui qu'elle a en y entrant.

En temps ordinaire, le volume des eaux est le suivant : 7 mètres cubes en amont de Sauvigny, 12 entre Rigny-la-Salle et Pagny-sur-Meuse, 20 en aval de Maizey et 28 en aval de Verdun.

Lors des grandes crues, le débit de cette rivière atteint 400 mètres cubes en amont de Sauvigny, 590 entre Sorcy et Maizey et 700 en aval de Verdun; il s'est élevé jusque 799 mètres cubes à Verdun.

La largeur de la Meuse est très-variable; elle est de 23 mètres en amont de Sauvigny, de 31 en amont de Sorcy, de 35 à Maizey, de 37 en aval de Verdun et de 42 à Stenay. Le lit est creusé dans une masse argileuse, dont le fond est garni de graviers provenant des montagnes des Vosges; il présente une série de biefs au-dessous desquels existent des gués qui semblent n'avoir jamais été déplacés.

La partie du fleuve comprise entre Verdun et Charleville (Ardennes) se nomme *Basse-Meuse,* au dessus de Verdun, c'est la *Haute-Meuse.*

Autrefois, les bateaux de faible tonnage ne pouvaient remonter le cours de la Meuse que jusque Saint-Mihiel ; mais depuis la création du canal de l'Est, qui emprunte souvent le lit du fleuve, la navigation peut se faire jusque Troussey, point de jonction de ce canal avec celui de la Marne au Rhin.

Les bras secondaires naturels et artificiels de la Meuse ont une grande importance, comme longueur, puisqu'ils atteignent 75 kilomètres ; mais cette importance est autrement considérable au point de vue des intérêts domestiques, industriels et agricoles qu'ils desservent ou qu'ils sont appelés à desservir.

· Les principaux affluents de la Meuse sont, sur la rive droite : le ruisseau de *Ruppes* qui coule dans une large vallée livrée à la culture arable, et déverse ses eaux au-dessous de Sauvigny ; puis les ruisseaux de Pagny-la-Blanche-Côte, de Gibeaumeix, d'Euville, de Boncourt, de Marbotte, de Marsouppe ; le ruisseau de Rupt de Creüe qui, après avoir reçu les eaux des ruisseaux de Criot, de Woëvre, de l'Etanche, de Deux-Nouds, de Lamorville, se réunit à la Meuse à Maizey ; enfin on peut encore citer les filets d'eau de Dompierre, de Mouilly, de Génicourt, de Dieue, de Belrupt, de Brabant, de Sivry-sur-Meuse, de la Doua, de Milly, de Laison et de Moulins.

Le ruisseau de *Boncourt* d'une longueur de 6,800 mètres, a un débit, lors des grandes crues, de 6 mètres cubes 800 : ses eaux circulent dans une vallée courte et large qui met en communication le bassin de la Meuse avec celui de la Moselle.

Les eaux de *Rupt de Creüe* fertilisent aujourd'hui, grâce aux travaux d'irrigation entrepris à Lamorville et à Spada, les riches prairies de ces deux localités.

Le cours d'eau de *Dompierre* est utilisé par quelques usines.

Sur la rive gauche, la Meuse reçoit les eaux des ruisseaux de Greux, de Vouthon, d'Amanty, de Vaise, de Septfond, de la Meholle, de Fluent, de Laneuville-au-Rupt, de Breuil, de Chonville, de Girouët, de Ménil-aux-Bois, de Kœur-la-Petite, de Behaut, de Thillombois, de Récourt, de Lempire, de Baleycourt, de Sivry-la-Perche, de Béthelainville, de la Claire, de Vinvaux, de Forges, de Guénoville, de Butel, de Vassieu, d'Andon, de Jupille, de Mont-devant-Sassey, de Froide-Fontaine, de Wiseppe, des Forgettes, de la Lieuse, enfin de Vame.

Les eaux du ruisseau d'Amanty disparaissent dans la vallée et semblent contribuer à l'alimentation de la Vaise par des filtrations souterraines.

La *Vaise* a une source, très-remarquable par son grand débit ; elle fait, en effet, mouvoir à sa sortie de terre un moulin d'une certaine importance.

La *Meholle* a une longueur de 12,420 mètres et, dans les grandes eaux, un débit de 21 mètres cubes par seconde. Cette rivière et ses affluents de la rive gauche, jusqu'à Villeroy, perdent leurs eaux pendant les sécheresses, par suite de la perméabilité des bancs qu'ils traversent.

Le *Fluent* ou *Vidus,* malgré son faible parcours 4,720 mètres, donne néanmoins, lors des grandes crues, un volume d'eau de 24 à 28 mètres cubes par seconde.

Le Vidus est formé par la réunion du ruisseau de Vacon dont le cours est très-régulier, et de la Meholle, qui lui apportent ensemble les eaux d'un bassin de 8,654 hectares. Une prise d'eau, sur le ruisseau de Vacon, sert à l'alimentation du canal de la Marne au Rhin. En raison de ses dimensions en largeur et profondeur, le Vidus déborde rarement, si ce n'est dans la prairie de Void.

La petite vallée du ruisseau de *Récourt* mérite d'être signalée à cause de l'importance de ses irrigations ; il en est de même de la vallée du ruisseau de *Forges.*

Le ruisseau de *Wiseppe* limite les Ardennes sur une étendue de 280 mètres ; d'une longueur de 15,860 mètres, il débite dans les grandes crues 25 mètres cubes par seconde.

BASSIN DE LA CHIERS. — Les 73,447 hectares que couvre le bassin de la Chiers sont sillonnés par 340 filets d'eau, mesurant ensemble 699 kilomètres.

La *Chiers* prend sa source dans le duché de Luxembourg ; elle entre dans le département à Velosnes, traverse la partie septentrionale de l'arrondissement de Montmédy, arrose le Médy-bas, Chauvency-le-Château, Brouennes et Olizy et se réunit à la Meuse à 6 kilomètres de Sedan.

La vallée de la Chiers est très-resserrée et les coteaux qui la bordent sont à flancs inclinés. Cette rivière a beaucoup de pente, malgré les nombreuses sinuosités qu'elle décrit, elle est sujette à des crues fréquentes et d'une assez grande intensité, puisque le volume de ses eaux atteint parfois 90 mètres cubes à Velosnes, 130 entre Vigneul-lès-Montmédy et Montmédy, 180 entre Brouennes et le département des Ardennes.

La Chiers fait limite, savoir : sur 3,980 mètres avec la Belgique et sur 1,100 mètres avec la Meurthe-et-Moselle; elle devient navigable à La Ferté, village des Ardennes, situé à 1 kilomètre au delà de la limite du département de la Meuse.

Ses affluents sont : la Thonne, les ruisseaux de Bouillon et de Bièvres; sur sa rive gauche, elle reçoit les ruisseaux d'Iré, de Bruges, de Nepvant, d'Olizy, la Crune et l'Othain.

L'*Othain* est une rivière importante qui prend sa source dans Meurthe-et-Moselle; à une dizaine de kilomètres en amont de son entrée dans la Meuse, elle arrose Spincourt et Saint-Laurent, reçoit les eaux des ruisseaux de la Noue, d'Avillers, de Bellefontaine, de l'Étang et s'unit à la Chiers au-dessus de Montmédy. Dans les grandes eaux elle débite de 15 à 37 mètres cubes par seconde.

La *Loison* a sa source au village de ce nom, après un parcours de 56 kilomètres elle s'unit à la Chiers entre Chauvency-le-Château et Montmédy; elle arrose : Billy-sous-Mangiennes, Mangiennes, Merles, Jametz et Juvigny-sur-Loison; elle a pour affluents, sur la rive droite : la fontaine de la Cuve et le ruisseau de Delut, et sur la rive gauche : le ruisseau d'Azannes, la Tinte qui passe à Damvillers et dont la vallée est couverte de prairies humides, les ruisseaux de Vaux, de Flabas, de Réville, d'Harbon et de Brandeville.

BASSIN DE LA SEINE. — Le bassin de la Seine a, dans la Meuse, une importance moins grande que celui du Rhin, puisqu'il ne couvre que 253,181 hectares; il se divise en deux bassins secondaires : celui de la *Marne* et celui de l'*Aisne*.

BASSIN DE LA MARNE. — Ce bassin, d'une surface de 136,242 hectares, est arrosé par 378 cours d'eau. La Marne, rivière canalisée, ne pénètre pas dans la Meuse; elle sépare ce département de celui de la Haute-Marne sur une longueur de 3,550 mètres. Sur sa rive droite, elle reçoit deux rivières importantes : la *Saulx* et l'*Ornain*.

La *Saulx* prend sa source à Germay (Haute-Marne); elle passe dans la Meuse à Montiers-sur-Saulx, Dammarie, Stainville, Haironville, Mognéville et se joint à la Marne au-dessous de Vitry-le-François. Cette rivière, dont le parcours dans le département de la Meuse est de 69 kilomètres, a une largeur de 9 à 12 mètres et une pente totale de 166 mètres. Le volume de ses crues atteint 18 mètres cubes par seconde, en amont de Montiers, 90 entre Lisle-en-Rigault et Haironville et 120 en aval de Mognéville.

La Saulx coule dans une vallée étroite et encaissée; sa pente étant en moyenne de $0^m,005$ de Montiers à Stainville et de $0^m,0015$ d'Haironville à Mognéville, il s'ensuit que ce cours d'eau est susceptible de décroître rapidement lors des grandes crues. On a mis à profit la vitesse de ses eaux en construisant sur tout son parcours d'importantes usines.

Les affluents de la Saulx sont, sur la rive droite : les ruisseaux d'Orge, dont la vallée débouche dans celle de la Saulx à 2 kilomètres au delà de Dammarie, de Nant, de Montplonne, de Trémont, de Beuse; la *Laume* est le seul affluent important, de la Saulx, sur la rive gauche.

L'*Ornain* se forme à 3 kilomètres en amont de Gondrecourt par la réunion de la Maldite et de l'Ognon dont les deux bassins ont ensemble une superficie de 27,600 hectares; il passe à Gondrecourt, Tréveray, Ligny, Bar-le-Duc, Revigny et se joint à la Saulx près d'Etrepy (Marne).

La vallée de l'Ornain, d'abord très-resserrée près de Gondrecourt, s'élargit au delà de cette ville, pour se rétrécir ensuite jusque Bar-le-Duc et prendre plus de développement à Neuville-sur-Orne et à Revigny.

L'Ornain, traversant des terres très-perméables, perd une partie de ses eaux et devient fréquemment à sec en été; le volume des eaux, lors des grandes crues, atteint 70 à 130 mètres cubes; son lit, creusé dans un gravier sans adhérence, se trouve déplacé à chaque instant, ce qui occasionne parfois de grands dégâts, surtout entre Bar-le-Duc et la limite du département.

L'Ornain, déclaré navigable en 1835, servait autrefois au flottage des planches de sapin à destination de Paris. Le flottage des bois provenant des forêts des Vosges, se faisait en partie sur l'Ornain et en partie sur le canal de l'Ornain. Ce canal, d'une longueur de 20 kilomètres, alimenté par la rivière, prend naissance au-dessous du village de Laimont et aboutit à la Chée un peu au-dessus d'Alliancelles (Marne).

Malgré le vœu renouvelé, depuis 1856 jusqu'à ce jour, par le Conseil général de la Meuse, pour obtenir le déclassement de cette rivière, aucune résolution n'a encore été prise.

L'Ornain reçoit sur sa rive droite les ruisseaux des Machaires, de la Bourboure, de Noitel, de Bellevue, de Malval, de Salmagne, de Loisey, de Resson, le Newton, et sur sa rive gauche, les filets d'eau de Naillemont, de Richecourt, d'Ormanson, de Longeaux, de Givrauval, de Velaines, de Savonnières-devant-Bar, de Remennecourt.

La *Chée*, formée par la réunion de plusieurs filets d'eau prenant naissance sur les territoires de Seigneulles, de Rembercourt-aux-Pots et des Marats, arrose Louppy-le-Petit, Noyers, coule à peu près parallèlement à l'Ornain et dans sa partie inférieure confond sa vallée avec celle qui est commune à la Saulx et à l'Ornain, puis se jette dans la Saulx près de Vitry-le-Brûlé (Marne). Le volume de ses eaux, lors des grandes crues, est de 9 mètres cubes entre Marats et Condé; il passe à 45 entre Louppy-le-Petit et Nettancourt et à 60 entre ce dernier village et Revigny.

La Chée reçoit les eaux des ruisseaux de Rembercourt-aux-Pots, de Lisle-en-Barrois, de Ricoë, de Nivelot, de la Lineuse, de la Rigole et de Brabant; celui-ci charrie, lors des hautes eaux, 18 mètres cubes d'eau par seconde.

BASSIN DE L'AISNE. — Le bassin de l'Aisne comprend 521 petits ruisseaux dont la longueur totale est de 989 kilomètres; il a une superficie de 116,939 hectares.

L'*Aisne* prend sa source à Sommaisne, village du canton de Vaubecourt, situé à 230 mètres d'altitude, passe à Vaubecourt et quitte le département entre Senard et Charmontois (Marne), après lui avoir servi de limite sur un parcours de 5 kilomètres. Ce cours d'eau n'est encore qu'un ruisseau à son entrée dans la Marne puisque le volume de ses grandes crues n'atteint, dans la Meuse, que 20 mètres cubes par seconde.

Les affluents de l'Aisne sont : les ruisseaux de la Presle, de Coubreuil, de Thabas et de Brouennes.

La *Biesme* se forme dans la forêt de Beaulieu, aux étangs de Saint-Rouin, et se jette dans l'Aisne au-dessus de Vienne-le-Château (Marne), après avoir arrosé Futeau, les Islettes, Lachalade et séparé le département de la Meuse de celui de la Marne sur une longueur de 15,300 mètres. La Biesme, canalisée en aval de Conrupt, était autrefois navigable et servait au xviiiᵉ siècle au flottage des bois, très-abondants dans les environs.

Elle coule dans une vallée abrupte, creusée, dans toute sa longueur en pleine forêt d'Argonne. Ses grandes crues dépassent rarement, entre Le Claon et Lachalade, 50 mètres cubes par seconde. Elle a comme tributaires : les ruisseaux de Hutebas, de Borda, de Grand-Rupt, de la Gorge-aux-Sangliers, de Péru, de Chevrière, de Sept-Fontaines, des Courte-Chaussées et des Meurissons.

La rivière d'*Aire* est un affluent de droite de l'Aisne; elle naît près de Saint-Aubin, canton de Commercy; quitte le département au delà de Montblainville pour s'unir à l'Aisne à Termes (Ardennes). Les principales localités que baigne ce cours d'eau sont : Pierrefitte, Chaumont-sur-Aire, Beauzée, Nubécourt, Autrécourt, Rarécourt, Aubréville, Boureuilles, Varennes et Montblainville.

La longueur totale du cours principal de l'Aire, dans la Meuse, est de 101 kilomètres; sa largeur varie de 1 à 15 mètres et le volume de ses eaux, en temps de crue, est de 30 mètres cubes à Baudrémont, 95 à Nubécourt, 110 à Clermont et 170 à Varennes. Sa pente moyenne est de $0^m,00215$ de sa source au ruisseau de Flabusieux, et $0^m,0014$ de ce point à l'Aisne. L'Aire est à sec pendant l'été, depuis sa source jusqu'à Nicey; sa vallée peu encaissée est couverte de magnifiques prairies, dont la fécondité naturelle est due aux nombreuses crues d'hiver.

Cette rivière a pour affluents les ruisseaux de Levoncourt, de Belrain, de l'Ézerule, de Flabusieux, de Vadelaincourt, la Cousance et la Buanthe.

Le ruisseau de Vadelaincourt a sa source au village de ce nom; il s'unit à la Cousance à Parois après un parcours de 22 kilomètres.

La *Cousance* est formée par la réunion de plusieurs sources situées dans la prairie de Souilly. Le cours de ce ruisseau, d'une longueur de 31 kilomètres, peut être considéré comme torrentiel jusqu'au delà d'Ippécourt; en aval de ce village, les crues deviennent plus tranquilles à cause de l'élargissement de la vallée; elles donnent 80 mètres cubes d'eau par seconde entre Parois et Aubréville. La Cousance déverse ses eaux dans l'Aire à Aubréville.

La *Buanthe* prend sa source dans les bois d'Avocourt et tombe dans l'Aire à Baulny après un parcours de 19 kilomètres, le long duquel elle alimente plusieurs usines.

État récapitulatif, par bassin, des cours d'eau du département.

DÉSIGNATION DES BASSINS		SURFACES occupées par les bassins dans le département.		NOMBRE des cours d'eau non navigables ni flottables.		LONGUEUR des cours d'eau non navigables ni flottables par bassin fluviatile.	LON- GUEUR des cours d'eau par hectare.
Secondaires.	Principaux.	Secondaires.	Principaux.	Bassins secondaires.	Bassins principaux.		
Bassin de l'Aisne...	. . . . .	116,939	. . . .	521	. . .	. . . .	8m45
Bassin de la Marne....	. . . . .	136,242	. . . .	378	. . .	. . . .	6 51 *a*
	Bassin de la Seine....	. . . .	253,181	. . .	899	1,831,436m	7 41 *b*
Bassin de la Chiers...	. . . . .	73,447	. . . .	340	. . .	. . . .	9 52
Bassin de la Meuse...	. . . . .	209,208	. . . .	766	. . .	. . . .	7 18 *c*
	Bassin de la Meuse...	. . . .	282,655	. . .	1,106	2,113,650	7 79 *d*
Bassin de la Moselle..	Bassin du Rhin.....	86,942	86,942	340	340	830,444	9 55
Totaux pour le département...		622,778	. . .		2,345	4,775,530	7 88 *e*

a et *b*, si l'on comprend les 45,275 mètres de l'Ornain flottable et de ses dérivations.

c et *d*, si l'on comprend les 80,985 mètres de la Meuse navigable et de ses dérivations.

e, en comprenant la Meuse navigable, l'Ornain flottable et leurs dérivations.

Étangs. — Les 252 étangs, que l'on compte dans la Meuse, couvrent une surface de 2,036 hectares; ils sont formés ou alimentés par des sources, par des rivières ou par l'accumulation en un même point, des eaux pluviales.

Le nombre considérable d'étangs qui subsistaient dans le Barrois, avant 1790, se trouve aujourd'hui singulièrement réduit : leur surface était de 3,251 hectares en l'an XII.

En 1322, l'étang de Morinval était déjà connu, car la Chaussée et la Busine nécessitèrent, au mois de décembre 1322, des travaux que le mayeur dut faire exécuter au compte du domaine.

Au xv⁰ siècle, Louppy-le-Château était environné de nombreux étangs qui, tous, appartenaient au domaine.

En 1680, le territoire de Saint-Benoît comprenait 18 étangs dont deux en ruine.

La ferme de Waly, appartenant à M. baron de Benoist, était autrefois couverte de huit étangs; aujourd'hui il n'en existe plus qu'un dont la surface est peu considérable.

On a dû, à la suite de plusieurs épidémies, procéder au dessèchement d'un certain nombre d'étangs considérés comme des foyers pestilentiels. Ceux qui ont été conservés sont, pour la plupart, soumis à l'assolement alterne; c'est-à-dire qu'ils sont empoissonnés pendant une période de un à quatre ans, pour être ensuite et pendant le même laps de temps, livrés à la culture après avoir été mis à sec. Cette alternative est profitable aux propriétaires, car les limons déposés sur le sol constituent un excellent engrais, tandis que les plantes ou leurs détritus laissés à la surface de l'étang servent à la nourriture des poissons.

La constitution du sol de la Woëvre et de l'Argonne favorise, au plus haut degré, la formation des étangs; c'est, en effet, dans ces deux contrées que l'on rencontre les plus grandes étendues d'argile dont la propriété est de retenir les eaux et de s'opposer à leur filtration dans les couches du sous-sol.

Les principaux étangs situés dans la Meuse sont, par ordre d'importance :

L'étang de Lachaussée, d'une superficie de. 340 hectares.
— de Saint-Benoît. . . . . 176 —

L'étang de Bouconville . . . .   160 hectares.
— le Grand-Morinval   78   —
— de Senon.   65   —
— d'Amel   58   —
— de Morainville   55   —
— d'Azannes.   55   —
— de Billy.   50   —
— de Saint-Jean-les-Buzy   47   —

Enfin ceux de Sommeilles, de Beaulieu, de Moulin-Neuf, de Vargévaux, de Bloucq, de Rouvres et de Foameix, etc...

Voies de communication. — Les voies de communication qui sillonnent le département peuvent être ainsi divisées :

1° Les chemins de fer; 2° les routes nationales; 3° les routes départementales; 4° les chemins de grande et de moyenne communication; 5° les chemins ruraux; 6° les canaux.

CHEMINS DE FER. — Sous le rapport des transports par voies ferrées, le département de le Meuse, à l'exception de la région comprise dans la Woëvre, est assez bien partagé.

Voici quel était, à différentes époques, le développement de ces lignes.

	KM
En 1840.	0
1851.	77,586.
1862.	103,320.
1874.	203,020.
1892.	615,842.

La Meuse est aujourd'hui traversée par **12** grandes lignes et **3** petites, dont : une à voie normale, les deux autres à voie de un mètre de largeur.

Les 12 grandes lignes d'*intérêt général* sont :

1° La ligne de Paris à Avricourt construite en exécution de la loi du 7 août 1844.

Le 29 mai 1851 elle était en exploitation de Paris à Bar-le-Duc; mais la section de Bar à Commercy ne fut livrée au public qu'en novembre 1851.

Cette ligne pénètre dans le département à un kilomètre en deçà de Sermaize (Marne), suit la vallée de l'Ornain jusqu'à

Nançois-le-Petit, traverse celle de l'Aire, entre dans celle de
la Meuse, après avoir franchi à Loxéville, dans un encaisse-
ment de 20 mètres de hauteur, l'Argonne occidentale; enfin
elle passe dans Meurthe-et-Moselle un peu après le tunnel de
Pagny-sur-Meuse.

Les localités desservies par cette voie ferrée sont : Revigny, Mussey, Fains (halte), Bar-le-Duc, Longeville, Nançois-
le-Petit, Loxéville, Lérouville, Commercy, Sorcy et Pagny-
sur-Meuse. Son parcours est de 77^k,691.

2° La ligne de Reims à Metz entre dans le département avant
la station des Islettes, elle suit la vallée du ruisseau d'Hutebas, traverse les vallées de l'Aire et de la Cousance, la chaîne
de l'Argonne occidentale, la vallée de la Meuse, l'Argonne
orientale, enfin la plaine de la Woëvre et gagne le département
de Meurthe-et-Moselle un kilomètre au delà de la station
de Buzy.

Les stations sont, dans la Meuse : les Islettes, Clermont-
en-Argonne, Aubréville, Dombasle, Baleycourt, Verdun,
Eix-Abaucourt, Étain et Buzy. Sa longueur est de 69^k,265.

3° Le chemin de fer de Charleville à Audun-le-Roman
pénètre dans le département par la vallée de la Chiers, il y
dessert Lamouilly, Chauvency-le-Château, Montmédy, Velosnes et se rend dans Meurthe-et-Moselle après un parcours
de 25^k,800.

4° La ligne de Pagny-sur-Moselle à Longuyon n'a qu'un
trajet de 22^k,565 dans la Meuse. Ses points d'arrêt sont : Ba-
roncourt, Spincourt et Arrancy; à 3 kilomètres au delà de
cette dernière station, elle entre dans Meurthe-et-Moselle.

5° La voie ferrée de Pagny-sur-Meuse à Chaumont, se
détache de la ligne de Paris à Avricourt à Pagny, elle
remonte la vallée de la Meuse en desservant Saint-Germain
(halte), Vaucouleurs, Maxey-sur-Vaise, Sauvigny et quitte
le département après avoir effectué un parcours de 33^k,140.

6° La ligne de Lérouville à Sedan, considérée comme ligne
stratégique, s'embranche à Lérouville sur celle de Paris à
Avricourt, elle descend la vallée de la Meuse en côtoyant la
rive gauche de ce fleuve. Les stations de cette ligne sont :
Lérouville, Sampigny, Les Kœurs, Saint-Mihiel, Bannoncourt, Woimbey (halte), Villers-Benoîte-Vaux, Ancemont,
Dugny, Verdun, Charny, Cumières, Regnéville (halte), Con-

senvoye, Vilosne-Sivry, Brieulles, Dun, Saulmory-Montigny, Stenay, Pouilly; au delà de cette dernière station la voie ferrée entre dans les Ardennes. Sa longueur dans le département est de 119^k,230.

7° Le chemin de fer de Nançois-le-Petit à Neufchâteau se détache de la ligne de Paris à Avricourt à Nançois-le-Petit, remonte la vallée de l'Ornain en desservant Ligny, Menaucourt, Tréveray, Laneuville-Saint-Joire, Demange-aux-Eaux, Houdelaincourt, Gondrecourt, Dainville; il entre dans les Vosges après un parcours de 45^k,347.

8° L'embranchement de Montmédy et Velosnes-Torgny à Ecouviez bifurque à Velosnes sur la ligne de Charleville à Audun-le-Roman et dessert Ecouviez. Parcours, 3 kilomètres.

9° Le chemin de fer de Revigny à Vouziers, après avoir traversé la vallée de l'Ornain, remonte celle de la Chée et pénètre dans la Marne. Ses stations sont : Revigny, Sommeilles-Nettancourt. Son trajet est de 12^k,402 dans le département.

10° La ligne de Revigny à Saint-Dizier suit la vallée de la Saulx jusqu'au delà de Robert-Espagne, traverse la forêt de Trois-Fontaines et quitte le département après y avoir parcouru 20^k,492 et desservi Mognéville, Robert-Espagne, Baudonvilliers.

11° La voie ferrée de Blesmes à Chaumont n'a, dans la Meuse, qu'un trajet de 2^k,232, et n'y dessert que la gare commune d'Ancerville-Guë, où se raccorde le chemin de fer d'intérêt local de Naix à Guë.

12° La ligne de Brienne à Sorcy a son origine à Montier-en-Der, station de la ligne de Jessains à Eclaron et se termine à la station de Sorcy, sur la ligne de Paris à Avricourt. Elle entre dans le département de la Meuse à 1^k,097 au delà de la station de Luméville-Chassey, passe en deçà de la gare de Gondrecourt, par dessus la ligne de Nançois-le-Petit à Neufchâteau avec laquelle elle est mise en communication à niveau dans ladite gare. Sa longueur dans la Meuse est de 38^k,389 et ses stations sont : Luméville-Chassey, Gondrecourt, Mauvages, Sauvoy, Void, Saint-Martin-Sorcy (halte).

Ligne en construction. — La ligne de Vitry-le-François à Lérouville doit longer, dans toute son étendue, la ligne de

Paris à Avricourt, et traverser toutes les stations entre Vitry et Lérouville. Sa longueur sera dans la Meuse de 65^k,486.

Chemins de fer d'intérêt local. — Les chemins de fer d'intérêt local de la Meuse sont au nombre de trois.

1° La ligne *à voie normale* de Naix à Guë dessert la partie Sud du plateau du Barrois; elle passe à Ancerville, Cousances-aux-Forges, Savonnières-en-Perthois, Dammarie, Villers-le-Sec, Menaucourt : elle met ainsi en communication la ligne de Saint-Dizier à Chaumont avec celle de Nançois-le-Petit à Neufchâteau. Son parcours est de 31 kilomètres dans la Meuse.

2° La ligne *à voie étroite* d'Haironville à Triaucourt descend la vallée de la Saulx, traverse celle de l'Ornain et remonte les vallées de la Chée et de la Melche, longe ensuite la route de Lisle-en-Barrois à Triaucourt. Cette ligne a pour stations : Haironville, Saudrupt, Ville-sur-Saulx, Lisle-en-Rigault, Trémont, Beurey, Couvonges, Mognéville, Contrisson, Revigny, Brabant-le-Roi, la Maison-du-Val, Noyers, Auzécourt, Laheycourt, Villotte-devant-Louppy, Lisle-en-Barrois, la ferme des Merchines, Vaubecourt et Triaucourt. La distance entre ses deux points extrêmes est de 61 kilomètres.

3° La ligne de *Bar-le-Duc à Clermont,* ouverte le 26 mai 1887, est aussi à voie étroite; elle met en rapport les lignes de Paris à Avricourt et de Reims à Metz; par son embranchement de Rembercourt-aux-Pots à la ferme des Merchines, elle rejoint la voie de Haironville à Triaucourt.

Elle dessert : la forêt de Massonges (halte), Vavincourt, Hargeville, Condé, Rembercourt, La Vaux-Marie, Beauzée, Nubécourt, Fleury, Autrécourt, Froidos, Rarécourt, Auzéville et Clermont (station de la ligne de Reims à Metz). Sa longueur est de 56 kilomètres.

Ligne en construction. — La ligne de Beauzée à Verdun aura un parcours de 38 kilomètres.

ROUTES CONSULAIRES. — Avant de parler des routes nationales, nous croyons devoir faire mention des chemins établis dans les siècles passés pour effectuer les transports et mettre en relation les habitants de localités parfois très-éloignées.

Deux grandes routes consulaires traversaient jadis le département de la Meuse; de nos jours des tronçons de ces routes sont encore entretenus, tandis que d'autres, enfouis sous terre, sont de temps à autre mis à découvert par le soc de la charrue.

La première grande route reliait la ville de Reims à celle de Metz en passant par Laimont, Fains, Bar-le-Duc, Silmont, Guerpont, Naix, Boviolles, Marson, Reffroy, Bovée, Broussey-en-Blois, Saint-Germain, Toul et Metz.

La seconde se rendait également de Reims à Metz par Lachalade, Brabant-en-Argonne, Jouy-devant-Dombasle, Sivry-la-Perche, Verdun, Belrupt, Haudiomont, Manheulles, Pintheville, Hannonville-au-Passage, Gravelotte et Metz.

Ces routes portent encore actuellement le nom de Voie romaine, Chaussée romaine, route des Romains.

En dehors de ces deux grandes routes militaires, plusieurs voies secondaires formaient un réseau considérable et rayonnaient de Naix, de Verdun et de quelques autres points.

Voici les principales :

De Naix à Langres avec embranchement sur Grand par Saint-Amand, Tréveray, Saint-Joire, Biencourt, Ribeaucourt, Mandres ;

De Naix à Gravelotte et à Metz par Boviolles, Vaux-la-Petite, Saint-Aubin, Chonville, Pont-sur-Meuse, Marbotte, Woinville, Nonsard, etc. ;

De Bar-le-Duc à Meuvry (Vosges) par Montplonne, Nançois-le-Petit et Morley ;

De Verdun à Bar-le-Duc par Landrecourt, Souilly, Issoncourt, Marat-la-Grande ;

De Verdun à Trèves par Senon, Longwy et Luxembourg ;

De Verdun à Neufchâteau et à Langres par Saint-Mihiel, Commercy, Void, Vaucouleurs ;

De Maxey-sur-Vaise à Sermaize par Epiez, Rosières-en-Blois, Tréveray, Fouchères, Rupt-aux-Nonains, Sommelonne et Mognéville ;

De Senon à Montfaucon par Ornes, Louvemont et Champ-Neuville.

On peut aussi citer : la chaussée de Brunehaut, encore visible sur le territoire de Senon, le chemin de Brunehaut sur le territoire d'Amblaincourt et le chemin d'Alsace, passant par Rigny-Saint-Martin, Vaucouleurs, Villeroy, Mauvages, Reffroy.

Autrefois les bons chemins et les belles chaussées étaient presque inconnus, les charrois et les communications étaient fort difficiles et parfois impossibles.

Le 12 janvier 1603, Charles III, duc de Lorraine et de Bar, ordonna aux baillis de commander les communautés pour travailler chaque année, pendant huit jours, à la réparation de leurs chemins et d'y employer les francs comme les non francs, ce qui ne doit pas s'entendre des nobles, mais des roturiers ayant obtenu des brevets de franchise.

Par son ordonnance du 18 mars 1628, le duc Charles IV informe les communautés qu'elles aient à faire réparer les chemins qui sont dans leurs bancs et finages et à les entretenir en bon et suffisant état, en sorte que l'on y puisse librement passer et repasser à pied et à cheval et avec toute sorte de voitures.

Le 29 mars 1724, Léopold ordonna la construction, dans tous ses États, de chaussées de la largeur de 60 pieds de Lorraine avec des berges et des fossés. Les chaussées étaient achevées en 1726, et le prince pourvut à leur entretien. Des poteaux furent plantés, indiquant avec le nom des communautés le nombre de toises à leur charge.

Le 1er avril 1730, le duc François rendit une ordonnance pour l'entretien par les communautés, et chacune sur son ban, des chemins qui communiquent aux villes et aux villages. Un arrêté rendu au Conseil des finances le 4 septembre 1741 ordonnait que les grandes routes de Lorraine et du Barrois seraient plantées de noyers, de châtaigniers, d'ormes, de frênes, par les propriétaires des terrains ou par les seigneurs des lieux. La plantation ne s'étant point faite, le Conseil ordonna le 11 septembre 1742 qu'elle serait exécutée à corvée par les communautés sur le terrain desquelles passaient les routes.

Ces plantations n'eurent point de succès.

La chaussée de Ligny à Gondrecourt longeant l'Ornain, fut construite en 1750.

La route Bar-le-Duc à Bâle, qui passe à Vouthon, a été construite vers 1776.

En 1791, la route de Clermont à Bar n'était pas créée.

D'après l'inventaire général des routes du département, dressé en 1791, il résulte que les dix-huit routes et les neuf embranchements formaient une longueur de 392,514 toises ou 195 lieues.

Le Conseil général de la Meuse, dans sa session de l'an X, exprimait un vœu tendant à la construction :

1° D'une chaussée devant conduire de Bar à Clermont ;

2° D'une route de la longueur de 10 kilomètres, entre Commercy et Sampigny ;

3° De la route de Toul à la Flandre, depuis la commune de Saint-Hilaire, où elle est interrompue, jusqu'à celle de Buzy près d'Étain.

ROUTES NATIONALES. — Les routes nationales qui sillonnent le département sont au nombre de neuf, leur développement est de 508^k,568.

Route N° 3 de Paris à Metz. . . . . 70,151 mètres.
— N° 4 de Paris à Strasbourg. 62,120   —
— N° 16 de Paris à Longwy 44,825   —
— N° 46 de Marle à Verdun. 19,014   —
— N° 47 de Vouziers à Longuyon. . . . 36,590   —
— N° 58 de Metz à Saint-Dizier. 30,618   —
— N° 60 de Nancy à Orléans 40,093   —
— N° 64 de Neufchâteau à Mézières. . . 146,571   —
— N° 66 de Bar-le-Duc à Bâle 58,586   —

ROUTES DÉPARTEMENTALES. — Seize routes départementales sillonnent également la Meuse, leur longueur totale est de 406^k,408.

Route N° 1 de Bar-le-Duc à Metz et annexe
         de la rue Sébastopol, à Bar. 54,569 mètres.
— N° 2 de Bar-le-Duc à Dun et annexe
         de Clermont. 66,419   —
— N° 3 de Nançois-le-Petit à Ligny . . 1,766   —
— N° 4 de Bar-le-Duc à Vitry. 23,061   —
— N° 5 de Metz à Sedan et annexe de
         Montmédy. 62,102   —
— N° 6 de Bar-le-Duc à Longuyon . . 54.306   —
— N° 7 de Verdun à Pont-à-Mousson . 26,582   —
— N° 8 de Verdun à Toul 2,332   —
— N° 9 de Metz à Landrecies 20,089   —
— N° 10 d'Étain à Joinville. 50,941   —

Route N° 11 de Bar-le-Duc à Saint-Dizier. .   16,819 mètres.
— N° 12 d'Étain à Briey   7,035   —
— N° 13 de Spincourt à la gare.   269   —
— N° 14 de Vézelise à Vaucouleurs. . .   2,493   —
— N° 15 de Bar-le-Duc à Reims   13,006   —
— N° 16 de Montmédy à la frontière
    belge   7,819   —

CHEMINS VICINAUX. — Le réseau des voies vicinales avait,
en 1889, une étendue de 4,286,147 mètres, se décomposant
ainsi :

    41 chemins de grande communication.   939,781 mètres.
    77   —   d'intérêt commun 1,574,375   —
  1,126   —   vicinaux ordinaires 1,771,991   —

En résumé, le développement des routes et des chemins
était, en 1889, de :

    Routes nationales. . . . .   508,568 mètres.
    —   départementales.   406,408   —
    Voies vicinales   4,286,147   —

        Soit au total. . . . . . .   5,201,123 mètres.

CHEMINS RURAUX. — Pour montrer l'état dans lequel se
trouvaient les chemins vicinaux et ruraux avant 1791, nous
nous bornerons aux deux citations suivantes :
    1° Extrait du *Procès-verbal de l'Assemblée du département
de la Meuse* en 1791.
    Rapport du procureur général syndic.
    « Les chemins vicinaux et agraires présentent le spectacle
le plus affligeant pour les amis de l'agriculture. Ils voient avec
douleur la stagnation des richesses de l'agriculture par l'im-
possibilité de leur exploitation, souvent même par l'impossi-
bilité de l'exploitation des biens ruraux ou du moins par une
charge immense de frais en chevaux et en harnais que la difficulté de cette exploitation entraîne.
    « Les chemins vicinaux du département sont dans un état

de délabrement et de ruine qui retardera longtemps la prospérité et l'aisance des cultivateurs.

« L'ancienne administration ne s'était presque jamais occupée de cet objet.

« C'est en effet un spectable douloureux pour les yeux d'un agriculteur et pour l'administration du département de voir presque tous les chemins vicinaux n'offrir qu'une voie de quelques pieds, remplie de précipices. Ce n'est pas assez pour les laboureurs qui cultivent leurs champs voisins des chemins publics de ne leur laisser qu'une charrière étroite, ils ont encore la faiblesse de voir de sang-froid, tous les jours, leurs bestiaux s'estropier et leur harnais se briser; ils voient ces calamités et aucuns d'eux ne savent se concerter pour la plus légère réparation qu'ils exécuteraient en s'employant une heure dans des jours de désœuvrement.

« Les dégradations anciennes produisent depuis longtemps les plus funestes effets : ce sont elles qui ont fait susciter tant de procès en délits champêtres, ce sont elles qui augmentent les frais d'exploitation des champs, ce sont elles qui arrêtent la circulation des denrées, qui ferment les débouchés aux produits de l'agriculture, qui découragent le commerce et éloignent les consommateurs des campagnes. »

2° Extrait de l'*Annuaire statistique du département de la Meuse* pour l'an XII.

« Les mêmes causes qui, avant l'an VIII, étaient opposées à la réparation des grandes routes, avaient empêché l'entretien des communications non moins importantes.

« Les chemins vicinaux étaient dans le plus mauvais état. Pour les rendre praticables, il a fallu organiser un mode de prestation en nature. Ce mode, qui a été sanctionné par Son Excellence le Ministre de l'Intérieur, consiste à faire constater par deux membres du conseil municipal quels sont les ouvrages nécessaires aux chemins vicinaux.

« La répartition de ces travaux est opérée par le conseil entre tous les habitants.

« Tous sont tenus d'obéir aux réquisitions faites en conséquence par le maire.

« Il faut contraindre les non-comparants à payer entre les mains du percepteur de la commune une taxe de remplacement fixée par chaque jour de travail à 3 fr. pour un cultivateur et à 1 fr. 50 pour un manouvrier. Il emploie, à cet effet, les mêmes voies que pour l'acquit des contributions. Le produit des taxes est destiné à payer les ordonnances du maire, le salaire des remplaçants.

« Les infirmes, les sexagénaires, non imposés aux rôles des contributions, les enfants mineurs sous l'autorité paternelle, sont dispensés des travaux.

« Avec ces moyens on est parvenu à rétablir toutes les communications de commune à commune. »

De nos jours la viabilité des chemins ruraux laisse encore beaucoup à désirer : le nombre des chemins est trop restreint et cet état subsistera tant qu'une loi ne viendra pas les réglementer et en favoriser la création à l'aide de crédits spéciaux.

Tous les cultivateurs reconnaissent l'utilité des chemins ruraux lorsque ceux-ci sont en nombre suffisant et bien entretenus et lorsque, surtout, les individus qui ont présidé à leur création se sont proposé comme but : la célérité et la facilité des transports, la commodité pour l'enlèvement des récoltes en temps voulu et l'aisance de pouvoir, à volonté, changer d'assolement.

Dans quelques communes, malheureusement trop peu nombreuses, les cultivateurs après entente, sont arrivés, soit à créer de nouveaux chemins, soit à empierrer les anciens. Citons comme exemple les localités de Laimont, Saulx-en-Woëvre, Ménil-sur-Saulx et Stainville.

Voici le modèle de l'engagement pris par les cultivateurs de Stainville et rédigé par M. Contenot-Presson appelé à remplir les fonctions de Maire, lequel engagement a été signé par tous les habitants de cette localité :

« *Souscription pour une journée de travail* destinée à l'amélioration des chemins ruraux de la commune de Stainville.

« Les soussignés, habitants de Stainville, tous propriétaires ou cultivateurs, s'engagent volontairement et à la première réquisition d'une commission nommée par le conseil municipal de cette commune, à fournir, pour l'amélioration des chemins ruraux, une journée de travail sur lesdits chemins par chaque homme faisant partie d'une même famille et chaque cheval appartenant au même propriétaire.

« Le travail sera réparti de cette manière : de 6 heures du matin à 11 heures et de 2 heures à 7 heures du soir.

« Les hommes et les chevaux seront réquisitionnés en suivant l'ordre alphabétique des signataires ci-dessous sans qu'aucun signataire puisse opposer de refus, à moins de fournir l'équivalent par un nombre égal d'hommes ou de chevaux pour lesquels il serait inscrit.

« En cas de refus d'obtempérer à la réquisition faite par la commission de surveillance, la journée sera estimée à 6 fr. par cheval et à 3 fr. par homme; ces sommes seront exigibles par le seul fait de l'apposition des signatures à la suite du présent engagement et sans qu'il soit besoin de recourir à aucune autre voie.

« Ainsi convenu et arrêté à Stainville, le 27 avril 1876, avec les soussignés, qui ont déclaré avoir bien compris le présent engagement et promettent de le remplir comme il est dit. »

Prestation. — Dans les siècles précédents, les routes et les chemins étaient entretenus par les communautés; les petits chemins, servant aux seigneurs, étaient maintenus en bon état au moyen des corvées faites par leurs sujets.

En février 1776, Turgot osa proposer au Roi un édit qui abolissait la corvée gratuite et obligatoire, sauf le cas de guerre, et la remplaçait par un impôt foncier. Louis XVI accepta l'édit, mais, au mois d'août de la même année, l'édit était rapporté, les corvées rétablies et l'imposition foncière, qui les avait momentanément remplacées, était supprimée.

En 1791, l'Assemblée constituante vota l'abolition de la corvée, sauf quelques restrictions qui disparurent elles-mêmes définitivement sous la Convention, en 1793.

La prestation ne fut réellement instituée qu'en 1824, alors que, pour la première fois, on vota un ensemble de règles solides au sujet de la vicinalité.

En mai 1836 une loi, plus complète, fut promulguée; elle consacrait la prestation en nature comme source destinée à l'entretien des chemins déclarés vicinaux.

La prestation en nature présente de nombreux inconvénients, elle a surtout le grand défaut de ne pas être équitable. Aussi le Conseil général de la Meuse, dans sa session d'août 1881, après une étude sérieuse, avait-il émis un vœu tendant à la suppression de l'impôt de la prestation et à l'entretien par l'État des chemins vicinaux.

Ce vœu étant resté lettre morte, la prestation subsiste encore de nos jours telle qu'elle était en 1836, et cela au grand préjudice de notre agriculture et du principe d'équité.

Tarif de conversion de la journée en argent.

	1836	1858	1865	1873	1890
Une journée d'homme	1f »	1f20	1f50	2f »	2f »
— de cheval ou mulet	1 10	1 30	1 50	2 »	2 »
— de bœuf de trait	0 60	0 70	0 70	0 80	0 80
— de vache de trait	0 50	0 50	0 50	0 60	0 60
— d'âne	0 30	0 40	0 40	0 50	0 50
— de voiture à 2 roues	0 50	0 60	0 80	0 80	0 80
— de voiture à 4 roues	1 »	1 »	1 20	1 20	1 20

D'après la loi du 21 mai 1836 et celle du 11 juillet 1868, le nombre de jours de prestation est de 3.

Dans les communes dont les charges extraordinaires excèdent 0 fr. 10, les conseillers municipaux peuvent opter entre une quatrième journée de prestation et les 0 fr. 03 extraordinaires autorisés par la loi de 1867.

Canaux. — Deux canaux traversent aujourd'hui le département : 1° le canal de la Marne au Rhin, 2° le canal latéral à la Meuse, désigné aussi sous le nom de *canal de l'Est* (branche Nord).

Le *canal de la Marne au Rhin,* construit en exécution de la loi du 3 juillet 1838, pénètre dans la Meuse entre Remennecourt et Contrisson, passe près de Revigny, à Mussey, Fains, Bar-le-Duc et Ligny en suivant le cours de l'Ornain, et après l'avoir traversé plusieurs fois, à l'aide de ponts tubes, il se dirige sur Demange-aux-Eaux où il quitte la vallée de l'Ornain pour s'engager sous le tunnel de Mauvages, dont la longueur est de 4 kil. 187 et gagner ainsi la vallée de la Meholle. Avant d'entrer dans le département de Meurthe-et-Moselle, il dessert Sauvoy, Vacon, Void, Troussey, Sorcy et Pagny-sur-Meuse.

A Demange-aux-Eaux, ce canal se bifurque et envoie un prolongement à Houdelaincourt où existe une prise d'eau sur l'Ornain. Sa longueur totale dans le département est de 96 kil. 364 ; quant à sa pente, qui est de 184 mètres, elle est rachetée par 70 écluses, dont 58 sur le versant de l'Ornain et 12 sur celui de la Meuse.

Le *canal de l'Est* se détache du précédent à Troussey, emprunte plusieurs fois le lit de la Meuse, entre en Belgique où il rejoint le Rhin ; il met ainsi en communication la Méditerranée avec la mer du Nord par le Rhône, la Saône et la Moselle. Son parcours, dans le département, est d'environ 137 kilomètres et sa pente de $95^m,25$ rachetée par 34 écluses. Il passe à Commercy, Lérouville, Sampigny, Saint-Mihiel, Ambly, Verdun, Consenvoye, Dun et Stenay.

Un tronçon du *canal de la Haute-Marne* existe sur le territoire d'Ancerville : son importance est peu considérable pour le département, puisque sa longueur n'est que de 3 kilomètres dans la Meuse.

Canal projeté. — Un quatrième canal, dit *canal de la Chiers,* est projeté depuis quelques années, nous souhaitons ardemment sa construction dans le plus bref délai, car le transport par eau permet la réalisation d'une notable économie dans les frais de circulation des denrées d'une valeur peu élevée, d'un grand volume, ou d'une forte densité.

Le département de la Meuse compte, à ce jour, 236 kil. 365 de voies navigables.

En 1856, le canal de la Marne au Rhin existait seul dans notre département, la Meuse ne pouvant servir au fret que jusque Verdun : la longueur des voies d'eau à cette époque était de 182 kil. 240, c'est donc en 37 ans une augmentation de 53 kil. 125.

L'utilité des canaux est incontestable, en même temps qu'ils servent au transport des matières lourdes et encombrantes, telles que : houille, coke, fer, fonte, minerais, pierres de taille, moëllons, bois de chauffage et de construction, plâtre, blé, orge, pommes de terre, etc., ils servent également, celui de l'Est surtout, à fournir l'eau nécessaire à l'irrigation des prairies et à l'industrie de la pisciculture.

Si la création des canaux, dans la Meuse, est d'une époque relativement récente, il n'en est pas de même des projets de canalisation.

Vauban avait conçu le plan de relier la Meuse à la Moselle

par un canal de 19 myriamètres dont il évaluait la construction à 300,000 francs.

En 1720, M. Baviliers, ingénieur ordinaire du Roi, fut chargé d'un projet dont le but était de joindre la Meuse à la Saône par le Vair.

M. Bresson, substitut en la prévôté de La Marche, faisait paraître, en 1738, un mémoire pour la réunion de la Meuse à la Saône par la rivière de Mouzon.

Stanislas, en 1751, s'occupa d'un projet tendant à joindre la Meuse à la Saône.

On avait également pensé, depuis longtemps, faire communiquer la Meuse à la Marne par l'Ornain et la Saulx, mais on s'est trouvé arrêté par l'Argonne occidentale qu'il fallait percer.

En 1783, paraît un nouveau mémoire sur la navigation de de la Meuse et l'union de ce fleuve à la Saône par le Vair.

Depuis l'apparition de cet opuscule, et avant 1791 M. Lecreux avait proposé : la navigation de la Meuse à partir de Pagny-sur-Meuse jusqu'à Sedan, puis la jonction de Pagny à Toul par un canal qui relierait la Meuse à la Moselle.

La canalisation de la Meuse a été longtemps étudiée. En 1805, M. Denis, rédacteur du Journal *le Narrateur de la Meuse,* demandait la réalisation de ce projet en vue d'écouler les produits agricoles du département, principalement les vins et les fourrages. Ce projet ne fut mis en exécution qu'en 1878.

Pour terminer ce chapitre, nous pensons être utile en donnant le prix moyen du fret par tonne et par kilomètre. Le fret, pour les bateaux halés par des chevaux, reste généralement, tout compté, compris entre $0^f,010$ et 0^f020; tandis qu'il s'élève à $0^f,03$ et au delà pour la navigation à vapeur. Ces chiffres ne comprennent ni le chargement, ni le déchargement, dont le prix varie de $0^f,40$ à 1 franc par tonne, selon la nature des marchandises.

Climat. — Le climat de la Meuse participe à la fois du climat séquanien et du climat vosgien, car on y observe les grandes chaleurs du premier et les froids excessifs du second.

La configuration du sol modifie le climat; on remarque parfois dans le département de la Meuse des différences très-sensibles de température entre les points culminants et ceux dont l'altitude est de beaucoup plus faible.

Les hivers sont longs et souvent rigoureux; les chaleurs de l'été sont cependant rarement excessives, mais les variations de température, les transitions, sont brusques et très-fréquentes; souvent, après une journée ensoleillée, la nuit est froide, même dans le courant des mois de juin et de juillet.

Ainsi en juin 1881, le thermomètre *maxima* a marqué 29°,4, le *minima*, le même mois, est descendu à 0°,5; en juillet de la même année, le *maxima* a atteint 38°,5, et le *minima* s'est abaissé à 3°,6 soit une différence de près de 35°.

L'air est pur, vif et sec sur les plateaux; dans les vallées, il est tempéré.

L'automne est généralement beau; l'hiver est pluvieux et neigeux; le printemps sec et froid; en été, on redoute la grêle et les orages qui sont assez fréquents.

TEMPÉRATURE. — La température, comme nous l'avons dit, est sujette à de grandes variations. Nous donnons ci-dessous, et à titre de curiosité, quelques renseignements sur diverses années qui peuvent avoir leur place marquée dans les annales météorologiques meusiennes.

En 1186, la température devint si rude en mars que tout fut gelé; il s'ensuivit une terrible famine.

L'été de 1358 fut extrêmement chaud. Les chaleurs nuisirent à la qualité des vins. La récolte des vignes était déjà faite dans le Barrois le 24 septembre.

L'hiver de 1479 fut excessivement froid, les arbres, la vigne et les blés furent détruits; le 3 février de l'année suivante, vit finir ce froid mémorable qui durait depuis Noël.

L'année 1540 mérita à juste titre la qualification de chaude année, la moisson se fit 15 jours avant la Saint-Jean, la vendange était commencée à la fin du mois d'août.

L'an 1613 fut remarquable par ses chaleurs excessives. « Du mois de février à la fin d'avril très-beau temps et sans pluie quelconque en ce climat, le soleil clair luisait du matin au soir avec une chaleur extraordinaire pour la saison » (Pierre Vuarin).

En 1615, été fort chaud, sec et sans pluie; les anciens disaient n'avoir jamais vu une année aussi chaude et aussi sèche; la sécheresse persistant à l'automne, plusieurs rivières, parmi lesquelles celles d'Orne, furent à sec.

L'hiver de 1627 fut rude, les gelées commencèrent à la fin de novembre 1626 et se continuèrent jusqu'au mois de mai avec quelques jours de pluie seulement, en janvier.

Celui de 1709 fut désastreux pour les récoltes, la température s'étant abaissée à — 15° (R.). « L'hiver d'entre l'année 1708 et 1709 a esté si grande que les froments ont manqué en 1709. On n'a pu recueillir sur le ban de Montfaucon plus de 12 quartels de froment à la moisson. Une grande partie des arbres dans les jardins sont morts, on n'a point recueilli de raisin, on a labouré où étoient les froments pour y mettre de l'orge. La plus grande perte a esté des arbres qui ont mourut (*sic*) en quantité.

« Auparavant la moisson de 1709 en fist deffense partout de ne point moudre d'orge afin de la semer. Le peuple ne mangeoit que de l'avoine qui a valu jusquà 35 et 40 sous le quartel et le froment jusqu'à 7 livres. On n'a jamais veu une sy forte gellée ny une sy grande perte. A la moisson on a recueilli beaucoup d'orge, sans quoy il y auroit eu une famine entière » (*Histoire de Montfaucon d'Argonne*).

En 1714, une sécheresse de trois mois eut un effet déplorable.

L'été de 1719, chaud au delà de toute expression, dessécha horriblement la terre, mais il y eut du vin en abondance et de bonne qualité.

En 1723, la température, sensiblement aussi élevée qu'en 1719, brûle les prairies.

L'hiver de 1739 fut si rigoureux que les prés se trouvèrent endommagés.

La sécheresse de l'année 1757 détermina la dessiccation des raisins sur pied.

En 1758, la température, excessive en juin, descendit très-bas en juillet. Le 9 août, la Meuse était tellement retirée de son lit, que des émanations pestilentielles déterminèrent Stanislas à quitter la ville de Commercy.

En 1760-1761, il gela pour la première fois le 9 janvier.

La vendange, en 1761, se fit le 15 septembre, après deux mois d'une chaleur excessive.

La grande élévation de température de l'année 1762 empêcha l'herbe de croître.

Le 1er février 1776, la température s'est abaissée à — 21°,5 (R.); les noyers et les vieilles vignes furent en partie détruits.

De 1804 à 1838, le maximum de température s'est fait sentir le 31 juillet 1807, le thermomètre s'est élevé à cette date à 36°; le minimum — 20° a été atteint le 31 janvier 1838.

L'année 1865 fut excessivement chaude. La récolte du seigle se fit le 4 juillet, celle du blé fut commencée le 18 juillet ; la vendange se fit vers le 15 septembre.

La basse température du mois de décembre 1870, les gels et les dégels survenus du 14 au 21 janvier 1871, ont fait périr le blé; de plus les froids qui se sont produits en mai ont encore concouru à détruire le peu de plants qui restaient.

Lors de l'hiver mémorable de 1879-1880, le *minima* de température est descendu le 8 décembre à — 27 et même — 28°. Les gelées n'ont réellement débuté que le 27 novembre, elles ont pris fin le 8 février, après une durée de 74 jours dans lesquels sont toutefois compris 7 jours d'accalmie, dont 3 en décembre et 4 en janvier.

Durant cet hiver, les réserves de chênes et de hêtres ont été fort éprouvées. Dans les taillis, à l'exposition Nord, les érables, les chênes, les charmes ont été en grande partie gelés, surtout dans les bas-fonds; la plus grande partie des vieux arbres fruitiers, une certaine quantité de sujets plus jeunes ont été détruits ou atteints assez fortement pour ne plus donner qu'une végétation chétive et périr ensuite dans les premières années qui ont suivi.

Les céréales ont peu souffert parce que la neige recouvrant le sol, à une assez grande épaisseur, servit d'abri aux jeunes plants; par contre, la vigne a été fort endommagée.

En 1881, le thermomètre marquait 37°,2 le 15 juillet et 38°,5 le 19 du même mois.

L'hiver de 1890-1891 a commencé subitement le 26 novembre 1890 par des *minima* de — 5°,2, portés les 27 et 28 à — 12°,7 et — 13°,2. Cet abaissement de température a duré jusqu'au 1er mars, c'est-à-dire pendant 95 jours sans interruption, sauf 8 jours d'accalmie, dont un en décembre, quatre

en janvier et trois en février. Du 16 au 20 janvier le thermomètre s'est maintenu entre — 18° et — 20°.

Les dégâts occasionnés par ce long et rude hiver ont été
insignifiants sur les arbres, ils ont été très-sensibles sur les
céréales d'automne; nous avons évalué la diminution dans
le rendement à 1/3 pour le blé et 1/10 pour le seigle, comparativement à une année moyenne.

L'année 1892 a été très-chaude et très-sèche; en quelques
endroits du département, les fourrages ont donné un tiers
en moins et les pailles des céréales sont restées petites;
néanmoins, le rendement en grain a été celui d'une bonne
année moyenne.

En 1893, le thermomètre est descendu à — 25°. Une sécheresse dont la durée a été de 105 avec 4 jours seulement de
pluie, a desséché la terre à tel point que la récolte des fourrages s'est trouvée réduite des 4/5es d'une année moyenne,
les céréales sont restées claires et peu élevées; les semences
fourragères n'ont pu germer; en un mot, l'année a été très-
préjudiciable aux cultivateurs par la pénurie des fourrages
et la vente forcée d'une partie de leurs bestiaux livrés au
commerce à un prix dérisoire.

Les hivers les plus rigoureux de ce sièle ont été ceux de :

1829-1830 température . . .	— 17°,5
1837-1838.	— 19
1871-1872.	— 21,3
1879-1880 . . . . . — 27 et	— 28°
1890-1891.	— 20
1892-1893.	— 25

Si nous cherchons la différence de température qui a eu
lieu entre l'année où le thermomètre s'est le plus élevé (38°,5
en juillet 1881) et celle où il a atteint son plus grand minimum (— 27° en décembre 1879) — minimum qui ne s'est
peut-être présenté que cette seule fois dans le département —
nous arrivons à trouver le chiffre effrayant de 65°,5 (Commercy).

De 1824 à 1845, la température moyenne a été, à Verdun,
de 10°7.

A Bar-le-Duc, la température moyenne normale est de 10°,17.

De 1878 à 1884, elle n'a été que de 9°,5 à Commercy, ce chiffre évidemment trop faible, tient à l'année funeste de 1879-1880.

Pendant les 22 années, 1824 à 1845, les températures moyennes de chaque mois ont été les suivantes pour Verdun :

Janvier	0°,83	Juillet.	20°,09
Février	2°,48	Août.	19°,51
Mars.	5°,74	Septembre.	16°,09
Avril.	10°,22	Octobre	12°,02
Mai	15°,42	Novembre	6°,30
Juin	18°,51	Décembre	3°,61

A Bar-le-Duc, les moyennes mensuelles de 1865 à 1879 ont été :

Mois.	Maxima.	Minima.	Demi-somme.
Janvier	4°,42	0°,32	2°,37
Février	6°,54	1°,15	3°,84
Mars.	8°,58	1°,60	5°,09
Avril	15°,39	5°,31	10°,35
Mai	18°,76	7°,90	13°,33
Juin.	22°,32	11°,64	16°,98
Juillet.	24°,64	13°,66	19°,15
Août.	23°,16	13°,08	18°,12
Septembre	20°,54	10°,77	15°,65
Octobre.	13°,96	6°,48	10°,22
Novembre.	7°,71	2°,98	5°,34
Décembre.	3°,90	— 0°,64	1°,63

Résumé par saison.

	Hiver.	Printemps.	Eté.	Automne.	Année.
Moyenne des maxima .	4°,95	14°,24	23°,37	14°,07	14°,16
— minima .	0°,28	4°,94	12°,79	6°,74	6°,19
Demi-somme	2°,61	9°,59	18°,08	10°,40	10°,17

Températures et écarts extrêmes pour chaque mois
notés dans les 15 années d'observation.

MAXIMA.			MINIMA.		
Température.	Année.		Température.	Année.	
15°,8	6 décembre	1869.	— 23°	9 décembre	1872.
16°,1	1er janvier	1877.	— 15°,3	19 janvier	1867.
16°,8	28 février	1870.	— 15°,6	12 février	1876.
21°,6	31 mars	1873.	— 10°,6	14 mars	1870.
27°,4	19 avril	1865.	— 5°	26 avril	1873.
33°,3	22 mai	1870.	— 1°,2	6 mai	1874.
34°,2	11 juin	1877.	+ 3°	4 juin	1871.
35°,4	9 juillet	1874.	+ 5°	9 juillet	1867.
34°,2	3 août	1879.	+ 4°,5	30 août	1870.
30°,4	2 septembre	1867.	— 0°,6	27 septembre	1877.
26°,2	3 octobre	1873.	— 7°,1	30 octobre	1869.
18°	15 novembre	1867.	— 7°,8	11 novembre	1876.

Plus grand écart entre le maximum et le minimum
du même jour.

13°,8	12 décembre	1871.	21°,8	4 juin	1870.
12°,1	13 janvier	1879.	19°,8	2 juillet	1874.
13°,9	29 février	1868.	19°,8	2 août	1873.
16°,7	28 mars	1873.	18°,5	17 septembre	1865.
19°,9	20 avril	1875.	17°	3 octobre	1865.
22°,4	1er mai	1875.	13°,8	22 novembre	1868.

Le nombre des jours de gelée est en moyenne de 53 par
an.

En 1883, il a gelé 106 jours; en 1879, 98; en 1880, 74.

Quant aux gelées blanches qui se font sentir durant les
mois d'avril, mai, juin, juillet, août et septembre, elles sont
parfois très-nombreuses, leur chiffre varie entre 0 et 15 par
an. Il a gelé le 17 juin 1808, le 30 juin 1812, les 11 et 12
juillet 1821, les 13 et 27 juin 1824, la nuit du 29 au 30 août
1828; en juin 1881, le thermomètre est descendu à — 0°,5;
en juin 1884, il s'est abaissé à 0°; en juillet de la même année

à + 2°,5; en août 1885, à + 3°; en juillet 1888, à + 2°,8; le
1ᵉʳ et le 2 juin 1893 à — 2°.

Nombre de jours de gelée, par mois, de 1865 à 1879.

Septembre	0,07	Février	11,27
Octobre.	1,40	Mars	10,33
Novembre	7,13	Avril	2,13
Décembre.	14,53	Mai.	0,47
Janvier.	14,27		

PRESSION BAROMÉTRIQUE. — De 1824 à 1836, la moyenne
de la pression barométrique a été à Verdun de 742,29; le minimum de 712,84, le maximum de 760,22 (Varaigne). A
Commercy, la pression moyenne, de 1878 à 1884, a été de
740,35 avec un minimum de 712,7 en décembre 1884 et un
maximum de 759,6 le 23 décembre 1879.

A Bar-le-Duc, la moyenne normale de la pression est de
762,14.

Pression maxima et minima mensuels de 1865 à 1879
(Bar-le-Duc).

Décembre.	Maxima : 771,26 en 1874.	Minima : 754,89 en 1877.	
Janvier.	— 769,83 en 1876.	— 755,35 en 1865.	
Février.	— 771,66 en 1878.	— 752,70 en 1879.	
Mars.	— 768,59 en 1874.	— 754,31 en 1876.	
Avril.	— 766,36 en 1870.	— 754,78 en 1879.	
Mai.	— 764,16 en 1870.	— 758,21 en 1869.	
Juin.	— 765,96 en 1865.	— 760 en 1871.	
Juillet.	— 764,92 en 1876.	— 760,71 en 1879.	
Août.	— 768,43 en 1869.	— 760,03 en 1878.	
Septembre.	— 767,88 en 1865.	— 759,69 en 1868.	
Octobre.	— 765,34 en 1877.	— 755,60 en 1865.	
Novembre.	— 769,18 en 1867.	— 757,35 en 1878.	

Maxima de pression de 1865 à 1879 : 781,3 le 3 janvier 1878 vers 8 heures du soir.
Minima — — 731,3 le 20 janvier 1873 vers 3 heures du soir.

Pression barométrique par saison de 1865 à 1879.

	Hiver.	Printemps.	Été.	Automne.	Année.
8 heures du matin.	763,37	761,26	762,75	762,57	762,49
Midi.	763,17	760,87	762,29	762,23	762,14
4 heures du soir.	762,86	760,28	761,66	761,76	761,74
Minuit.	763,12	761,01	762,41	762,47	762,15

JOURS DE PLUIE. — A Verdun le nombre moyen des jours de pluie, durant la période de 1816 à 1845, a été de 161,7 ; le minimum a été de 105 en 1818 et le maximum de 213 en 1841.

Ces 161,7 jours se répartissent de la manière suivante entre les quatre saisons.

Hiver	44,2	Été	37,2
Printemps	40,3	Automne	40

En 1869 il est tombé de la pluie pendant 208 jours.

De 1878 à 1884, il a plu à Commercy pendant 1065 jours, soit une moyenne de 152 jours par an, le minimum de jours durant ce laps de temps a été de 59 en 1882.

Les mois où il est tombé le plus d'eau de 1806 à 1827 sont : décembre 342 fois, novembre 325 et janvier 287 ; ceux où il en est tombé le moins sont : avril 123 et mai 185.

Moyennes mensuelles de 1850 à 1877
(station de Bar-le-Duc).

HIVER.			PRINTEMPS.		
Décembre.	Janvier.	Février.	Mars.	Avril.	Mai.
79^m/$_m$,8	79^m/$_m$,7	56^m/$_m$	67^m/$_m$,7	58^m/$_m$	68^m/$_m$

ÉTÉ.			AUTOMNE.		
Juin.	Juillet.	Août.	Septembre.	Octobre.	Novembre.
76^m/$_m$,6	85^m/$_m$,4	83^m/$_m$,1	76^m/$_m$,6	83^m/$_m$,5	85^m/$_m$,5

Hiver	211^m/$_m$,5
Printemps	193^m/$_m$,7
Été	245^m/$_m$,1
Automne	245^m/$_m$,6
Total moyen	859^m/$_m$,9

Nombres mensuels moyens de jours pluvieux de 1850 à 1877 (Bar-le-Duc).

HIVER.			PRINTEMPS.		
Décembre.	Janvier.	Février.	Mars.	Avril.	Mai.
15 ,4	13^j,5	14^j,1	16^j,3	9^j,7	14^j,1

ÉTÉ.			AUTOMNE.		
Juin.	Juillet.	Août.	Septembre.	Octobre.	Novembre.
14^j,4	10^j,8	9^j,5	12^j,9	11^j,6	14^j,8

Hiver	43^j
Printemps.	40^j,1
Été	31 ,7
Automne	39^j,3
Total	154^j,1

donnant approximativement 925 heures de pluie ou de neige.

Maxima et minima mensuels des 28 années.

Décembre.	Maximum.	206^m/$_m$,7 en 1868.	Minimum.	0^m/$_m$ en 1858.
Janvier.	—	147^m/$_m$,8 en 1853.	—	25^m/$_m$,5 en 1861.
Février.	—	166^m/$_m$,5 en 1876.	—	13^m/$_m$,7 en 1858.
Mars.	—	153^m/$_m$,5 en 1876.	—	4^m/$_m$ en 1854.
Avril.	—	163^m/$_m$,1 en 1871.	—	1^m/$_m$ en 1865.
Mai.	—	134^m/$_m$,9 en 1869.	—	17^m/$_m$,4 en 1871.
Juin.	—	160^m/$_m$,3 en 1852.	—	5^m/$_m$,9 en 1870.
Juillet.	—	287^m/$_m$ en 1863.	—	26^m/$_m$,2 en 1857.
Août.	—	226^m/$_m$,5 en 1852.	—	22^m/$_m$,3 en 1869.
Septembre.	—	133^m/$_m$,3 en 1866.	—	0^m/$_m$,2 en 1865.
Octobre.	—	178^m/$_m$,3 en 1870.	—	19^m/$_m$,4 en 1866.
Novembre.	—	264^m/$_m$,6 en 1872.	—	4^m/$_m$,5 en 1853.

Pluies remarquables par leur intensité.

Du 2 au 12 décembre 1872.	70^m/$_m$.
Du 19 au 24 juin 1873.	84^m/$_m$.
Du 21 au 24 octobre 1873.	78^m/$_m$.
Du 7 au 15 décembre 1874.	95^m/$_m$.

Du 16 au 26 janvier   1875. . . . .   84$^m/_m$.
Du 22 au 30 septembre 1875. . . . .   92$^m/_m$.
Du 14 au 23 février   1876. . . . .   93$^m/_m$.
Du 1er au 21 mars   1876. . . . .   134$^m/_m$.
Du 6 au 17 février   1877. . . . .   90$^m/_m$.
Du 20 au 30 novembre 1877. . . . .   81$^m/_m$.
Du 7 juin au 5 août   1888. . . . .   790$^m/_m$.

La quantité moyenne annuelle de pluie qui tombe sur les
divers bassins du département présente, dans chacun de ceux-
ci, d'assez grandes différences ainsi qu'on peut en juger par
le tableau ci-dessous donnant les moyennes de la période 1871-
1890.

Bassin de l'Orne et de la Moselle . . . . . .   730$^m/_m$,3
  —   de la Chiers . . . .   782$^m/_m$,4
  —   de la Basse-Meuse.. . . . .   747$^m/_m$,5
  —   de la Haute-Meuse. . . . .   833$^m/_m$,7
  —   de l'Aire . . . .   843$^m/_m$,3
  —   de l'Aisne . . . .   720$^m/_m$,8
  —   de l'Ornain. . . . .   925$^m/_m$,1
  —   de la Saulx. . . . .   849$^m/_m$,9

La hauteur d'eau fournie, par les pluies, en un an, est excessivement variable, elle a été la suivante :

A Bar-le-Duc. . . . .   de 1871 à 1880 . .   1,016$^m/_m$,2
    Id.   . . . . .   de 1881 à 1890 . .   968$^m/_m$
A Stenay. . . . . . .   de 1871 à 1880 . .   790$^m/_m$,2
    Id.   . . . . .   de 1881 à 1890 . .   793$^m/_m$,4
A Spincourt . . . . .   de 1881 à 1890 . .   768$^m/_m$,2
A Montfaucon . . . .   de 1881 à 1890 . .   771$^m/_m$
A Souilly . . . . . .   de 1881 à 1890 . .   976$^m/_m$,2
A Demange-aux-Eaux   de 1881 à 1890 . .   803$^m/_m$,6
A Vouthon-Bas. . . .   de 1871 à 1880 . .   849$^m/_m$

JOURS DE NEIGE. — Le nombre des jours de neige a été en
moyenne de 19,6 par an à Commercy, de 1878 à 1884; à
Bar-le-Duc la normale est de 15 dont 4 avec pluie. Les mois
où il tombe le plus de neige sont janvier et février.

« Durant l'hiver 1680 il y avait grande neige en s'y grande quantité que il y avait environ 8 jours que l'on n'ausait se mettre en chemin pour aller de village à village; au moindre endroit, un homme en aurait eü jusqu'aux genoux. Les grandes neiges commencées le 22ᵉ décembre ont durée environ 2 mois et demy » (*Histoire de Montfaucon-d'Argonne*).

« Le 14ᵉ mars 1681, à une heure du matin, il a neigé abondamment et y a plus d'un pied de neige de hauteur, et a duré jusque à trois mois » (*Id.*).

Il est tombé, pendant l'hiver de 1840 à 1841, à Damvillers, une hauteur de 1ᵐ,065 de neige. La neige couvre parfois un temps très-long la surface du sol, tel est le cas pour l'hiver 1879-1880, où elle est restée sans fondre pendant un mois et demi.

En juillet 1888, il est tombé, chose extraordinaire, un mélange d'eau et de neige.

Les années pendant lesquelles il est tombé le plus de neige sont : en 1665, 1730 à 1731, 1751, 1783, 1788, 1794, 1827, 1841, 1888.

ORAGES-GRÊLE. — Les orages sont assez fréquents dans le département. On en a enregistré 127 à Commercy de 1878 à 1884, soit en moyenne 18 par an.

De 1883 à 1891 inclus, le nombre des orages a été de 231 à Bar-le-Duc, soit par année, 25,66.

Des ouragans sévissent de temps à autre dans la Meuse et y répandent la désolation : témoin l'ouragan de 1776, qui détruisit 17 maisons à Trémont.

Dans certains cas, ces orages sont accompagnés de grêle. Le dommage causé aux récoltes : céréales, vignes, arbres fruitiers et fourrages est alors considérable. Les dégâts occasionnés par la grêle tombée en 1890 se sont chiffrés par plusieurs centaines de mille francs pour le canton de Pierrefitte; cette année (1890), l'arrondissement de Commercy a été particulièrement éprouvé.

C'est à la suite de ces ravages que le Conseil général a repris l'étude d'une assurance mutuelle contre la grêle et a définitivement constitué une caisse de secours qui, à notre avis, est appelée à rendre les plus grands services aux cultivateurs de la Meuse.

Voici les principaux articles des Statuts.

Art. 1. Il est créé pour le département de la Meuse, sous le patronage des membres du Conseil général, des Conseils d'arrondissement, des sociétés et des chambres consultatives d'agriculture, une institution départementale d'assistance sous le titre de : *Caisse de secours contre la grêle.*

Art. 2. La Caisse départementale de secours contre la grêle a pour but de venir, d'une manière aussi efficace que possible, au soulagement des victimes de pertes causées par la grêle aux récoltes de toute nature.

Provisoirement, les dommages causés par la grêle aux produits de la vigne, au tabac, aux oseraies et aux récoltes du jardinage maraîcher et des arbres fruitiers ne donneront droit à aucun recours sur les fonds de la présente institution.

Art. 3. Les dommages causés aux récoltes par l'effet du choc des grêlons conféreront seuls des droits à la répartition des secours.

Art. 29. Tout dommage dont l'importance n'atteindrait pas, dans chaque parcelle, le dixième au moins de la valeur de la récolte, ne donnera droit à aucun secours.

Art. 30. Il ne pourra être alloué à chaque sinistré plus de 90 p. 0/0 du montant de ses pertes pour chaque parcelle.

Art. 35.... Dans aucun cas, l'indemnité ne pourra dépasser cent fois le versement.

BROUILLARDS. — Les brouillards apparaissent à toutes les époques de l'année, surtout dans la vallée de la Meuse; souvent ils se dissipent au lever du soleil; d'autres fois, ils retombent, sur le sol, sous forme de pluie excessivement fine.

Une remarque qui paraît assez bien justifiée est la suivante : chaque fois que le brouillard s'élève, c'est un indice de pluie pour le soir même ou pour le lendemain; si, au contraire, il se résout en pluie, on peut être assuré d'une belle journée.

Le nombre annuel des jours de brouillard, de 1840 à 1845, a été, à Verdun, de 56,5.

A Commercy, en six ans, la moyenne a été de 69 avec un maximum de 77 en 1880.

De 1884 à 1890 inclus, le nombre moyen de jours de brouillard a été de 56 à Bar-le-Duc. En 1842, une brume presque continuelle se fit sentir pendant une grande partie du mois de décembre.

Ces brouillards sont surtout très-fréquents en octobre, novembre, décembre et janvier.

VENTS. — La direction des vents, dans la Meuse, est excessivement variable ; les collines, les bois, les cols, la proximité des eaux ont sur elle une influence marquée ; sur les plateaux et les sommets on remarque parfois des vents opposés à ceux qui soufflent dans les vallées et dans les plaines.

A Verdun, pour une période de six années, 1840-1846, les vents dominants ont été : le vent du Sud qui a soufflé pendant 450 jours ; celui du Sud-Ouest pendant 374 ; celui de l'Est 360 et celui du Nord pendant 302.

Les autres vents ont donné : Sud-Est pendant 268 jours ; Ouest 192 ; Nord-Ouest 162 et Nord-Est 97 ; d'après ces indications, les vents dominants sont donc les vents méridionaux.

A Commercy, du 1er janvier 1878 au 1er janvier 1885, les vents se sont fait sentir ainsi qu'il suit : Ouest 2,176 fois ; Est 1,207 ; Nord-Ouest 1,081 ; Sud-Est 688 ; période de calme 547 ; Sud-Ouest 887 ; Nord-Est 523 ; Nord 368 et Sud 248 fois : pour Commercy, les vents dominants sont donc ceux d'Ouest, puis viennent ceux d'Est, de Nord-Ouest et de Sud-Ouest.

A Bar-le-Duc, les vents équatoriaux et polaires règnent alternativement, mais avec prédominance des premiers.

Sans être bien fort, le vent se fait presque continuellement sentir ; mais parfois il acquiert une telle violence qu'il devient un véritable ouragan ; d'autres fois il est à peine sensible, tel est le cas pour l'année 1882 où l'on a enregistré 459 périodes de calme contre 179 périodes pendant lesquelles ont dominé les vents du Nord-Ouest et du Sud-Est.

Les vents du Sud, tournant vers le Nord, sont ceux qui amènent le plus fréquemment la pluie, ceux du Nord et de l'Est sont froids et peu humides, ceux de l'Est et du Sud-Est sont ordinairement chauds et secs.

DEUXIÈME PARTIE.

POPULATION.

Population totale. — La population du département de la Meuse a subi de nombreuses variations depuis 1790, date du premier recensement officiel.

Voici quelle était cette population à diverses époques :

1790. . .	252,266 habitants.		1851. . .	328,657 habitants.
1800. . .	269,222 —		1861. . .	305,540 —
1810. . .	287,689 —		1872. . .	289,725 —
1820. . .	292,383 —		1881. . .	289,861 —
1831. . .	314,588 —		1891. . .	292,253 —
1841. . .	326,372 —			

Ce tableau nous indique que de 1790 à 1851, la population s'est élevée d'une manière sensible; à partir de cette dernière date, jusqu'en 1881, la diminution totale du nombre d'habitants a été de 38,796. Actuellement, la population meusienne tend à reprendre le niveau qu'elle avait autrefois.

Afin de compléter le tableau ci-dessus, nous allons donner pour différentes périodes, de 1790 à 1891, la population de chaque arrondissement.

Années.	Bar-le-Duc.	Commercy.	Montmédy.	Verdun.
1801 . . .	71,623	74,306	55,362	68,231
1821 . . .	76,889	77,577	62,493	74,426
1831 . . .	82,134	84,610	66,947	80,897
1841 . . .	82,109	88,208	69,664	86,391
1851 . . .	86,358	87,664	69,096	85,539
1861 . . .	80,668	81,316	64,109	79,447
1872 . . .	77,468	75,306	58,298	73,653
1881 . . .	79,802	75,105	57,086	77,868
1891 . . .	77,957	80,653	53,921	79,722

Parmi les causes qui ont déterminé la diminution de la population depuis 1851, nous mentionnerons : le choléra, l'appel sous les drapeaux d'un contingent plus considérable qu'autrefois, l'émigration des ouvriers des campagnes vers les chemins de fer en construction ; enfin une série de mauvaises années.

Décès occasionnés par le choléra à diverses époques.

En **1832**, il a été enregistré. . . . . 4,571 décès.
En **1849**, — . . . . 1,268 —
En **1854**, — . . . . 8,510 —

La répartition des habitants entre chacun des 28 cantons était la suivante :

Arrondissement de Bar-le-Duc.

Cantons.	An XII.	1831.	1861.	1891.
Ancerville.	9,764	11,811	11,675	10,983
Bar-le-Duc.	12,831	17,812	20,931	24,374
Ligny	10,631	11,401	10,506	11,473
Montiers-sur-Saulx . .	5,735	6,645	7,185	5,790
Revigny.	8,835	9,581	8,916	7,918
Triaucourt.	7,277	7,814	6,858	5,848
Vaubecourt	8,547	8,810	7,732	6,381
Vavincourt.	7,847	8,260	6,865	5,190

Arrondissement de Commercy.

Commercy.	13,182	14,732	14,443	19,129
Gondrecourt.	8,253	10,055	10,791	10,387
Pierrefitte.	8,916	10,034	9,147	7,648
Saint-Mihiel.	13,853	16,229	15,269	16,297
Vaucouleurs.	9,990	10,444	10,263	8,883
Vigneulles.	9,820	12,091	11,483	9,344
Void.	9,650	11,025	9,920	8,965

Arrondissement de Montmédy.

Cantons.	An XII.	1831.	1851.	1891.
Damvillers	8,022	9,595	9,050	7,217
Dun-sur-Meuse	8,002	9,556	8,284	6,577
Montfaucon	8,254	9,558	8,509	6,852
Montmédy	10,968	14,113	15,627	13,197
Spincourt	9,503	11,294	11,136	9,568
Stenay	10,114	12,831	11,503	10,510

Arrondissement de Verdun.

Cantons.	An XII.	1831.	1851.	1891.
Charny	7,985	9,721	9,681	10,686
Clermont	9,737	10,400	9,802	9,528
Etain	9,811	12,102	11,324	10,499
Fresnes-en-Woëvre . .	11,924	15,525	14,311	11,425
Souilly	6,877	8,209	7,799	6,179
Varennes	7,598	8,667	7,926	6,746
Verdun-sur-Meuse . .	14,467	16,273	18,604	24,659

Il est à remarquer que ce sont les cantons essentiellement agricoles qui présentent la diminution la plus sensible relativement au nombre d'habitants. Tel est le cas pour les cantons de Clermont, Dun, Revigny, Souilly, Triaucourt, Varennes, Vaubecourt, Vavincourt : tandis que dans les cantons où se trouvent les villes de Bar-le-Duc, Commercy, Ligny, Montmédy, Saint-Mihiel, Verdun, la population reste stationnaire ou est en augmentation.

L'émigration des habitants des campagnes vers les villes s'est donc surtout accentuée, comme on peut s'en rendre compte par les deux tableaux ci-dessus, depuis 1851.

Population de quelques communes.

Saint-Aubin.	Esnes.	Montfaucon.	Fresnes-en-W.
En 1589 : 67 ménages.	An XII : 672 hab.	En 1789 : 1,384 hab.	An XII : 820 hab.
1666 : 88 —	1827 : 671 —	1824 : 1,227 —	1831 : 1,104 —
1713 : 118 —	1838 : 726 —	1841 : 1,271 —	1841 : 1,020 —
1788 : 122 —	1856 : 640 —	1861 : 1,114 —	1861 : 984 —
1836 : 156 —	1866 : 621 —	1872 : 945 —	1872 : 935 —
1851 : 182 —	1877 : 577 —	1881 : 943 —	1881 : 833 —
1891 : 108 —	1891 : 554 —	1891 : 926 —	1891 : 767 —

Population de quelques villes.

	Bar-le-Duc.	Commercy.	Montmédy.	Saint-Mihiel.	Verdun.
An XII. .	9,601	3,548	1,727	5,144	9,221
1831. . .	12,496	3,622	2,195	5,822	9,978
1851. . .	14,816	4,012	2,649	5,274	13,941
1872. . .	15,175	4,191	2,020	4,285	10,738
1891. . .	18,761	7,483	2,782	8,126	18,852

Mouvement de la population.

Années.	Naissances.	Décès.	Excédant des naissances sur les décès.
1802	9,499	6,936	2,563
1811	9,383	8,108	1,275
1820	9,816	6,899	2,917
1835	9,145	7,378	1,767
1845	8,649	6,938	1,711
1855	6,977	6,654	323
1865	6,321	7,654	— 1,333
1873	6,560	5,573	987
1885	5,855	6,343	— 488
1890	5,609	6,376	— 767 (*influenza*).

La population générale du département de la Meuse était ainsi partagée entre les différentes professions en :

1851.

Agriculture	110,776
Industrie et commerce.	59,256
Professions libérales.	30,667
Domesticité.	5,860
Désignations diverses	1,116
Individus sans profession.	120,982
Total.	328,657

1866.

Agriculture 137,676
Industrie 107,242
Commerce 10,777
Professions diverses 1,842
Professions libérales 10,647
Clergé 2,078
Individus sans profession 28,104

Total 298,376

1881.

Agriculture 131,283
Industrie 82,666
Commerce 21,645
Transport et marine 5,165
Force publique 8,674
Professions libérales 14,112
Personnes vivant de leurs revenus . . . 19,416
Individus sans profession 3,636
Profession inconnue 1,514

Total 288,111

INSTRUCTION. — Le département de la Meuse est un de ceux qui occupent les premiers rangs au point de vue de l'instruction.

En 1828, sur 2,413 jeunes gens portés sur les tableaux du conseil de révision,
69 savaient lire seulement;
1,784 savaient lire et écrire;
538 ne savaient ni lire, ni écrire;
22 pouvaient être mis en doute.

Depuis cette époque les choses ont bien changé, ainsi qu'on peut s'en rendre compte par les chiffres ci-dessous.

Les jeunes conscrits de la classe 1851 se divisaient comme il suit :

195 ne sachant ni lire, ni écrire;
39 sachant lire seulement;
2,475 sachant lire et écrire;
89 dont on n'a pu vérifier l'instruction.

Total. . 2,798

Les 2,589 conscrits de la classe 1865 se répartissaient ainsi :

11 sachant lire seulement;
74 ne sachant ni lire, ni écrire;
2,471 sachant lire et écrire;
33 absents, dont on n'a pu vérifier l'instruction.

En 1876 on comptait sur 2,146 conscrits :

48 ne sachant ni lire, ni écrire;
6 sachant lire seulement;
2,060 sachant lire, écrire et compter;
17 ayant reçu une instruction supérieure;
15 dont on n'a pu vérifier l'instruction.

En 1882, sur 100 enfants, il y en avait :

0,67 ne sachant ni lire, ni écrire, ni compter;
1,45 sachant lire;
4,37 sachant lire et écrire;
45,76 ayant reçu l'instruction primaire obligatoire;
47,75 ayant reçu une instruction primaire plus étendue.

Sur 100 enfants qui ont quitté l'école en 1891 :

0,27 étaient restés complètement illettrés;
0,57 lisaient tout juste;
1,88 pouvaient seulement lire et écrire;
28,53 savaient lire, écrire et compter;
68,75 possédaient l'instruction primaire complète.

Il y a un siècle, l'instruction des habitants des campagnes laissait beaucoup à désirer, ainsi que nous l'apprend l'auteur de l'*Annuaire statistique du département* pour l'an XII.

Voici ce qu'il dit à ce propos : « On sait que dans les campagnes les instituteurs manquent pour la plupart des connaissances suffisantes pour enseigner à lire, écrire et calculer correctement. Ils n'ont aucun plan fixe d'éducation, aussi les progrès des élèves sont d'autant plus faibles qu'ils ne reçoivent des leçons que dans le temps où les travaux champêtres sont suspendus.

« Il serait bien important que MM. les curés aidassent de leurs lumières, les maîtres d'école, afin d'assurer, aux jeunes gens des deux sexes, la connaissance des premiers éléments de l'instruction. Il est également à désirer que les parents, pénétrés de l'utilité de cette instruction, laissent leurs enfants en profiter et se privent, pendant quelque temps, des faibles secours que ces derniers leur rendent. »

Le développement de l'instruction dans le département de la Meuse tient évidemment aux deux causes suivantes : 1° les écoles sont en nombre suffisant; 2° les membres du corps enseignant sont à la hauteur de la mission qui leur est confiée.

« En 1789, le nombre de maisons destinées à l'éducation était plus grand qu'il ne l'est aujourd'hui (an XII). Indépendamment des collèges que possédaient les communes de Bar, Ligny, Commercy, Saint-Mihiel, Dun, Montfaucon, Stenay et Verdun, plusieurs écoles particulières y étaient ouvertes ainsi qu'à Gondrecourt, Vaucouleurs, Clermont et Varennes.

« Les couvents de religieuses procuraient aussi aux jeunes filles des moyens d'une instruction gratuite qui n'ont pas été remplacés » (*Annuaire* pour l'an XII).

Nombre total des écoles primaires de la Meuse,
à différentes époques :

Années.	Ecoles publiques.	Ecoles libres.	Total.	Ecoles de garçons.	Ecoles mixtes.	Ecoles de filles.
1829...	»	»	602	»	»	»
1837.	774	45	819	234	366	219
1850...	830	47	877	605 (avec les mixtes)		272

Années.	Ecoles publiques.	Ecoles libres.	Total.	Ecoles de garçons.	Ecoles mixtes.	Ecoles de filles.
1861. . .	881	53	934	300	290	291
1872. . .	»	»	955	323	279	352
1881. . .	911	55	966	335	271	360
1891. . .	871	57	928	290	320	318

Le total des écoles dans la Meuse était, en 1891, de 1,016 dont : 928 écoles primaires et 88 écoles maternelles.

En 1837, le département comptait 122 communes n'ayant aucune école et 270 n'ayant pas d'écoles de filles.

En 1850, il n'y avait plus que 2 communes entièrement dépourvues d'écoles.

En 1878, on n'en trouve plus qu'une sans école; mais deux communes de 500 habitants n'ont pas d'écoles publiques de filles.

En 1891, sur les 586 communes du département, 10 sont légalement rattachées aux communes voisines pour le service scolaire : les 576 autres communes possèdent au moins une école.

L'école normale des garçons date de l'année 1823; celle des filles, de 1886.

La langue française est aujourd'hui parlée et comprise de la grande majorité des habitants; cependant le patois lorrain est encore conservé dans beaucoup d'endroits; il est surtout usité dans les relations qu'ont entre eux les habitants des campagnes; mais il tend de plus en plus à disparaître.

Ce qui restera encore longtemps, parce qu'il est naturel, c'est l'accent caractéristique que possèdent en général tous les habitants de la Lorraine.

Population agricole. — La population agricole diminue de jour en jour, cette désertion tient en grande partie à ce que les jeunes gens instruits quittent la campagne pour aller s'établir dans les villes, où la vie leur paraît plus douce, plus agréable et le travail moins pénible; ils préfèrent de beaucoup gratter le papier, comme on le dit vulgairement, aliéner leur liberté, plutôt que de rester libres à la maison paternelle et jouir d'une bonne santé tout en conservant leur indépendance.

L'émigration des jeunes gens vers les villes tient aussi à l'orgueil des parents qui aiment à voir leur fils bien vêtu, fréquentant le monde, fier même, fashionnable; à l'éducation donnée aux jeunes filles, éducation complètement faussée, défectueuse; à l'élévation des salaires dans les villes; aux secours que les ouvriers de ces dernières reçoivent en cas de maladie, d'infirmité ou de vieillesse; à la diminution du nombre d'enfants; enfin, au peu de bénéfice que l'on réalise dans la culture.

Nous pourrions encore citer de nombreuses causes du dépeuplement des campagnes, nous nous arrêtons là en terminant par ce conseil : *Fils de cultivateurs, restez cultivateurs!*

Pour mieux confirmer ce fait de l'émigration des habitants des communes rurales vers les villes, nous donnons dans le tableau suivant la répartition de la population rurale et de la population urbaine à deux époques assez rapprochées.

Années.	Population urbaine.	Population rurale.
Au 31 décembre 1876 . . .	55,431 hab.	238,623 hab.
— 1881 . . .	57,983 —	231,878 —

C'est donc, en cinq ans, une diminution de la population rurale de 6,745 habitants.

	1851.	1872.
Propriétaires-agriculteurs.	15,319	31,241
Fermiers.	5,567	2,312
Métayers.	2,077	75
Journaliers	28,886	12,848
Domestiques	3,672	6,959
Totaux.	55,521	53,432

En 1862, les individus employés à la culture du sol se répartissaient de la manière suivante :

Propriétaires ne cultivant que leurs terres	9,116
Fermiers	5,800
Métayers	92
A reporter.	15,008

Report	15,008
Journaliers	10,675
Fermiers non propriétaires	904
Métayers, *idem.*	36
Journaliers, *idem.*	3,904
Maîtres-valets	58
Régisseurs	11
Soit au total	30,596

Les personnes employées directement à la culture du sol étaient ainsi divisées en 1882 :

Propriétaires	25,269
Non propriétaires	4,240
Domestiques agricoles	5,960
Total	35,469

Ces 35,469 individus se classaient ainsi :

Propriétaires cultivant avec leurs bras ou se faisant aider	9,326
Propriétaires cultivant à l'aide de régisseurs	27
Propriétaires travaillant pour autrui comme fermiers	5,716
Propriétaires travaillant pour autrui comme métayers	126
Propriétaires travaillant pour autrui comme journaliers	10,074
Non propriétaires : fermiers	968
Non propriétaires : métayers	20
Non propriétaires : journaliers	3,251
Maîtres-valets	272
Laboureurs et charretiers	2,478
Bouviers	148
Bergers	191
Ouvriers fromagers	49
Autres domestiques	1,924
Servantes	898
Total	35,469

FERMIERS. — Le nombre de fermes que l'on rencontre dans le département de la Meuse est relativement peu élevé; la surface moyenne de chacune d'elles est d'environ 100 hectares, quelques-unes atteignent cependant 300 hectares.

En 1804, la Meuse comptait 398 fermes éparses.

En 1830, les 247 fermes exploitées étaient ainsi réparties entre les quatre arrondissements :

Arrondissement de Bar-le-Duc. 61
  — Commercy 56
  — Montmédy 69
  — Verdun. 61

D'après la statistique de 1882, le nombre des exploitations comprenait :

4 fermes. . . . . de 4 à 500 hectares.
8 fermes. . . . . de 3 à 400 hectares.
18 fermes. . . . . de 2 à 300 hectares.
77 fermes. . . . . de 1 à 200 hectares.
437 fermes. . . . . de 50 à 100 hectares.

Le département de la Meuse n'est pas un pays de grande culture; on n'y trouve plus de bâtiments propres à des exploitations considérables, comme il y en avait avant la suppression des maisons religieuses.

La vente des biens nationaux, de première origine, ayant été faite par petits lots, il s'en est suivi un morcellement des terres qui, en augmentant le nombre des hommes jouissant d'un revenu foncier, a diminué celui des riches propriétaires.

Indépendamment des fermes éparses, on trouve encore, dans quelques villages, des exploitations louées à des fermiers, sous le nom de *gagnages*.

Ces gagnages détenus, il y a cinquante ans, par des habitants des villes, ont été vendus depuis, par ces derniers, et remplacés par des valeurs mobilières dont le rapport, plus grand à l'époque, a aujourd'hui également baissé d'une façon considérable, à cause de la diminution du taux d'intérêt de l'argent.

Ces ventes, au détail, ont permis aux manœuvres, aux

journaliers, aux petits cultivateurs de faire quelques achats ; mais elles ont eu, d'un autre côté, la funeste conséquence de diviser le sol à l'infini.

Le fermage des terres n'avait cessé de croître de 1836 à 1866 ; à partir de cette dernière époque, il a été diminuant d'année en année.

De nos jours, les bons fermiers sont très-rares, aussi de nombreuses fermes, de toute nature, ne trouvent-elles point preneurs. Il nous semble cependant qu'un fermier intelligent peut amasser tout autant de biens qu'il y a cinquante ans, s'il a pour lui : le travail, l'ordre, l'économie et s'il ne s'attache pas trop au luxe et au bien-être, plaies générales de notre siècle.

La durée des baux varie de 3 à 18 ans. Les baux de courte durée sont les plus fréquents, ainsi que l'on peut s'en rendre compte en consultant les chiffres suivants empruntés à la statistique de 1882.

Nombre de fermes louées par des baux.

de 1 à 3 ans.	728
de 3 à 6 ans	1,279
de 6 à 9 ans	3,301
de 9 ans et au-dessus.	844

En ce qui concerne la durée des baux à terme, les usages locaux ayant force de loi dans le département de la Meuse fixent la durée à trois ans si le bail n'est pas écrit, sauf les parcelles de pré et les vignes non comprises dans un corps de ferme, dont le bail n'est fait que pour un an.

L'entrée en jouissance a lieu le 23 avril dans les cantons de Bar-le-Duc, Montiers-sur-Saulx, Dun, Clermont, Etain, Varennes, Souilly, Vigneulles et Void ; le 11 novembre dans le canton de Gondrecourt.

Les époques de paiement sont fixées au 11 novembre pour les cantons de Bar-le-Duc, Vavincourt, Vigneulles et Verdun : les 11 novembre et 25 décembre pour le canton de Souilly ; le 23 avril pour celui d'Etain, à l'exception des fermages en grains qui sont livrés au 11 novembre. Dans le canton de Varennes, quand le fermage est en argent, le paie-

ment a lieu dans les premiers mois de l'année suivante; s'il
est en nature, on le livre à la fin de l'année de l'entrée en
jouissance.

MÉTAYERS. — Le métayage est un mode d'exploitation du
sol, à peine connu dans la Meuse, il n'y a guère que le bétail,
et surtout le mouton, qui soit soumis à ce genre d'exploitation, désigné sous le nom de *layage*.

Il serait cependant bien désirable de voir le métayage se
répandre davantage, on pourrait obtenir par ce système
d'association du Capital et du Travail, ce que l'on voit se produire en Bretagne et dans d'autres contrées : l'aisance et du
capitaliste et du travailleur. Que de terres seraient cultivées
si le métayage était adopté! Combien de propriétaires aujour-
d'hui fort embarrassés pour l'exploitation de leur ferme, ne
consacreraient-ils pas une partie de leurs revenus aux améliorations agricoles! Combien de familles, disposant de bons
bras et ne pouvant se livrer à la culture du sol, faute de
terrains et de capitaux, ne s'attacheraient-elles pas à la terre,
si elles trouvaient ce qui leur manque! A notre avis, le
métayage est appelé à jouer, dans l'avenir, un grand rôle
dans les entreprises agricoles, dans la culture des terres et
dans l'amélioration du sort de cette foule de travailleurs ter-
riens que l'on nomme fermiers, petits propriétaires, cultivateurs, journaliers, serviteurs à gage.

Pendant de longues années, la ferme de Waly a été exploitée à moitié fruits.

Lors de la visite des exploitations agricoles par les membres
du jury chargés de décerner, en 1864, la prime d'honneur
dans la Meuse, madame de Morhange, de Thonne-les-Prés,
obtint une médaille d'or pour l'installation modèle de sa ferme,
son outillage complet et l'heureuse association du propriétaire
et du fermier.

Les baux à cheptel appliqués aux moutons ont une durée
de trois ans. Pendant ce laps de temps, la laine est partagée
par moitié chaque année entre le propriétaire et le preneur,
à l'exception de la laine de la première année, des agneaux,
qui appartient exclusivement au preneur.

A l'expiration des trois ans, le troupeau entier est partagé
par moitié.

RÉGISSEURS. — Lorsque le propriétaire d'un domaine ne peut suffire seul à diriger et à surveiller tous les travaux que nécessite l'exploitation de ses terres, ou s'il se trouve dans la nécessité de s'absenter fréquemment, il met sa ferme entre les mains d'un régisseur chargé, moyennant une redevance fixe et annuelle, de la gérance et de la surveillance de l'exploitation.

Là encore, nous voudrions voir appliquer l'association, en donnant au régisseur un traitement fixe et un tant pour 100 sur le revenu net.

Il n'existe guère dans la Meuse que douze à quinze fermes dirigées par des régisseurs dont le traitement annuel varie de 1,500 à 3,000 francs.

CULTIVATEURS. — Les cultivateurs sont très-nombreux; l'étendue qu'ils exploitent, au moyen des bras de leur famille, varie de 10 à 50 hectares.

Lorsque la surface à cultiver n'est pas suffisante pour occuper continuellement, pendant toute l'année, les ressources du cultivateur en bras et en attelage, il prend un ou deux manœuvres; c'est-à-dire qu'il se charge de cultiver les terres de ces derniers, d'effectuer le transport de leurs récoltes; mais, en revanche, les manœuvres sont tenus de fournir, à celui qui exploite leurs parcelles de terre, un certain nombre de journées de travail dans les moments pressants; de cette manière, cultivateurs et manœuvres ont peu à débourser, c'est un échange de travail. Ce procédé est très-répandu dans les campagnes du département.

MANŒUVRES. — Les manœuvres comprennent toute une série d'individus possédant quelques parcelles de terre, dont l'étendue totale est insuffisante pour les occuper toute l'année. Beaucoup exercent un métier, tel que celui de cordonnier, de tisserand, de tailleur, de maçon, de charpentier, d'aubergiste, etc., et vivent pour ainsi dire du produit de leur petite industrie.

Le lopin de terre leur sert à entretenir quelques animaux, dont le revenu n'est pas à dédaigner.

JOURNALIERS. — Les journaliers sont parfois attachés à la ferme, lorsque celle-ci a une certaine importance; ils y sont logés dans des habitations spécialement construites pour eux. Ils se nourrissent eux-mêmes et il leur est aussi donné un petit jardin dont ils retirent une grande partie des légumes nécessaires à leur alimentation et à celle de leur famille. Ce moyen de fixer les travailleurs et d'avoir toujours sous la main le nombre de bras dont on peut avoir besoin est appliqué, depuis longtemps, à l'École pratique d'agriculture des Merchines.

Dans les campagnes, les journaliers sont propriétaires ou locataires de la maison qu'ils habitent; ils ont de plus quelques lambeaux de terrains qu'ils exploitent à temps perdu, tandis que, pendant les travaux pressants, ils sont embauchés par les cultivateurs. Quelques-uns, et cette coutume commence à se répandre, entreprennent du travail à la tâche; c'est là un excellent procédé, avantageux au cultivateur et au travailleur, si celui-ci est consciencieux.

Domestiques. — Les domestiques sont loués à l'année ou au mois.

La location au mois est tout à fait mauvaise. En effet, le domestique au mois a peu de goût au travail, il n'a aucun respect pour son patron, puisqu'il est libre de partir à sa volonté, il a peu ou point d'intérêt pour celui qui le paye; et son engagement étant limité, il lui est loisible de quitter la maison à l'époque même où son travail est le plus indispensable.

La location à l'année est la plus recommandable; les domestiques, liés par un contrat, ne peuvent quitter la ferme quand bon leur semble, ils sont retenus par la crainte de perdre une partie de leur gage. En général, ils s'intéressent davantage aux intérêts de leur patron, et ils ont, dans tous les cas, plus de fixité, et travaillent avec plus d'ardeur.

Pour encourager les ouvriers ruraux à servir longtemps les mêmes maîtres, les Sociétés d'agriculture du département et le Gouvernement lui-même accordent de temps à autre des primes aux travailleurs des champs qui sont restés durant de nombreuses années attachés à la même maison et ont fidèlement rempli leurs devoirs.

Un excellent moyen de rendre les ouvriers agricoles plus stables est de les intéresser aux bénéfices, en leur accordant un tant p. 0/0 sur les produits réalisés, au-dessus de la moyenne du revenu annuel. Ce système peut être appliqué aux régisseurs, aux maîtres-valets, aux domestiques. Aux bergers, bouviers, et porchers, il serait accordé une prime pour chaque animal vendu en bon état, ou par chaque agneau, veau, porc, ayant atteint un âge déterminé à l'avance.

Instruction agricole. — Si l'instruction agricole n'est pas encore suffisamment répandue dans les campagnes, cela tient à ce que les notions d'agriculture ou des sciences s'y rattachant ne sont enseignées dans les écoles primaires que depuis 1882.

C'est à tort que la science agricole ne fait pas partie du programme des lycées et des collèges, attendu que la plupart des jeunes gens qui sortent de ces établissements sont destinés à exercer la profession de cultivateurs. Cependant il leur serait très-utile de connaître les éléments qui concourent à la production des végétaux, le mécanisme des machines et des instruments qu'ils devront mettre en œuvre, les méthodes de reproduction des animaux domestiques qu'ils peuvent employer avec chance de succès, etc., etc.

Dans la Meuse, seuls les collèges de Commercy, de Verdun et d'Etain ont introduit l'agriculture dans leur programme d'enseignement. Cette innovation, excellente sous tous les rapports, ne peut que rendre de grands services aux jeunes gens qui sortent de ces établissements.

S'il est reconnu, avec raison, que l'instruction agricole est indispensable aux jeunes cultivateurs, on devrait être persuadé aussi qu'elle ne peut nuire aux jeunes filles, malheureusement les habitants des campagnes sont loin de penser ainsi; ils affectent pour ainsi dire de détourner leurs jeunes filles des travaux des champs et de l'intérieur du ménage. On ne peut que faire des vœux pour voir modifier au plus tôt cet état de chose en donnant aux filles de cultivateurs une éducation et une instruction plus spéciales, en commençant d'abord par leur inculquer d'excellents principes sur les bancs de l'école primaire, puis en les développant dans des écoles ménagères dont la création est depuis longtemps attendue.

Nous ne sommes pas le seul à croire que l'enseignement

agricole est nécessaire au cultivateur, depuis longtemps cette question est soulevée et elle a, à bon droit, préoccupé de nombreux agronomes.

Nous empruntons à l'*Annuaire* de l'an XII le passage suivant :

« Mais comment obtenir une heureuse innovation dans la pratique du premier des arts! La grande majorité de ceux qui l'exercent suit aveuglément la même marche qu'ont tenue ceux qui les ont précédés. Pour qu'ils secouassent le joug de la routine, il faudrait des exemples multiples d'amélioration causés par des procédés nouveaux : il faudrait surtout que ces procédés fussent faciles et peu coûteux, car une seule tentative infructueuse fait rejeter au loin toute idée de changement à la plupart des cultivateurs qui ne sont pas en état de sacrifier le présent à l'espoir d'un meilleur avenir. »

Le Comice agricole de Gondrecourt, dans une réunion tenue en 1843, demandait qu'il fût donné quelques notions d'agriculture aux élèves-maîtres de l'École normale. En 1844, M. Justin Bonet proposait au Conseil général de voter une somme suffisante pour ouvrir, à l'École normale, un cours d'agriculture qui serait donné par un professeur spécial.

M. Billy, conseiller général, soumettait en 1873 à ses collègues la même proposition. Ce n'est qu'en 1883 que cette idée fut réalisée, grâce à la loi du 16 juin 1879, qui prescrivait la création, dans le délai de six ans, d'une chaire d'agriculture dans chacun des départements non encore dotés de cette institution.

Le titulaire de cette chaire est chargé de leçons à l'École normale primaire, et dans tous les autres établissements d'instruction publique s'il y a lieu; de conférences agricoles dans différentes communes du département; de missions qui peuvent lui être confiées par le Ministre de l'Agriculture et le Préfet; enfin, il est tenu de renseigner les cultivateurs chaque fois que ceux-ci jugent utile de recourir à ses connaissances.

ENSEIGNEMENT DE L'AGRICULTURE DANS LES ÉCOLES PRIMAIRES. — Il y a cinquante ans, les écoles étaient peu fréquentées, surtout lors des travaux de fenaison, de moisson et de vendange. La science de l'agriculture était pour ainsi dire

inconnue ; les hommes mûrs comme les jeunes gens ne sui-
vaient que la routine , les errements et les préjugés de leurs
ancêtres, sans se préoccuper des avantages que peut procurer la connaissance des notions de sciences physiques et chimiques applicables à l'agriculture.

Actuellement les écoles sont plus nombreuses qu'autrefois
et les jeunes gens, à quelques exceptions près, ne les quittent
qu'à l'âge de douze ou de treize ans; de plus, les jeunes
maîtres cherchent à inculquer à leurs élèves, par des lectures,
des dictées, des problèmes, des rédactions, des promenades
à travers champs, les éléments de la science agricole.

Dans quelques communes, malheureusement trop rares,
la théorie est complétée par des démonstrations pratiques
données par l'instituteur, dans un jardin d'expériences. C'est
là un excellent moyen d'enseignement que nous voudrions
voir appliqué dans toutes les communes rurales ; enfin l'établissement de musées et de bibliothèques agricoles pourrait
encore rendre de grands services aux maîtres et aux élèves.

En résumé, on peut affirmer que depuis douze ans, les
progrès agricoles accomplis, dans la Meuse, sont très-sensibles, et nous ne doutons nullement que grâce aux efforts de
tous, cette marche en avant ne s'accentue davantage.

ÉCOLES D'AGRICULTURE. — Deux écoles spéciales donnent
aujourd'hui l'instruction agricole aux fils de cultivateurs du
département et des départements voisins. L'école pratique
d'agriculture des *Merchines,* près Vaubecourt, est instituée
par deux arrêtés du ministère de l'Agriculture et du Commerce, en date des 30 juin 1873 et 29 janvier 1876. Au début
elle avait pour titre *Ferme-école spéciale des Merchines*, elle
prit, lors du dernier décret, celui d'*École pratique d'agriculture des Merchines.*

Cet établissement est destiné à former d'habiles cultivateurs, possédant les connaissances nécessaires pour exploiter
avec intelligence et profit leurs propriétés ou celles d'autrui
en qualité de régisseurs et de fermiers.

Nul n'est admis s'il n'est âgé de quinze ans au moins,
apte aux travaux des champs et capable de répondre aux
questions faisant partie du programme de l'enseignement
primaire.

La durée des cours est de deux ans.

Le programme des études comprend : l'agriculture et l'économie rurale, l'élevage, l'hygiène et l'engraissement du bétail, le cubage, le lever de plans et le nivellement, l'explication et l'usage des machines agricoles, la comptabilité agricole, les éléments de botanique, de géologie, de physique, de chimie et de droit rural.

Les élèves exécutent successivement, pendant leur séjour à l'école, tous les travaux de l'exploitation et notamment ceux qui exigent l'emploi des instruments perfectionnés.

L'école primaire agricole *Descomtes*, établie à Ménil-la-Horgne (canton de Void), sur la propriété de M. Descomtes, fonctionne depuis 1882.

D'après les volontés du donateur, le but de cette école est de compléter les études primaires des jeunes gens et de leur donner en même temps les notions scientifiques indispensables pour faire de la culture intelligente et bien entendue.

L'enseignement donné à l'école Descomtes doit tendre : 1° à attacher les élèves à la vie des champs, au métier de cultivateur; 2° à rendre ceux qui s'en contenteraient, capables de rompre avec une routine ruineuse et de tirer le meilleur parti possible d'une situation donnée; 3° à les préparer à recevoir avec fruit un enseignement plus élevé dans le cas où ils voudraient continuer leurs études agricoles.

Conformément aux intentions du fondateur, nul ne peut être reçu, s'il n'atteint pas douze ans ou s'il dépasse quatorze ans dans l'année de l'examen.

Le domicile dans le département est de rigueur.

La durée des cours est de quatre ans et l'enseignement porte sur les matières suivantes :

Langue française, arithmétique, système métrique, notions d'algèbre, géométrie et arpentage, histoire de France, géographie, dessin, comptabilité agricole, agriculture, horticulture, arboriculture, viticulture, zoologie, zootechnie, botanique, notions sommaires de géologie.

Eléments des sciences physiques.

Depuis leur création, ces deux institutions ont rendu de grands et incontestables services à l'agriculture meusienne, car presque tous les élèves se sont adonnés à la culture, et, rentrés chez leurs parents, ils ont cherché à appliquer les

excellents principes qui leur ont été inculqués; de plus, par
les bons résultats qu'ils ont obtenus, ils ont excité l'amour-
propre de leurs concitoyens et les ont forcés, malgré eux,
à entrer dans la voie du progrès.

SALAIRE. — Le prix de la main-d'œuvre va continuellement en augmentant, ainsi que l'on peut s'en rendre compte
par les chiffres suivants :

Eu 1652, le fauchage et le fanage d'un hectare de pré
étaient estimés à 9 francs; le sciage et le bottelage d'un
hectare de céréale valaient 9 francs 18 gros.

Prix de la main-d'œuvre à Saint-Aubin, en 1694 :

> La journée de fauchage valait 20 sous.
> — fanage — 12 —
> — charrue — 40 —
> Par voiture de bois on payait 30 —

Prix de la journée de travail, à Villers-aux-Vents, en 1794 :

> Faucheur, 2 francs par jour ou par fauchée.
> Femme (moisson et fenaison) . . . . . . 15 sous.
> Un voyage . . . . 30 sous.
> Un hottier à la vendange . . . . 30 sous.
> Une vendangeuse. . . . . 15 sous.

Gage d'un domestique à Montfaucon en :

> 1800. . . . . 90ᶠ par an.
> 1805. . . . . 120 —
> 1822. . . . . 150 —

Prix payé pour la garde des chevaux, à Commercy :

En **1801**.	0ᶠ75 par cheval.	En **1832**.	1ᶠ40 par cheval.
En **1810**.	1 » —	En **1838**.	1 60 —
En **1822**.	1 30 —	En **1844**.	2 » —

A Ville-Issey, les ouvriers ruraux recevaient, à différentes époques, les prix suivants :

		1856.	1860.	1865.	1869.	1890.
Ouvriers nourris....	pendant la récolte.	1f 75	1f 75	2f »	2f 50	2f 50
	en temps ordinaire.	1 25	1 25	1 50	1 50	2 »
Ouvriers non nourris	pendant la récolte.	2 »	2 »	3 »	3 50	4 à 5
	en temps ordinaire.	1 50	1 50	2 50	3 »	3 50

D'après la statistique de 1862, le salaire des journaliers ruraux était ainsi coté :

Avant ou après	Hommes nourris. 1f 16.	Femmes : 0f 69.	Enfants : 0f 45.
la récolte.	— non nourris. 1 98.	— 1 35.	— 0 81.
Pendant la	— nourris.... 1 78.	— 1 20.	— 0 73.
récolte.	— non nourris. 2 84.	— 1 81.	— 1 14.

Maîtres-valets. . . . . . . 404 fr. par an , logés et nourris.
Bouviers . . . . 279 — —
Charretiers . . . . 213 — —
Bergers. . . . . 270 — —
Domestiques . . . . 292 — —
Servantes. . . . . 133 — —

En 1882, le salaire était ainsi fixé :

Eté..	Ouvriers nourris..... 1f 90.	Femmes. 1f 10.	Enfants. 0f 74.
	— non nourris. 3 37.	— 2 »	— 1 88.
Hiver.	— nourris..... 1 40.	— 0 86.	— 0 52.
	— non nourris. 2 45.	— 1 65.	— 1 04.

Maîtres-valets. . . . . . . 460 fr. par an , logés et nourris.
Charretiers . . . . 430 — —
Bouviers . . . . 370 — —
Bergers. . . . . 400 — —
Domestiques. . . . . . . 280 — —
Servantes . . . . 220 — —

D'après l'enquête de 1866, les causes de l'augmentation des salaires étaient les suivantes :

1° Extension et amélioration des cultures, développement des cultures industrielles.

2° L'émigration des habitants des campagnes vers les villes.

3° La diminution du nombre d'enfants.

4° La rémunération plus avantageuse donnée par l'industrie à la main-d'œuvre.

MŒURS. — Les habitants des campagnes sont en général doux, actifs, intelligents, assez sobres, aimant le travail et se livrant rarement à des excès d'intempérance.

La culture des terres et des vignes occupe la majeure partie des habitants des villages; les autres sont employés à l'extraction, au transport des minéraux utiles, et, en hiver, à l'exploitation des coupes de bois.

On voit encore se renouveler, au printemps de chaque année, mais bien moins qu'autrefois, l'émigration des savetiers, émouleurs, matelassiers et fondeurs qui vont exercer leur profession dans plusieurs départements et principalement dans les environs de Paris. Ils reviennent au commencement de l'hiver et rapportent dans leur famille le prix d'un travail constant dont une sage économie a ménagé les produits. Ces émigrations ont encore lieu de nos jours pour une partie des habitants de Beaulieu, Andernay, Halles, etc.

En ce moment, le nombre de ces ouvriers nomades est bien réduit, parce que beaucoup d'entre eux ont fait l'acquisition de biens-fonds et sont devenus propriétaires.

Depuis 1581, les mœurs ont singulièrement changé : les populations agricoles se sont mises à émigrer, croyant rencontrer ailleurs une situation meilleure, mais elles n'ont trouvé, sauf de rares exceptions, que d'amères et cruelles déceptions.

L'aisance au village s'est accentuée jusque vers 1875; à partir de cette époque jusqu'à ce jour, le nombre des mauvaises années ayant été bien supérieur à la moyenne, il en est résulté une gêne sensible qui tend à s'aggraver de jour en jour.

Là, cependant, n'est pas l'unique cause de l'état de chose que nous signalons :

Il y en a évidemment d'autres et parmi celles-ci nous citerons en premier lieu : l'orgueil, défaut méprisable, qui tend à prendre pied chez les habitants de nos campagnes. On se trouvait à l'aise autrefois! On dépensait beaucoup et, aujourd'hui, que les bénéfices réalisés annuellement sont, en général, moins élevés, on persévère dans les mêmes habitudes, on veut tenir le même rang, coûte que coûte! En second lieu, l'habitude du bien-être, que nous sommes loin de blâmer, mais qui devient cependant un gros défaut, lorsque ce bien-être est disproportionné à l'aisance réelle!

Nous mentionnerons aussi la routine, dont les racines profondes sont d'une extraction si difficile; la situation économique dans laquelle nous nous trouvons et la concurrence effrénée que nous font les puissances étrangères, etc., etc...

Le mode d'éducation donné aux jeunes filles est aussi un désiderata de l'époque actuelle.

Combien de celles-ci ne se croiraient-elles pas déshonorées en épousant un fils de cultivateur! Elles préfèrent de beaucoup un homme de place, quels que soient ses maigres appointements.

Associations agricoles. Le département de la Meuse compte, à ce jour, quatre sortes d'associations agricoles : 1° des sociétés et comices agricoles; 2° une société d'horticulture; 3° deux sociétés d'apiculture; 4° des syndicats agricoles.

SOCIÉTÉS D'AGRICULTURE. Les sociétés et comices agricoles du département ont pour but : l'amélioration des divers genres de culture, le perfectionnement et l'augmentation des animaux domestiques, l'étude des assolements et des plantes nouvelles, l'affranchissement des routines défectueuses, le défrichement des terres, le desséchement des marais et des sols humides, l'arrosage des terrains secs, l'introduction et l'emploi des instruments et des engrais peu répandus, etc...

La création des sociétés d'agriculture, dans la Meuse, remonte à l'année 1826; avant cette époque, il nous a été impossible de découvrir aucun document permettant de faire la moindre supposition sur l'existence d'une société d'agriculture.

Cependant en 1820, il existait à Bar une société portant le titre de Société d'Agriculture et des Arts du département de la Meuse, et à Verdun, la société Philomathique, créée en

1821, fonda une section d'agriculture, qui reçut, en 1826, une organisation particulière.

A cette époque, le Conseil général décida que deux sociétés d'agriculture seraient fondées, l'une au nord du département comprenant les arrondissements de Verdun et de Montmédy, l'autre au sud, réunissant les cultivateurs des arrondissements de Bar et de Commercy. La première avait son siège à Verdun, la seconde à Bar-le-Duc.

Cette division du département en deux circonscriptions dura de 1826 à 1833, après quoi, le Conseil général décida qu'aucune subvention ne serait accordée sur les fonds départementaux, si, à l'avenir, chaque arrondissement ne se constituait en société distincte et, par ce fait, indépendante.

La société des arrondissements de Bar et de Commercy fut dissoute en 1834, celle des arrondissements de Verdun et de Montmédy ne le fut qu'en 1836.

Ces sociétés, depuis leur création jusqu'à ce jour, ont joué un rôle important dans l'amélioration de la culture meusienne, par les nombreux achats d'animaux reproducteurs, d'instruments perfectionnés, de plantes nouvelles, d'engrais peu connus; par les exhibitions et les concours qu'elles ont organisés; par les encouragements sous forme de primes ou de remises accordées aux cultivateurs possesseurs de beaux animaux, ou à ceux dont le système de culture était le mieux établi; enfin, par des primes, des médailles, des diplômes donnés aux plus anciens serviteurs ruraux des deux sexes.

Des comités, créés au début, n'eurent qu'une existence éphémère; le comice de Bar-le-Duc fonctionnait en 1838; celui de Gondrecourt, organisé en novembre 1839, n'eut qu'une durée très-limitée; celui de Saint-Mihiel, formé en 1852 dura jusqu'en 1866.

A dater de l'année 1882, la question de division des sociétés d'arrondissements en sociétés et comices cantonaux fut reprise à nouveau, de sorte qu'aujourd'hui, en plus des quatre sociétés d'arrondissements, le département compte : le comité d'agriculture des cantons de Saint-Mihiel, Vigneulles et Pierrefitte; la société d'agriculture du canton de Montiers-sur-Saulx; les sociétés agricoles des cantons de Triaucourt, Gondrecourt, Vaucouleurs et Étain; le comice agricole du canton de Montfaucon.

Situation financière de ces sociétés au 31 décembre 1891 :

Sociétés.	Recettes.	Dépenses.
De Bar-le-Duc	11,825ʳ05	10,822ʳ25
De Montiers-sur-Saulx	1,803 42	1,667 36
De Triaucourt	1,785 95	1,611 45
De Commercy	5,626 20	4,612 75
De Gondrecourt	3,145 92	2,262 94
De Saint-Mihiel, Vigneulles, Pierrefitte	4,164 91	3,888 90
De Vaucouleurs	9,404 50	9,404 50
De Montfaucon (en création)	250 »	63 50
De Montmédy	11,862 05	9,361 45
D'Etain	1,120 11	502 45
De Verdun	24,038 35	20,748 80

SOCIÉTÉ D'HORTICULTURE. — La fondation de la société d'horticulture, d'arboriculture et de viticulture de la Meuse, dont le siège est à Verdun, fut approuvée le 9 juillet 1888. Son but comprend : l'amélioration et l'encouragement des cultures potagères, des plantations d'arbres fruitiers et d'agrément, des fleurs de pleine terre, d'orangerie et de serre, de la vigne, des instruments de tous genres propres à l'horticulture, à l'arboriculture et à la viticulture.

Elle concourt à la propagation des méthodes utiles par les moyens suivants : établissement d'un jardin d'expérimentation, distribution de graines et de plants, conférences et cours publics dans les chefs-lieux d'arrondissement et de canton du département, expositions, récompenses et publications périodiques.

Cette société étant de création récente, nous ne pouvons parler des résultats auxquels elle est arrivée; cependant nous tenons à faire mention des deux brillants concours qu'elle a organisés en 1890 et en 1892 et dont le succès a été chaque fois au delà de toute espérance. En tous cas, nous croyons qu'elle est appelée à rendre d'immenses services dans nos campagnes; notre souhait est qu'elle soit le plus promptement en mesure de remplir le programme si vaste et si important qu'elle s'est proposé.

Sa situation financière au 31 décembre 1891 était fixée :

En recettes, à 2,255ᶠ 63
En dépenses, à 1,166ᶠ 37

SOCIÉTÉS D'APICULTURE. — Deux sociétés d'apiculture se sont constituées en 1891, à l'issue du Concours régional de Bar-le-Duc, 1° une société départementale avec Bar-le-Duc pour siège et une société d'arrondissement ayant Commercy pour centre.

La société départementale d'apiculture, qui compte aujourd'hui 616 membres, s'occupe essentiellement de tout ce qui a rapport à la production du miel et de la cire.

Indépendamment de son Bureau central, elle a organisé dans chacun des 28 cantons du département des sections cantonales ayant pour Bureau, un président et un secrétaire.

Ces sections peuvent se réunir plusieurs fois dans le courant de l'année : elles transmettent au Bureau central, les réflexions, les idées émises, les vœux qu'elles ont formulés afin de les soumettre à la ratification de la plus prochaine assemblée générale.

Compte de l'exercice 1892.

Recettes. . . . . 2,100ᶠ »
Dépenses 1,849 80

La société d'apiculture de l'arrondissement de Commercy poursuit le même but : elle s'est donné la mission d'encourager l'élevage des abeilles et de recommander les procédés et les méthodes les plus sûrs pour obtenir, de ces utiles insectes, le plus de miel et de cire possible.

SYNDICATS AGRICOLES. — Les syndicats agricoles créés, en vertu de la loi du 21 mars 1884, sont à ce jour au nombre de cinq : le syndicat central des agriculteurs de la Meuse, le syndicat agricole et viticole de l'arrondissement de Bar-le-Duc, le syndicat des agriculteurs des cantons de Saint-Mihiel, Vigneulles et Pierrefitte, le syndicat agricole du canton de Montiers-sur-Saulx, le syndicat du comice agricole de Montfaucon.

Le but de ces associations est d'acheter en commun : des engrais commerciaux, des machines et des instruments agricoles, des semences et toutes matières utiles à l'agriculture et à la viticulture, et cela, aux meilleures conditions possible, sans cependant négliger la garantie de pureté ou de solidité.

Le syndicat de Commercy, dans sa réunion annuelle tenue en janvier 1888, a décidé d'ajouter la vente des produits du sol.

Ces associations ont aussi pour rôle de renseigner les cultivateurs syndiqués sur les engrais à appliquer à telle ou telle culture, sur les variétés de plantes à cultiver en vue d'obtenir des rendements élevés, sur les meilleures machines et instruments agricoles à mettre en œuvre.

Le syndicat des agriculteurs de l'arrondissement de Commercy, fondé en juillet 1886, et comptant aujourd'hui près de 620 membres, a effectué pour le compte de ses adhérents les achats suivants :

Résumé des opérations effectuées
par le syndicat central des agriculteurs de la Meuse.

Années.	Valeur des marchandises livrées.	Actif du syndicat.
1886	5,646f 15	27f 35
1887	41,234 55	659 30
1888	53,326 20	1,606 95
1889	56,981 30	3,452 40
1890	64,076 75	3,350 45
1891	62,707 90	4,127 95
1892	59,869 35	4,717 35

En 1891, les achats du syndicat agricole et viticole de Bar-le-Duc ont atteint le chiffre de 31,398 fr. 60; en 1892 ils étaient de 19,663 fr. 40; l'actif à cette époque était de 2,776 fr. 40.

Le syndicat agricole des cantons de Saint-Mihiel, Vigneulles et Pierrefitte a fourni à ses membres, en 1890, pour 20,322 fr. 35 de marchandises et en 1892, pour 32,513 fr. 60; l'excédent des recettes était, à la fin de l'année, de 223 fr. 80.

Le chiffre d'affaires du syndicat du canton de Montiers se montait, en 1891, à 14,000 francs.

Indépendamment des syndicats agricoles destinés à l'achat des engrais, semences, instruments, il existe encore, dans la Meuse, d'autres associations dont le but est la suppression des raies mitoyennes, tel est celui de Bislée; le rétablissement de la vente des vins, en donnant aux consommateurs toute garantie de non-falsification et de non-sucrage, comme celui de Behonne; la protection des vignes par les nuages artificiels : dans cette catégorie se trouvent les syndicats d'Hannonville, de Reffroy, de Thillot et de Liouville; l'arrosage des prairies : ces associations sont très-nombreuses, nous citerons seulement celles de la Haute-Meuse, de Lamorville, de Spada, de Sivry-sur-Meuse, de Consenvoye, de Laheycourt, etc.

TROISIÈME PARTIE.

CONSTITUTION GÉOLOGIQUE.

———

Les différents étages qui forment le sol du département de la Meuse, appartiennent aux deux groupes supérieurs du terrain secondaire : le terrain jurassique et le terrain crétacé. En dehors de ces deux assises, on rencontre, un peu partout, des alluvions dont la formation est d'une date plus ou moins récente.

Terrain jurassique. — Les diverses assises du terrain jurassique, peuvent se diviser en : étage liasique, étage jurassique inférieur ou oolithique, étage jurassique moyen et supérieur.

Étage liasique. — Le lias ne se rencontre que dans l'arrondissement de Montmédy, principalement dans les cantons de Montmédy et de Stenay. Il peut se subdiviser en quatre couches. 1° calcaire sableux, 2° marnes moyennes, 3° calcaire ferrugineux, 4° marnes supérieures.

Le calcaire sableux est formé de calcaires de couleur bleue ou jaune, dans lesquels se trouve mélangé, en proportion variable, du sable parfois micacé; on le rencontre sur les territoires des communes de Breux, Avioth et Thonne-la-Long.

La marne moyenne que l'on voit à Thonne-la-Long, Avioth, Breux, Thonnelle, Thonne-le-Thil, ainsi que dans les vallées de la Thonne et de Jacquemine, est composée d'argiles grises sablonneuses ou micacées, contenant des nodules de fer hydraté et d'argile ocreuse, à couches concentriques.

Le calcaire ferrugineux comprend : des calcaires argileux,

bleuâtres ou verdâtres, et des calcaires sableux, dans la masse desquels on trouve des veines de fer hydraté. Cette roche enveloppe, d'une ceinture étroite, les collines comprises entre Ecouviez, Thonne-la-Long et Thonnelle.

Les marnes supérieures sont formées d'argile grise ou noire, souvent bitumineuse ou schisteuse, parsemée de plaques de gypse et d'ovoïdes ferrugineux. On observe cet étage sur les territoires des communes de Montmédy, Velosnes, Ecouviez, Petit-Verneuil, Grand-Verneuil, Thonne-la-Long, Avioth, Thonne-le-Thil, Thonnelle, Thonne-les-Prés, Lamouilly et Olizy.

Étage jurassique inférieur. — L'étage jurassique inférieur forme une bande qui s'étend de Raulecourt et Bouconville à Conflans (Meurthe-et-Moselle), et de là à Stenay; il peut se diviser en trois assises : 1° l'oolithe inférieure; 2° les marnes du Bradford-clay; 3° les calcaires gris oolithiques.

L'oolithe inférieure est caractérisée, dans le département, par des calcaires terreux, blanchâtres ou jaunâtres, renfermant des polypiers et des calcaires oolithiques, surtout bien développés dans les environs de Montmédy, Thonnelle et Avioth.

Le groupe des marnes bradfordiennes se compose d'alternances marneuses et calcaires de nature et de couleur variables; ces dernières sont généralement grises ou bleuâtres, les couches argileuses sont grises, bleues, quelquefois jaunâtres. Ces divers bancs sont caractérisés par la présence d'oolithes ferrugineuses et se rencontrent dans toute la Woëvre. Les calcaires gris oolithiques sont blancs, gris ou bleuâtres, à texture grenue ou terreuse et divisés en feuillets, d'autant plus minces qu'ils sont plus rapprochés de la surface du sol. On les remarque aux environs d'Etain, Chauvency, Stenay, Baâlon et de Vaudoncourt.

Étage jurassique moyen. — Le terrain jurassique moyen occupe près du tiers de la surface de la Meuse, il comprend : 1° les argiles de la Woëvre; 2° le coral-rag.

Les argiles de la Woëvre ou terrain oxfordien peuvent se fractionner en trois groupes :

1° Les argiles inférieures ou oxfordiennes formant à elles seules le sol de la vaste plaine de la Woëvre, sur une largeur de plus de 10 kilomètres; elles sont grasses, liantes, bleuâtres ou grisâtres.

2° Les calcaires marneux sont composés d'assises marneuses, alternant avec des lits de calcaires marneux ou siliceux, ou avec une roche tendre siliceuse ou calcaire.

3° L'argile ferrugineuse forme une bande très-étroite occupant, à mi-côte, le versant Est des Côtes de la Woëvre; elle comprend des calcaires, des marnes et des argiles empâtant des grains oolithiques de fer hydraté.

Le coral-rag recouvre l'oxford-clay et l'oolithe ferrugineuse; il a pour base du carbonate de chaux variable comme texture et comme couleur, de nature crayeuse, terreuse ou oolithique. Cette assise est limitée à l'Est par l'oolithe ferrugineuse et l'oxford-clay; à l'Ouest, par des affleurements de calcaires à astartes; la ligne qui sépare ces deux bancs passe à Vouthon, Burey-la-Côte, Maxey-sur-Vaise, Neuville-les-Vaucouleurs, Vaucouleurs, Void, Chonville, Sampigny, Les Kœurs, Tilly, Récourt, Dugny, Verdun, Charny, Regnéville, Brieulles, Aincreville; de là, elle passe dans le département des Ardennes.

Étage jurassique supérieur. — Cet étage est aussi désigné sous le nom d'*étage portlandien;* comme le précédent, il présente, dans la Meuse, un très-grand développement.

On peut classer les différentes assises qui le constituent en trois groupes bien définis : 1° le calcaire à astartes; 2° les argiles à gryphées virgules; 3° les calcaires du Barrois et les calcaires portlandiens.

Le calcaire à astartes est formé de couches argileuses ou marneuses divisées par des roches oolithiques ou lumachelles. Ce terrain est compris entre la ligne précédente et une autre passant à Chassey, Badonvilliers, Ménil-la-Horgne, Saint-Aubin, Domremy-aux-Bois, Lignères, Pierrefitte, Heippes, Romagne-sous-Montfaucon et Bantheville.

Les argiles à gryphées virgules, désignées aussi sous le nom de marnes kimmeridgiennes, se composent de couches argileuses ou marneuses grises, bleues ou jaunâtres, séparées par des calcaires gélifs de même nuance. Cette couche est disposée suivant une bande d'une largeur de 2 à 4 kilomètres, occupant la partie Ouest de la ligne partant de Chassey et se rendant à Bantheville par Pierrefitte.

Le groupe des calcaires du Barrois peut être partagé en trois assises : les calcaires lithographiques, les calcaires cariés et les calcaires gris-verdâtre.

Les bancs inférieurs des calcaires lithographiques sont formés de roches marneuses à grains plus ou moins fins, d'une dureté moyenne; elles sont très-sensibles à la gelée; au-dessus viennent des calcaires plus durs, plus compacts, à grains fins, à cassure conchoïde ou esquilleuse, souvent traversés par de petites veines de carbonate de chaux cristallisé. Dans les couches de cette roche on rencontre fréquemment des géodes de carbonate de chaux, principalement dans les carrières de Rembercourt-aux-Pots.

La limite occidentale de cette assise passe à Cousances-aux-Forges, Sommelonne, Mognéville, Louppy-le-Château, Vaubecourt, Triaucourt, Autrécourt, Froidos, Varennes et Montblainville.

Les calcaires cariés, d'une très-grande dureté, sont d'un gris pâle et généralement criblés de cavités irrégulières; ils sont très-développés sur les coteaux qui bordent l'Ornain et la Saulx.

Les calcaires gris verdâtre occupent une faible étendue dans le département, on les trouve entre la vallée de l'Ornain (partie basse) et le département de la Haute-Marne; à ce banc appartient le calcaire tubuleux exploité à Dammarie, Trémont, Montiers-sur-Saulx.

Terrain crétacé. — Le terrain crétacé couvre la partie occidentale de la Meuse, il ne comprend que les étages inférieurs : on peut le partager en trois groupes principaux : 1° le terrain néocomien; 2° les sables verts et les argiles du gault; 3° la gaize ou grès vert supérieur.

Le terrain néocomien peut à son tour se subdiviser en trois assises.

1° L'assise du fer géodique, caractérisée à la base par des marnes noirâtres ou d'un gris foncé, puis, par une couche de fer géodique, faisant parfois défaut. Ce banc est très-fréquent dans la partie Sud-Est du département, où le fer se rencontre, soit en dépôt, soit en grains oolithiques, soit sous forme de géodes remplies intérieurement de grains oolithiques ou de plaquettes ferrugineuses.

2° Le calcaire à spatangues, souvent marneux, possède une texture et une dureté variables.

3° Les argiles ostréennes comprennent : des masses argileuses de couleur grise et un ou deux bancs de marne jaune, ainsi que des sables et des argiles bigarrés, de composition complexe et mal définie.

L'étage des sables verts et des argiles du gault peut être partagé en trois bancs.

1° Les argiles à plicatules composées d'argile plus ou moins grasse, variable de couleur et de ténacité.

2° Les sables verts, formés de sables jaunes ou blancs ou verdâtres, sont recouverts d'autres sables d'un vert plus foncé et mélangés d'argile pétrie de grains de chlorite (silicate de fer).

3° Les argiles du gault constituent, à l'Ouest du département, un massif argileux d'une grande plasticité; la couleur de ces argiles est grise, blanchâtre ou jaunâtre : ces bancs sont caractérisés par la présence de pyrites, de cristaux de gypse et de coprolithe ou nodules de phosphate de chaux.

La gaize ou grès vert supérieur est une roche presque uniquement composée de silice hydratée; sa nuance est tendre, elle est poreuse, légère, à texture sablonneuse, de couleur gris jaunâtre ou blanchâtre quand elle est sèche et verte quand elle est mouillée. On trouve, dans cette roche, de petits grains de chlorite d'un vert foncé presque noir et à sa base des rognons de phosphate de chaux.

Sa composition pour 100 est la suivante :

Eau	8
Silice gélatineuse	56
Chlorite	12
Argile	7
Sable quartzeux	17

Le sable vert ou chlorite a la composition centésimale ci-après :

Silice	54,20
Protoxyde de fer	25
Alumine	8,40
Potasse	6,20
Magnésie	6,20

Alluvions anciennes. — Des produits diluviens existent dans la Meuse à différents niveaux ; on en trouve dans les vallées, dans les plaines et sur les plateaux.

Parmi les dépôts de cette nature, on rencontre : des alluvions formées de fragments de roches appartenant à la chaîne des Vosges et cela dans la vallée de la Meuse et dans les vallées des affluents de ce fleuve ; des alluvions à graviers calcaires dans les mêmes vallées et dans celles de l'Aire, de la Chée, de la Saulx, de l'Ornain et de la Chiers, etc. ; enfin des masses diluviennes recouvrent les plateaux portlandiens et oolithiques, le plateau de l'Argonne et la plaine de la Woëvre.

Les alluvions anciennes de la vallée de la Meuse sont composées de cailloux arrondis de grosseur variable, déposés par lit ou épars dans des dépôts de sable. Ces cailloux proviennent de fragments des roches des Vosges en tout semblables à ceux que l'on remarque dans la vallée de la Moselle et dans les vallées qui s'y rendent.

Les débris qui forment les alluvions anciennes diminuent de grosseur au fur et à mesure qu'on s'éloigne des montagnes dont ils proviennent.

Ils s'élèvent à un niveau qui atteint, en amont de Dun, 150 à 200 mètres au-dessus du lit de la Meuse. Dans les parties basses, les cailloux quartzeux sont remplacés par des graviers appartenant, soit au grès bigarré, soit aux roches granitiques.

Les dépôts supérieurs, qui s'étendent sur les plateaux, sont assurément les plus anciens, ils ont dû être formés lorsque les vallées, à peine ébauchées, se trouvaient presque au même niveau que les plateaux. A Montfaucon et à Cunel, les cailloux vosgiens sont abondants, on les retrouve encore sur les plateaux de gaize des environs de Beaulieu, ce qui semble indiquer que les eaux, à cette époque, se déversaient d'une part dans la Meuse, d'autre part dans les affluents de la Marne. A dater du jour où le col de Pagny-sur-Meuse s'est trouvé au-dessus du niveau des eaux de la Meuse et de la Moselle, les débris vosgiens ont cessé d'arriver dans le lit de la Meuse.

Les graviers calcaires rencontrés à différentes hauteurs dans la vallée de la Meuse et dans les vallons y aboutissant proviennent des roches qui bordent la vallée.

Les alluvions anciennes de la vallée de l'Aire se composent

de graviers et de galets calcaires appartenant aux masses rocheuses de l'étage jurassique supérieur, dans lesquelles cette vallée est creusée. Ces dépôts sont quelquefois mélangés d'argile et de sables verts.

Les alluvions de la Chée, de l'Ornain, de la Saulx ont la même nature et la même origine. Celles de la Chiers ne sont autres que des masses argileuses et ferrugineuses de même composition que l'oolithe ferrugineuse des environs de Longwy et des marnes et calcaires ferrugineux du lias; elles se trouvent de temps à autre recouvertes de débris de roches oolithiques dans lesquelles la Chiers s'est creusé un lit.

Alluvions modernes. — Ces alluvions comprennent les limons qui se produisent journellement dans les vallées, les attérissements, les éboulements, la tourbe, le tuf, les stalactites et stalagmites, la filtration des sels solubles, enfin la terre végétale.

Les alluvions des vallées sont formées de matériaux entraînés par les eaux; celles-ci les tiennent en suspension ou en dissolution jusqu'au moment où, devenant à peu près stagnantes, elles déposent les matières lourdes qu'elles charrient.

Si la chaleur est suffisante pour évaporer l'eau renfermée dans les creux, bassins, étangs, etc., les particules de limon et les corps solubles restent à la surface du sol et augmentent d'autant l'épaisseur des premiers dépôts.

Les atterrissements sont des amas terreux qui prennent naissance dans les cours d'eau ou se produisent des remous et des contre-courants.

Les éboulements sont le résultat des agents atmosphériques qui altèrent ou dégradent les roches tendres : dans certains cas, ils sont dus à des infiltrations jusqu'à une masse argileuse : celle-ci rendue plus glissante par l'eau qui l'imprègne, détermine, au bout de quelque temps, l'affaissement de la crête et l'engorgement de la vallée. Un phénomène de ce genre s'est manifesté, il y a quelques années, à Belrain, les argiles d'un contrefort s'affaissèrent sous le poids de la masse calcaire qui les recouvrait et celle-ci fut portée en avant.

Un fait analogue se remarque entre Nouillonpont et Saint-Pierrevillers.

Sur la ligne de Lérouville à Sedan on a évité le glissement d'un contrefort très-élevé, situé près de Sassey, en creusant dans le monticule, il y cinq ans, de nombreuses et profondes tranchées que l'on combla de pierres cassées.

La tourbe se forme par la décomposition des matières végétales enfouies ou accumulées dans les sols bas et marécageux. Elle contient, en outre, des matières terreuses et parfois des débris d'animaux de l'époque actuelle et des produits de l'industrie humaine.

La tourbe n'est pas exploitée dans la Meuse; en général, on ne la trouve que sous une faible épaisseur. Elle forme des dépôts assez étendus sur le territoire de Béthincourt, dans quelques vallées de l'arrondissement de Verdun; enfin il existe, entre Pagny-sur-Meuse et Lay-Saint-Remy (Meurthe-et-Moselle) un marais dit *Val-de-l'Ane,* d'une surface d'environ 79 hectares, riche en tourbe.

Le tuf a pour origine la dissolution du carbonate de chaux, par une eau fortement chargée d'acide carbonique. Les eaux, exposées à l'air, laissent dégager l'acide carbonique du bicarbonate de chaux qu'elles tiennent en dissolution et forment un dépôt calcaire.

Les stalactites et les stalagmites ont le même mode de formation; si l'eau, au lieu d'arriver en abondance, suinte goutte à goutte à travers des roches calcaires, il se produit à la partie supérieure des cavités, des mamelons qui croissent de jour en jour en longueur; l'excès d'eau tombant sur le sol, produit le même effet, et il arrive au bout d'un certain temps que la cavité est garnie de nombreux piliers formés par l'union des stalactites et des stalagmites.

Enfin, certaines roches tendres se délitent et se dissolvent sous l'influence de l'air, de l'eau, de la température et des éléments minéraux ou des matières organiques qui les composent; elles donnent parfois des sols de tout autre nature que celle des corps dont ils dérivent.

Minéraux utiles. — Le sol du département est riche en minéraux utiles, les uns sont employés pour les constructions, les autres alimentent les forges et fonderies, enfin d'autres ont une grande valeur, pour l'entretien des routes, l'amélioration et la fertilisation des terres, pour la fabrication des tuiles, des briques, de la poterie et des tuyaux de drainage.

Le calcaire sableux abonde en moëllons ou blocailles utilisés dans les constructions et l'entretien des routes. Ces moëllons sont extraits à Breux et Avioth. Quelques lits de sable sont exploités à Avioth pour le moulage de la fonte. La cuisson des pierres calcaires pourrait donner de la chaux maigre ou de la chaux hydraulique. Les marnes moyennes ne sont pas exploitées, elles pourraient cependant servir avantageusement à l'amélioration des terres trop siliceuses d'Avioth, Breux et Thonne-la-Long.

Le calcaire ferrugineux fournit du fer hydraté en grains. Ce minerai se trouve sur les finages de Thonne-le-Thil, Avioth, Breux, Thonnelle.

Les marnes supérieures du lias que l'on trouve à Petit-Verneuil, peuvent être employées comme amendement; calcinées, elles se délitent promptement et agissent de suite. L'oolithe inférieure est exploitée pour l'entretien des chemins; quelques bancs sont susceptibles de fournir de la pierre de taille ou de la pierre à chaux. Les principales carrières de cette assise sont celles de : Moulins, Olizy, Brouennes, Montmédy, Thonne-les-Prés, Villécloye, Thonnelle, Marville, Flassigny, Chauvency-le-Château.

Le bradford-clay donne des matériaux pour les constructions et pour la réparation des routes, tel est le cas des carrières de cailloux siliceux de Sorbey, d'Arrancy, de Rouvrois, de Saint-Pierrevillers. On fabrique des briques avec les assises argileuses, notamment à Rambucourt, à Rouvres; la pierre calcaire produit de l'excellente chaux hydraulique à Lanhères et à Xivray.

Le calcaire gris oolithique est exploité comme pierre de taille à Luzy, Baâlon, Louppy-sur-Loison, Saint-Laurent, Senon, Amel, Rouvres, Etain, Warcq, Gouraincourt, Vaudoncourt, ou comme pierre propre à l'empierrement des chemins à Delut et à Jametz.

Des argiles de la Woëvre, on tire du minerai de fer à Mangiennes, de la terre à poterie qui alimente les nombreuses tuileries et poteries de Stenay, Romagne, Villeforêt, Bohémont, Braquis, Rangéval, Pierreville, etc.; de la pierre à chaux hydraulique à Eix, Commercy, Lérouville, Pagny-sur-Meuse, Vignot, Rangéval. Le minerai de fer de cette assise se rencontre à Commercy, Halles, Montigny-devant-Sassey, Beauclair.

L'étage du coral-rag renferme de nombreuses carrières de pierres à bâtir. Des carrières de cette pierre sont ou peuvent être ouvertes à Liny, Dun, Murvaux et Fontaines; les pierres exploitées à Moulainville et à Châtillon-sous-les-Côtes sont d'un blanc jaunâtre.

La plupart des autres carrières en activité appartiennent au calcaire à entroques : les plus remarquables sont celles d'Euville, dont l'exploitation remonte à une date très-ancienne. Jadis l'extraction y était libre et gratuite, les seigneurs ne voyaient là qu'un moyen d'encourager les constructions. Mais après la donation des bois à la commune, le seigneur perçut un droit d'exploitation et afferma les carrières. En 1616, ces carrières étaient entre les mains de Nicolas Grosjean, moyennant un loyer de 29 francs. Il lui fut imposé par son bail « de travailler incessamment et d'entretenir les ateliers en « bel ordre, » ce qui prouve que cette pierre commençait à être appréciée. Viennent ensuite les carrières de Lérouville, Commercy, Vignot, Mécrin, Boncourt, Varvinay, Ville-Issey, Ambly et Troyon.

Le corallien fournit aussi des pierres lithographiques que l'on extrait à Verdun, Bras et Belrupt.

Le calcaire à astartes renferme à sa base des argiles qui alimentaient les tuileries et faïenceries de Vaucouleurs et de Montigny-les-Vaucouleurs; plus haut, il donne des lumachelles, employées sous le nom de pierre chaline, au pavage des rues et des logements des animaux domestiques; on les exploite à Charny, Fromeréville, Dugny.

A Kœurs, la chaline est utilisée pour la fabrication d'une chaux maigre hydraulique.

Les argiles à gryphées virgules ne donnent que des pierres gélives, des pierres à chaux et une variété de marne qui pourrait servir comme amendement.

Le calcaire portlandien est, suivant sa texture, utilisé comme pierre de route, ou comme moëllon; tel est le cas pour le calcaire carié : de nombreuses carrières sont ouvertes dans cette couche, elles donnent des pierres à bâtir : on en trouve en exploitation à Ligny, Maulan, Tannois, Naix, Tré-

veray, Saint-Joire, Laneuville, Bure, Savonnières-en-Perthois, Aulnois-en-Perthois, Haironville, Combles, Trémont.

Les assises du fer géodique servent à la fabrication des
tuiles à Hévilliers et à Villers-le-Sec, ou à l'extraction du
minerai de fer à Reffroy, Aulnois, forêt de Ligny, Morley,
Houdelaincourt, Biencourt, Le Bouchon, Ménil-sur-Saulx,
Ecurey, Tréveray, Ribeaucourt, Hévilliers, Fouchères, Bure.

On trouve également dans ce banc des sables blancs, qui
servent au moulage de la fonte ou à la fabrication des briques
réfractaires à Sommelonne et à Cousances-aux-Forges.

Le calcaire à spatangues est exploité comme pierre à bâtir
ou comme pierre à chaux.

Les argiles ostréennes renferment des blocs de pierre à
chaux hydraulique, de la terre à poterie.

Les argiles à plicatules sont propres à la fabrication des
tuiles, on les rencontre à Ancerville et à Sommelonne.

Les sables verts sont employés au moulage de la fonte, ils
fournissent également du minerai de fer.

Les argiles du gault alimentent les poteries et faïenceries
de l'Argonne. Des carrières sont en activité à Boureuilles,
Clermont, Rarécourt, Froidos, Waly, Foucaucourt, Lavoye,
Montfaucon, Varennes, Avocourt, Les Islettes, Senard, etc.

La gaize sert pour les constructions dans la plupart des
communes où elle se rencontre, elle est aussi utilisée à l'empierrement des routes, à la fabrication des mortiers hydrauliques et à celle du verre.

Dans ces trois dernières couches, on trouve, disséminées
ou par bancs de $0^m,10$ à $0^m,20$ d'épaisseur, des nodules de
phosphate de chaux que l'on extrait à Montblainville, Varennes, Cheppy, Laheycourt, Villotte-devant-Louppy, Clermont, Rarécourt, Aubréville, Waly, Louppy-le-Château,
Beurey, Andernay, etc...

La maison Chéry est la première qui se soit occupée, dans
la Meuse, des exploitations régulières des coprolithes.

Les différents gisements peuvent être évalués approximativement en étendue à 20,354 hectares répartis dans 28
communes.

Le nombre des carrières de nodules est évalué à 332.

Quelques-unes étaient déjà ouvertes dans la Meuse en
1861.

En **1862**, la production en phosphate de chaux s'élevait à 1,500 tonnes.

En **1865**,	—	—	9,000 —
En **1872**,	—	—	41,000 —
En **1886**,	—	—	67,600 —

Ces nodules renferment pour 100 : 16 à 22 d'acide phosphorique, 8 à 15 d'acide carbonique, 21 à 31 de chaux, 5 à 15 d'alumine et oxyde de fer, 28 à 40 d'autres éléments. Voici la teneur centésimale en acide phosphorique que nous avons trouvée pour les nodules de :

Louppy (Bordes).....	15,65 0/0 correspondant à 34,11 de phosphate de chaux.		
Andernay..........	15,40	—	33,57 —
Argonnelles........	18,84	—	41 —
Beurey............	16,93	—	36,90 —
Waly (lavés).......	15,63	—	34,11 —
Thibaudette (lavés)...	17,89	—	39 —
Vassincourt.	17,25	—	37,60 —
Thibaudette (clayures).	16,61	—	36,21 —
Laimont...........	17,89	—	39 —
Waly.............	16,93	—	36,90 —

Les alluvions anciennes, surtout celles de la vallée de la Meuse, donnent des cailloux ronds propres au pavage. Ceux des rues de la ville de Verdun n'ont pas d'autre origine : on trouve aussi du sable et des graviers calcaires, de la tourbe, du minerai de fer dans la vallée de la Chiers; des graviers et des galets dans les vallées de la Saulx, de l'Ornain et de la Chée (Buvignier).

En 1804, le nombre des carrières de pierres en exploitation était de 111.

A la même époque, le département comptait 18 forges, 10 fourneaux, 2 aciéries et une tôlerie. Ces 31 usines étaient construites depuis des siècles, à l'exception de quatre qui ne dataient que de 26 ans.

En 1827, les usines métallurgiques se répartissaient ainsi : 27 forges, 2 fonderies, 22 hauts-fourneaux, 10 brocards.

En 1850, il existait dans la Meuse : 23 hauts-fourneaux, 11 cubilots, 15 feux d'affinerie, 14 fours à pudler, 16 foyers et fours de chaufferie.

En 1888, il y avait dans le département :

4 hauts-fourneaux.
8 fours à pudler.
6 fours à réchauffer.
4 foyers Bessemer.
1 four Siemens-Martin.
6 fours de chaufferie.

En 1887, on comptait 602 carrières de pierre, sable, gravier, etc., occupant 1,729 ouvriers; l'extraction des nodules de phosphate de chaux en nécessitait 600.

Eaux minérales. — Les eaux minérales qui jaillissent des diverses couches géologiques, dans le département, sont peu renommées.

Les eaux du Pré-Ramon, ferme d'Abancourt, près Varennes, présentent à leur surface une couche irisée, en même temps qu'elles laissent déposer un précipité jaunâtre.

D'après une analyse faite par M. Neucourt, l'eau de la fontaine du Pré-Ramon serait plus ferrugineuse que celle de Sermaize (Marne).

A Contrisson, à Andernay, à Ville-devant-Chaumont, à Lanhères, il existe quelques fontaines, non exploitées, d'eau également ferrugineuse.

Près de l'ancien abbaye de Sainte-Hoïlde se trouve la source d'eau minérale de Saint-Antoine.

La source d'eau minérale de Gros-Terme ou du Blanc-Chêne, donne une eau froide et ferrugineuse. En 1776, les eaux de ces deux fontaines étaient réputées bonnes contre les obstructions et les pertes de sang.

QUATRIÈME PARTIE.

AGROLOGIE.

Les différents sols que l'on remarque dans le département de la Meuse présentent, au point de vue de leur constitution, de fréquentes variations : les uns, formés sur place, ont à peu de chose près la même composition que les roches qui leur ont donné naissance; les autres, provenant de matériaux entraînés par les eaux, n'ont aucune analogie avec la couche minéralogique sur laquelle ils reposent.

Afin de faciliter l'étude agrologique de notre département, nous le diviserons en cinq zones bien déterminées par la configuration du sol, ses différences d'altitude, ses productions animales et végétales. Cette division laisse, il est vrai, quelque peu à désirer.

Rien ne s'oppose cependant à son acceptation puisqu'elle est fréquemment employée par les cultivateurs du département.

Ces cinq zones sont : la *Woëvre*, les *Côtes*, la *vallée de la Meuse*, l'*Argonne*, et le *Barrois*.

Woëvre. — La Woëvre comprend cette bande de terre limitée à l'Est par le département de Meurthe-et-Moselle et à l'Ouest par l'Argonne orientale. Cette région, presque plate, ne présente comme différence d'altitude, entre ses points les plus bas et les plus hauts, qu'environ 50 mètres; sa largeur maximum ne dépasse pas 15 kilomètres.

Comme nous l'avons déjà dit, cette vaste plaine comprend deux parties : la grande Woëvre qui occupe une partie des arrondissements de Verdun et de Montmédy, et la petite Woëvre qui fait partie de l'arrondissement de Commercy.

Au point de vue géologique, la Woëvre est formée par deux étages du terrain jurassique : l'étage inférieur et l'étage moyen. Ces deux assises comprennent : les argiles d'Oxford, les marnes du Bradford-Clay et les calcaires gris oolithiques.

La décomposition de ces roches ayant eu lieu sur place, il en résulte que la contrée est essentiellement argileuse; son sol est mobile, c'est-à-dire qu'il se dilate par l'humidité et subit le retrait sous l'influence des sécheresses prolongées, c'est alors qu'il se forme à sa surface une croûte épaisse, profondément fissurée, dont l'effet se fait sentir d'une manière si défavorable sur le développement des plantes.

En raison de leur consistance, ces terres sont difficiles à cultiver et nécessitent, lorsqu'elles n'ont subi aucune amélioration, l'entretien de nombreux animaux de trait. Aussi n'est-il pas rare de voir dans la Woëvre 6 à 8 chevaux, trainant à grand'peine les charrues massives dont se servent encore les cultivateurs.

Si la silice ou le calcaire se trouvent alliés au sol (c'est le cas dans les environs de Fresnes-en-Woëvre et d'Etain), la terre est moins tenace et, par ce fait, plus apte à produire de bonnes récoltes.

En général, le sol est assez profond, fertile, et, si parfois il atteint un mètre d'épaisseur, il n'est pas rare de le voir tomber à $0^m,30$.

Composition de quelques sols de la Woëvre.

Éléments dosés.	Terre de Woël.	Terre de Fresnes.	Terre de Dieppe.
Chaux.	$1^g,40$	$1^g,82$	$4^g,03$
Magnésie	$1^g,09$	$0^g,74$	$0^g,85$
Acide phosphorique.	$0^g,18$	$0^g,015$	$0^g,065$
Potasse.	$0^g,14$	$0^g,27$	$0^g,12$
Azote.	$0^g,30$	$0^g,60$	$0^g,50$

Ces chiffres indiquent que les terrains de la Woëvre sont suffisamment riches en potasse, pauvres en acide phosphorique et en chaux; quant à la matière organique et à l'azote, ils s'y trouvent dans une assez bonne proportion; mais le pouvoir absorbant de ces terres en matières azotées est tellement grand que, pour obtenir des rendements élevés, il est indispensable d'en ajouter de nouvelles doses ou mieux d'en provoquer l'assimilation par l'adjonction au sol d'une forte quantité de chaux vive.

Productions végétales. — Les plantes cultivées dans la Woëvre, considérée jadis comme le grenier à blé du département, sont, à cause de la constitution du sol, peu nombreuses, les plus répandues sont : le blé, l'avoine, la pomme de terre, les prairies naturelles, le trèfle. L'orge, la luzerne, le sainfoin, la minette, la betterave y réussissent mal ou y donnent des produits insignifiants.

Les forêts occupent les parties où le sous-sol affleure. Les nombreux défrichements opérés il y a cinquante ans ont diminué, de beaucoup, l'étendue du sol boisé de cette contrée. L'essence de bois dominante est le chêne, qui constitue, presque à lui seul, la totalité des réserves.

Productions animales. — Le sol de la Woëvre étant difficile à cultiver et les chemins ruraux peu nombreux et en mauvais état, il en résulte pour les cultivateurs l'obligation d'entretenir beaucoup d'animaux de trait. Les fourrages, cultivés sur une petite échelle, ne permettent pas l'entretien d'un nombre suffisant de bétail de rente. De plus les animaux de l'espèce bovine et leurs produits s'écouleraient difficilement à cause du manque de communications.

On n'élève pas le mouton dans la Woëvre, il y est vite atteint par la cachexie. Son engraissement, cependant, pourrait y être pratiqué avec assez de succès.

Quant à l'élevage des jeunes porcs il constitue, pour les cultivateurs de cette zone, une grande source de revenus.

Les nombreux étangs qui couvrent une partie importante des sols trop argileux de la Woëvre donnent une grande quantité de poissons dont les plus communs sont la carpe et la tanche.

Améliorations à réaliser. — Afin de modifier les propriétés physiques du sol de la Woëvre et de l'amener à produire des rendements élevés, plusieurs améliorations seraient indispensables.

En premier lieu nous citerons le drainage dont l'effet, connu de tous, est d'enlever l'excès des eaux séjournant dans le sol et le sous-sol; de rendre la terre moins compacte et d'en augmenter la température de 6 à 8°.

Les terres drainées peuvent en outre se travailler en tout temps; elles offrent de plus au cultivateur divers avantages fort sérieux parmi lesquels nous citerons : une augmentation dans le nombre des denrées cultivées; l'exploitation de certaines plantes industrielles auxquelles nuit un excès d'humidité : le colza, la betterave à sucre, le houblon, etc..., par exemple.

Des essais de drainage tentés à diverses reprises par des cultivateurs et par quelques communes, notamment celles de Dieppe, de Saulx-en-Woëvre et de Grimaucourt-en-Woëvre, ont pleinement réussi, malheureusement le peu d'entente entre les cultivateurs, l'excessive division du sol, et souvent le manque de capitaux, gênent l'extension de cette utile opération.

En second lieu, l'emploi d'un amendement calcaire : chaux, marne, scories de déphosphoration, compléterait d'une manière profitable les résultats déjà acquis par le drainage; mais de nouvelles difficultés surgissent et parmi celles-ci : l'éloignement des fours à chaux, des carrières de marne, la grande distance entre la Woëvre et les voies ferrées, le nombre restreint des chemins ruraux et le mauvais état dans lequel ils se trouvent (la plupart des chemins ruraux situés dans la Woëvre étant compris dans la zone des forts, le génie militaire s'oppose, en même temps qu'à la création de nouvelles voies, à l'exécution des travaux destinés à assurer la viabilité des chemins existants).

Indépendamment des avantages qu'ils retireraient du drainage et de l'emploi des amendements, les cultivateurs de la Woëvre pourraient encore accroître leurs profits en donnant plus d'extension à la production fourragère de telle sorte qu'il leur soit possible d'entretenir, en meilleur état, un bétail dont ils augmenteraient le nombre, surtout en ce qui concerne l'espèce bovine.

Il leur faudrait aussi conserver et faire consommer tous les fourrages et toutes les pailles qu'ils récoltent, diminuer l'étendue de l'improductive jachère qui occupe encore à l'heure actuelle à peu près le tiers des terres arables, recourir aux engrais verts, employer des instruments plus perfectionnés,

créer, s'il est nécessaire, plus d'étangs, boiser les terres de
mauvaise nature ; enfin abandonner radicalement la routine
et les préjugés dont ils sont encore pour la plupart imbus.

L'excès d'humidité des sols de la Woëvre ne tient nullement, comme on serait tenté de le supposer, à ce qu'il tombe
plus d'eau dans cette zone qu'ailleurs ; il n'en est rien. Il a
été constaté que la hauteur d'eau tombée à Buzy de 1866 à
1876 a été de $0^m,731$ en moyenne, tandis qu'à Verdun (vallée
de la Meuse) pour la même période, la hauteur d'eau a été
de $0^m,833$.

Le bassin de l'Orne et de la Moselle reçoit $0^m,730$ d'eau
par an ; celui de la Haute-Meuse $0^m,839$.

Les Côtes. — L'Argonne orientale, qui porte plus fréquemment le nom de *Côtes* (Côtes de la Woëvre) sépare la plaine
de la Woëvre de la vallée de la Meuse ; elle forme une suite
irrégulière de plateaux et de mamelons coupés par des vallées
aux pentes souvent escarpées.

Cette chaîne, dont la hauteur varie de 360 à 412 mètres,
est constituée par l'étage jurassique moyen qui comprend :
le coral-rag, l'argile ferrugineuse, et, par quelques lambeaux
de marnes et calcaires à astartes de l'étage jurassique supérieur.

Le versant Est des Côtes est peu rapide et le sol qui le
recouvre est formé d'un mélange d'argile et de graviers provenant de la crête corallienne, ce sol est donc de nature
argilo-calcaire. L'épaisseur de la couche arable est assez
grande au bas des coteaux ; tandis que la partie haute est
presque uniquement composée de graviers calcaires qui rendent le sol sec et parfois aride. Ce sol ne convient pas à la
culture arable, les forêts, au contraire, s'y plaisent et forment
une bande continue du Sud au Nord du département.

Le sol des plateaux de l'Argonne orientale a une nature
très-différente suivant les points examinés ; tantôt entièrement formé par la désagrégation du coral-rag, il est alors
franchement calcaire ; d'autrefois il est argileux. Ces régions
sont, pour la plupart, couvertes de magnifiques forêts ou
fournissent des pierres employées à la fabrication de la chaux
ou à l'entretien des routes ; enfin, en divers points, assez
rares, le sol est en culture.

Le versant Ouest des Côtes ressemble assez, au point de vue de la composition du sol, au versant Est; c'est-à-dire que l'argile se rencontre dans la partie basse du versant et le calcaire occupe la partie haute; à mi-côte on remarque aussi un terrain formé par le mélange de ces deux matières, qui, selon la prédominance de l'une ou de l'autre donne une terre ou compacte ou demi-légère.

Ses pentes sont moins escarpées que celles du versant Est et, chaque année, elles sont couvertes de magnifiques cultures.

Si la pierre à chaux fait défaut dans la Woëvre, il n'en est pas de même pour les Côtes, les pierres coralliennes que l'on y rencontre pourraient, par la cuisson, produire de l'excellente chaux vive.

On trouve aussi, en divers points de l'Argonne orientale, une marne propre à l'amélioration des terres.

Voici, d'après M. Neucourt, la composition de quelques sols du versant Est des Côtes.

Éléments dosés.	Terre de Liouville.	Terre de Thillot.	Terre d'Eix.
Carbonate de chaux. . .	10g,75	13g,98	20g
Acide phosphorique. . .	0g,19	0g,32	0g,13
Potasse	0g,09	0g,14	0g,18
Azote	0g,20	0g,30	0g,25

Le résultat de ces analyses indique que le terrain de ces communes est suffisamment pourvu de calcaire, mais que, par suite de la culture continue de la vigne dans ces sols, l'azote et la potasse n'ont pas été rapportés en quantité suffisante sous forme d'engrais.

Productions végétales. — Le versant Est des Côtes est en partie couvert de vignes et d'arbres fruitiers; il produit donc du vin, de l'eau-de-vie et des fruits.

Les sommets sont couverts d'arbres forestiers; le versant Ouest, livré à la culture arable, donne des céréales et des pommes de terre.

Productions animales. — Le nombre des animaux entretenus sur les Côtes est tout à fait limité, d'ailleurs il n'existe que quelques communes sur ces collines et la culture y est faite en grande partie par les cultivateurs de la Woëvre et par ceux de la vallée de la Meuse.

Améliorations à réaliser. — Les parties basses de l'Argonne orientale, étant de nature argileuse, demandent à être drainées; l'emploi de la chaux y est moins indispensable que dans la Woëvre, néanmoins nous sommes persuadé que son action y produirait à peu près les mêmes résultats que dans cette plaine.

Les arbres fruitiers sont disséminés dans les vignes. La création de vergers est à recommander, puisqu'il est reconnu que les arbres nuisent considérablement à la bonne végétation de la vigne.

Les espèces fruitières pourraient être mieux choisies et les bonnes variétés propagées par le greffage.

Les crêtes dénudées, les endroits secs ou trop argileux devraient être couverts de bois.

Vallée de la Meuse. — La vallée de la Meuse est limitée à droite par l'Argonne orientale et à gauche par l'Argonne occidentale.

Cette vallée est presque, dans toute sa longueur, creusée dans les calcaires du coral-rag. Les alluvions anciennes proviennent des montagnes des Vosges; tandis que les limons, déposés récemment, dérivent des côtes coralliennes, des étages du gault et des sables verts; dans les environs de Dun ils sont formés par les argiles d'Oxford.

La nature du sol et même d'une partie du sous-sol est silico-argileuse; quelquefois la terre arable est mélangée de calcaire.

Le terrain de la vallée de la Meuse est riche; assez facile à travailler, d'une teinte noirâtre; il est susceptible de produire toutes les plantes industrielles à grand rendement. Les parties facilement submersibles sont converties en prairies, les autres sont en culture.

La couleur du limon déposé par la Meuse varie avec les débris qu'elle a roulés, sa composition est aussi sujette à de grandes variations; tantôt il est formé par un gravier calcaire dans lequel on peut reconnaître des traces de coral-rag ou de portlandien; tantôt il renferme des fragments des étages du

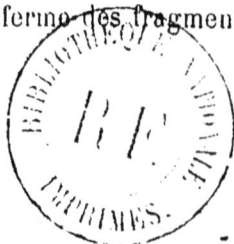

gault et des sables verts entraînés par l'Andon; il est quelquefois gris ou jaunâtre dans les environs de Dun.

Ces dépôts, dont la puissance atteint jusque 6 mètres, sont constitués par des couches régulières d'une très faible épaisseur, formées à la suite des grandes crues ou des forts ravinements des terrain surélevés.

Enfin, en divers points, on trouve des débris de végétaux accumulés et des terres colorées en noir, probablement par du manganèse.

Composition des terres de la vallée de la Meuse d'après les les analyses effectuées au laboratoire agricole départemental.

Éléments dosés.	Terre de Sauvigny.	Terre de Maxey.	Terre de Vaucouleurs.
Carbonate de chaux .	traces.	4ᵍ,49	traces.
Acide phosphorique .	0ᵍ	0ᵍ,22	0ᵍ,163
Potasse.	0ᵍ,347	0ᵍ,323	0ᵍ,229
Azote.	0ᵍ,336	0ᵍ,336	0ᵍ,392

La chaux répandue à l'état de chaux vive, de marne, de cendres vives, de scories, donnerait de bons résultats; agissant sur la matière organique qui se rencontre dans ces terres dans la proportion de 2 à 5 p. 0/0, elle en faciliterait l'assimilation et augmenterait sensiblement la puissance productive du sol.

Les engrais phosphatés exerceraient aussi une certaine action sur le développement des plantes, la proportion d'acide phosphorique n'étant pas très élevée.

Productions végétales. — La vallée de la Meuse est en partie couverte de magnifiques prairies, dont l'étendue peut être évaluée à près de 20,000 hectares. Le foin qu'elles produisent a acquis une réputation bien méritée, grâce à la qualité et à la diversité des plantes qui le composent.

Les terres labourables sont aussi d'un grand rapport, on y cultive avec succès : le blé, l'avoine, l'orge, la pomme de terre, la betterave, les plantes fourragères et quelques plantes industrielles, telles que : le lin, le chanvre, le pavot et le tabac.

Productions animales. — Les cultivateurs de la vallée de la Meuse, disposant de fourrages abondants et très nutritifs se livrent, les uns à la production du cheval, les autres, et ils sont plus nombreux, à celle des animaux de l'espèce bovine.

La production et l'élevage des petits porcs ont également lieu dans quelques communes des environs de Saint-Mihiel et du canton de Vaucouleurs.

Les troupeaux de moutons deviennent de plus en plus rares.

Améliorations à réaliser. — Deux améliorations foncières sont à réaliser : 1° l'irrigation des prairies hautes; 2° le drainage des sols bas qui sont humides et parfois marécageux.

En ce qui concerne le bétail, on peut recommander en toute sûreté aux éleveurs : de faire un meilleur choix des reproducteurs, de mieux soigner leurs jeunes élèves, surtout au moment du sevrage; enfin d'entretenir leur bétail adulte avec moins de parcimonie.

Chose regrettable! les cultivateurs de la vallée de la Meuse dans la partie Nord, ne tirent, pour ainsi dire, aucun parti du lait que leur donnent les vaches laitières, sinon près des villes, où le lait est vendu en nature ou après transformation en beurre. Puisque l'industrie fromagère, si développée dans le Barrois et dans quelques centres de la haute-Meuse, procure aux exploitants et aux cultivateurs des bénéfices réels, pourquoi ne pourrait-il en être de même dans la basse-Meuse? Ce qui manque, à notre avis, dans cette région, c'est d'abord l'initiative individuelle et en second lieu l'esprit d'association.

Argonne. — L'Argonne représente une surface triangulaire ayant pour limites : à l'Est, la vallée de la Meuse; à l'Ouest, les départements des Ardennes et de la Marne; au Sud, une ligne conventionnelle passant au-dessus de Revigny, à Laimont, Condé-en-Barrois, Les Marats et Pierrefitte.

Le sous-sol de cette région est formé par quelques assises du terrain jurassique supérieur et par les étages inférieurs du terrain crétacé. Les bancs qui font partie de ces deux groupes sont : le calcaire à astartes, les argiles à gryphées virgules, le terrain néocomien, les sables verts et les argiles du gault.

Le sol de l'Argonne, dérivant de ces masses rocheuses, est argileux ou siliceux et rarement calcaire.

Les terres à base d'argile sont les plus répandues; elles présentent les mêmes inconvénients que les argiles de la Woëvre; celles qui sont composées de sable sont d'une culture plus facile, mais elles sont filtrantes, retiennent mal les engrais; quant aux sols calcaires, ils couvrent de très petites surfaces.

Ces terres, bien que différentes sous le rapport de leur composition, donnent des résultats à peu près semblables lorsqu'elles n'ont subi aucune modification dans leurs propriétés physiques : les plantes croissent difficilement dans les terrains à base d'argile ou de sable, aussi ceux-ci sont-ils couverts en grande partie par la belle et vaste forêt d'Argonne.

Analyse des sols de l'Argonne. — (Neucourt.)

Éléments dosés.	Terre de Nettancourt.	Terre d'Auzécourt.	Terre de Fleury.
Carbonate de chaux . .	5^g	0^g,90	1^g,51
Carbonate de magnésie.	0^g,58	1^g,46	2^g,51
Acide phosphorique . .	0^g,09	0^g,25	0^g,27
Potasse.	0^g,115	0^g,04	0^g,12
Azote.	0^g,50	0^g,40	0^g,50

Ces terres manquent de calcaire, la proportion d'acide phosphorique est faible dans la terre de Nettancourt; quant à la potasse et à l'azote, les quantités pourraient être plus élevées.

Productions végétales. — L'Argonne est une région montagneuse, le pays a l'aspect d'un plateau découpé dans toutes les directions par des vallées étroites et profondes; la majeure partie des terres de cette zone est occupée par la forêt d'Argonne, dans laquelle dominent le chêne et le hêtre.

Une seconde partie, comprise entre l'Aire et la Meuse, est peu fertile; enfin une troisième partie, située au-dessous de Rarécourt, considérée autrefois comme la moins productive du département, est aujourd'hui, grâce à l'habileté et aux connaissances approfondies d'agriculteurs très distingués, tout aussi fertile que les terres de la vallée de la Meuse. On y cul-

tive : le blé, l'avoine, la pomme de terre, les prairies artificielles, la betterave et quelques plantes industrielles, telles
que : le colza et la navette.

Les arbres fruitiers sont aussi abondants dans l'Argonne,
les arbres à cidre y sont introduits depuis longtemps; ils
fournissent du cidre d'excellente qualité.

Productions animales. — Rien de particulier à signaler dans
l'Argonne en ce qui concerne le bétail; on y rencontre des
chevaux possédant une bonne conformation; dans les vallées,
on entretient des animaux de l'espèce bovine et, sur les plateaux calcaires, quelques troupeaux de moutons de race
commune. L'Argonne possède aussi quelques étangs qui servent à la culture du poisson.

Améliorations à réaliser. — Tout ce qui a été dit relativement à l'amélioration des terres de la Woëvre, peut s'appliquer à la plupart des terres cultivées de l'Argonne. Mais,
tandis que les cultivateurs de la Woëvre n'ont à leur disposition ni amendement calcaire, ni chemins ruraux viables, ni
voie de communication ferrée; une grande partie de ceux de
l'Argonne, plus favorisés, peuvent extraire la marne du sous-
sol; ils ont des moyens de communication faciles et les chemins ruraux, dans cette contrée, sont plus nombreux et peuvent être entretenus en parfait état.

Barrois. — Le Barrois, aussi désigné sous le nom de *Plateau du Barrois*, est compris entre la vallée de la Meuse, les
limites des départements de la Marne et de la Haute-Marne
et la ligne séparatrice de l'Argonne.

Cette région est caractérisée par le grand développement
du calcaire portlandien; les marnes à gryphées virgules, le
terrain néocomien, le gault, les sables verts et la gaize s'y
rencontrent également.

En général, le sol du Barrois est facile à cultiver; argilo-
siliceux en quelques points, il est partout ailleurs à base de
calcaire.

La composition chimique des terres de cette zone varie
suivant les lieux où sont prélevés les échantillons et d'après
la formation géologique, ainsi que l'attestent les chiffres du

tableau suivant, extraits d'un travail de M. Neucourt sur :
L'analyse des terres de l'Argonne et les vins du Barrois.

Éléments dosés.	Terre de Laheycourt.	Terre des Marats.	Terre de la vallée de l'Aire.
Carbonate de chaux . .	17ᵍ	3ᵍ,01	4ᵍ,56
Acide phosphorique . .	0ᵍ,63	0ᵍ,24	0ᵍ,26
Potasse	0ᵍ,15	0ᵍ,06	0ᵍ,10
Azote	0ᵍ,19	0ᵍ,50	0ᵍ,50

Ce qui manque principalement aux terres du Barrois, c'est
la potasse et l'azote, lorsque, toutefois, les sols sont essentiellement calcaires. Le manque de matières azotées est un
fait dès longtemps reconnu; aussi les cultivateurs de cette
zone font-ils, depuis bien des années, usage d'engrais riches
en azote, de nitrate de soude surtout.

Productions végétales. — Les produits végétaux tirés du
sol du Barrois sont fort nombreux, puisque toutes les plantes
agricoles du climat du Nord-Est peuvent y réussir. On y
récolte, sur les plateaux : des céréales, des pommes de terre,
des betteraves, des fourrages artificiels; les pentes des collines bordant les rivières de l'Ornain et de la Saulx sont couvertes de beaux vignobles; les vallées produisent d'excellents
foins; et, lorsque le sol de ces vallées est livré à la culture,
il donne des céréales et des fourrages.

Productions animales. — D'une culture facile, les terres
du Barrois ne nécessitent que peu d'animaux de travail. Les
bêtes bovines et particulièrement les vaches laitières y sont
entretenues dans une notable proportion à cause de l'extension qu'a prise la fabrication du fromage.

Les troupeaux de moutons deviennent de plus en plus
rares; cet abandon doit être attribué à la disparition de la
jachère nue et à la grande diminution des superficies autrefois en friches.

Si les cultivateurs élèvent peu de porcs, en revanche, ils
se livrent tous à l'engraissement de cet animal.

La plus importante des industries agricoles de la Meuse
est la fabrication des fromages; on compte dans le Barrois

environ 25 fromageries; le nombre de ces établissements est de 30 pour l'ensemble des 5 zones qui forment le département.

Améliorations à réaliser. — Les terres du Barrois ne comportent guère d'améliorations, cependant les terres argileuses pourraient être avantageusement transformées par le drainage et l'emploi d'un amendement calcaire.

Les cultivateurs tendent à augmenter le rendement de leurs terres par l'application d'engrais chimiques et par le bon choix des semences.

Les animaux sont l'objet de soins particuliers en vue de leur assurer une meilleure conformation et de les rendre plus précoces. On peut donc dire que les cultivateurs de cette zone ont fait d'immenses progrès et que toutes les productions sont en bonne voie d'amélioration.

Région du Nord-Est. — Cette région, comprise entre la vallée de la Meuse, la limite Est du département, la Belgique et une ligne conventionnelle partant de Dun pour se rendre à Spincourt en passant par Damvillers, est formée par un sol de composition très-différente. Le sable, le calcaire, l'argile s'y montrent seuls ou associés.

Les vallées sont fertiles, tandis que les plateaux présentent une maigre végétation.

La culture arable y est peu développée, aussi les villages sont-ils très-éloignés les uns des autres.

La culture est peu rémunératrice dans cette région; les plantes s'y développant médiocrement, donnent un rendement peu élevé. — A notre avis, la contrée du Nord-Est est la moins favorisée du département.

L'amélioration des terres y serait difficile à réaliser. Les amendements ne se trouvant pas sur place, l'opération serait plutôt ruineuse que lucrative.

Le meilleur parti à tirer de ces terrains serait de restreindre la culture arable, de ne cultiver que les bons champs et d'ensemencer les médiocres en prairie temporaire ou en légumineuses afin de rendre possible l'entretien de bons troupeaux de moutons. Quant aux plus mauvaises terres, ou celles dont l'éloignement est trop grand, elles pourraient être boisées ou plantées en arbres fruitiers.

CONCLUSION.

Le sol du département de la Meuse, examiné dans son ensemble, peut être classé comme sol productif, permettant d'entreprendre la culture de toutes les plantes appartenant au climat du Nord-Est de la France.

En effet, les céréales y sont cultivées sur une grande échelle; la betterave sucrière, la betterave fourragère et la pomme de terre y prospèrent et produisent d'abondantes récoltes; les plantes industrielles : colza, navette, pavot, chanvre, lin, etc., étaient autrefois des cultures rémunératrices; la vigne et les arbres fruitiers occupent les versants bien exposés; les bois, les forêts et les étangs couvrent les sols argileux ou les terrains secs; enfin, les nombreuses vallées que compte le département se prêtent à la création de riches prairies ou de gras pâturages.

Le nombre des animaux entretenus pourrait être sensiblement augmenté; des soins constants, un choix plus judicieux des reproducteurs et une alimentation plus rationnelle suffiraient pour tirer un meilleur parti du bétail meusien.

D'une manière générale, les terres de la Meuse peuvent être ainsi partagées :

Sols calcaires.	233,000	hectares.
Terres pierreuses.	77,000	—
Terrains sablonneux	31,000	—
Terrains argileux.	40,000	—
Terres d'alluvion	225,000	—
Sols divers	16,800	—

VALEUR VÉNALE DU SOL. — Depuis quelques années, les terres ont perdu beaucoup de leur valeur. Cette diminution tient à plusieurs causes; nous citerons parmi les principales : la rareté, la chèreté et l'exigence des travailleurs; la diminution de la valeur des produits du sol occasionnée par la concurrence; la désertion des campagnes au profit des villes et le morcellement excessif de la propriété foncière.

Voici par arrondissement quelle était la valeur vénale du sol à différentes époques :

Arrondissements.	1851.	1879.	1884.
Bar-le-Duc	1,263f	1,400f	1,293f
Commercy	1,168	1,365	1,279
Montmédy	1,255	1,558	1,443
Verdun	1,236	1,595	851
Moyennes	1,225f	1,471f	1,369f

La valeur vénale, par hectare, des terres de diverses natures, était de :

	En 1851.	En 1879.
Terrains de qualité supérieure	4,541f	5,175f 95
Terres labourables	1,065	1,309 54
Prés et herbages	2,988	3,740 02
Vignes	2,487	3,448 32
Bois	774	854 31
Landes	62	74 32
Cultures diverses	1,485	1,427 65
Ensemble des natures de cultures	1,225	1,470 51

De 1851 à 1879, la valeur du sol s'est donc élevée dans tous les arrondissements du département, depuis 1879 jusqu'aujourd'hui elle a une tendance continue vers la baisse.

Des terres qui, autrefois, étaient de petit rapport et valaient 600 à 700 francs l'hectare sont, de nos jours, cédées pour 50 ou 100 francs.

D'après la statistique agricole de 1862, la valeur de l'hectare de terre était la suivante :

Désignation.	1re classe.	2e classe.	3e classe.
Terres labourables	3,140f	1,915f	867
Prairies naturelles	5,156	3,552	2,099
Vignes	3,525	2,487	1,457
Hautes futaies	1,681	1,300	967
Taillis sous futaie	1,378	1,076	756
Taillis simples	831	608	398

En 1882, la valeur de l'hectare était de :

Désignation.	1re classe.	2e classe.	3e classe.	4e classe.	5e classe.
Terres labourables. .	2,740^f	1,870^f	1,135^f	597^f	285^f
Prés naturels	5,166	3,699	2,575	1,679	1,124
Vignes	2,960	2,123	1,613	1,159	862
Futaies	1,761	1,422	1,106	916	722
Taillis.	1,097	854	697	547	401

En 1884, 374 ares 15 cent. de prés, loués 450 fr., ont été vendus 17,000 fr., soit 4,543 fr. 65 l'hectare (Commercy).

En 1887, 180 ares 53 cent. de prés, loués 268 fr. 20, ont été vendus 7,815 fr., soit 4,328 fr. 90 l'hectare (Commercy).

Valeur de l'hectare de vigne à Bar-le-Duc :

De 1781 à 1790. . . . . 9,000^f
De 1791 à 1800. 9,000
De 1801 à 1805. 9,900
De 1806 à 1810. 11,400
De 1811 à 1815. 11,940
De 1816 à 1820. 10,800
De 1821 à 1825. 9,300
De 1826 à 1830. 7,800

Il y a 25 ou 30 ans, la valeur d'un hectare de vigne bien planté et en plein rapport se montait, d'après M. Pagin, de 9 à 12,000 fr., aujourd'hui c'est à peine si elle arriverait à la moitié.

Les prés naturels, les chènevières et les terrains peu éloignés des maisons d'habitation ont peu perdu de leur valeur, mais les terres situées à de grandes distances et les sols de médiocre qualité n'ont plus de prix, ils sont quelquefois cédés pour le montant des contributions.

VALEUR LOCATIVE DU SOL. — Les causes énoncées au chapitre précédent, ont déterminé l'abaissement de la valeur locative du sol.

Taux de fermage des terres en 1862.

Désignation.	1re classe.	2e classe.	3e classe.
Terres labourables. . .	73ᶠ	46ᶠ	24ᶠ
Prairies naturelles. . .	167	115	80
Vignes.	155	109	60

La valeur locative des terres était évaluée, ainsi qu'il suit, en 1882 :

Désignation.	1re classe.	2e classe.	3e classe.	4e classe.	5e classe.
Terres labourables. .	64ᶠ	47ᶠ	33ᶠ	22ᶠ	15
Prairies naturelles. .	161	126	94	64	44
Vignes.	120	85	60	54	46

Prix de location de 32 lots de terre, comprenant 9 hectares 22 ares, appartenant à la commune de Souilly, lieudit les Castados.

Années.	Prix total.	Prix par hectare.
1809.	491ᶠ 80	53ᶠ 35
1818.	164 »	17 80
1819 (31 lots).	263 30	28 55
1821.	341 25	37 »
1822.	289 75	31 45
1824.	427 »	46 30
1827.	474 »	51 40
1828.	327 »	35 45
1830.	155 05	16 80
1838.	241 50	26 20
1839.	201 50	21 80
1842.	220 75	23 95
1865 (pour 15 ans).	285 »	30 90
1882 (pour 15 ans).	150 »	16 25

Nous devons à l'obligeance de M. Epinger, instituteur à Villotte-devant-Louppy, les renseignements suivants, relatifs à la location de prés communaux de cette localité de 1836 à 1890.

Epoques.		Surface moyenne louée.		Valeur locative de l'hect.
1836.	—	71ª,20ᶜª	—	51ᶠ 88
1839.	—	71ª,20ᶜª	—	51 88
1844.	—	136ª,88ᶜª	—	98 10
1851.	—	156ª,91ᶜª	—	258 05
1856 à 1860.	—	395ª,91ᶜª	—	90 60
1861 à 1865.	—	458ª,16ᶜª	—	109 05
1866 à 1870.	—	447ª,37ᶜª	—	139 05
1871 à 1875.	—	460ª,59ᶜª	—	130 75
1876 à 1880.	—	474ª,80ᶜª	—	59 70
1881 à 1885.	—	474ª,80ᶜª	—	65 75
1886 à 1890.	—	474ª,80ᶜª	—	34 50

Location de terres à Montfaucon.

1789 à 1815.	Location de l'hectare.	10 à 12ᶠ
1815 à 1830.	— —	17
1830 à 1840.	— —	24
1840 à 1850.	— —	50 à 55
1850 à 1870.	— —	35 à 40
1870 à 1883.	— —	40
1883 à 1888.	— —	32 à 35

(*Histoire de Montfaucon-d'Argonne.*)

Location de prés appartenant aux héritiers Noël, de Mortagne, à M. Chenneval, de Commercy et à divers.

Années.	Surface louée.	Sommes totales.	Location à l'hectare.
1876 . . .	21ʰ,96ª,73	3,197ᶠ »	145ᶠ 53
1877 . . .	21ʰ,96ª,73	3,233 70	147 30
1878 . . .	22ʰ,05ª,21	2,030 02	92 37
1879 . . .	24ʰ,83ª,33	2,483 20	100 »
1880 . . .	24ʰ,83ª,33	3,478 20	140 06
1881 . . .	24ʰ,30ª,23	3,818 20	157 15
1882 . . .	22ʰ,83ª,63	3,551 20	155 50
1883 . . .	22ʰ,24ª,15	3,159 20	142 04

Années.	Surface louée.	Sommes totales.	Location à l'hectare.
1884 . . .	22ʰ,24ª,15	3,110ᶠ 20	139ᶠ 83
1885 . . .	18ʰ,50ª	2,602 20	140 65
1886 . . .	13ʰ,862ª,24	1,909 20	140 15
1887 . . .	18ʰ,50ª	2,557 20	138 22
1888 . . .	11ʰ,31ª,96	1,639 »	144 79
1889 . . .	10ʰ,28ª,71	1,379 »	134 05
1890 . . .	27ʰ,87ª,61	3,933 »	141 08
1891 . . :	27ʰ,11ª,33	4,014 25	148 »
1892 . . .	31ʰ,55ª,49	3,816 50	120 93
1893 . . .	29ʰ,39ª,89	2,449 »	83 33

(Renseignements recueillis sur les minutes de Mᶜ Deubel, notaire à Commercy.)

Le taux de fermage des prés, à Commercy, varie peu; il en est à peu près de même sur toute l'étendue du département.

Prix de location des fermes à Ville-Issey
(canton de Commercy).

En 1870. . . . .   20 paires.
En 1875. . . . .   18 —
En 1880. . . . . 13 et 14 —
En 1885. . . . . 13 et 14 —
En 1890. . . . .   13 —

La paire s'entend 20 litres de blé et 20 litres d'orge.

Le nombre de paires représente le taux de fermage de 34 ares de terre à chaque sole, plus environ 26 ares de prés; c'est, en somme, la location de 128 ares de terrain.

En général, les terres se louent difficilement et avec une forte dépréciation de leur valeur locative; il en est de même des vignes; quant aux prairies, elles sont toujours recherchées des fermiers et ont, par ce fait, peu baissé de prix.

POSSESSION DU SOL. — Avant les chartes d'affranchissement, la terre était détenue par les seigneurs qui avaient la haute main sur le sol et les habitants. Les familles vivaient en commun et il leur était distribué, moyennant redevances, corvées, etc., des surfaces de terre plus ou moins étendues, à l'aide desquelles elles devaient se nourrir; les habitants faisaient partie intégrale du domaine seigneurial, et, avec lui, étaient vendus ou donnés.

Au commencement du XIIᵉ siècle, les seigneurs, désirant fixer les serfs sur leurs domaines et exciter d'autres sujets à venir s'y établir, décrétèrent l'affranchissement de leurs esclaves. En Lorraine, dans le Barrois, la Champagne, le Luxembourg, les lois de Beaumont furent très-célèbres. Guillaume de Champagne, archevêque de Reims, les promulgua en 1182, dans le dessein d'attirer des habitants dans la ville de Beaumont. Ces lois ou franchises furent trouvées si sages que la plupart des seigneurs voisins les adoptèrent soit en entier, soit au moins partiellement.

On ne connaît pas l'époque exacte à laquelle ont été affranchis les habitants d'Hattonchâtel, mais il paraît certain qu'ils le furent avant l'an 980.

En 1122, il était déjà question d'établir des franchises, car un titre de l'abbaye de Longeville formulait que les hommes libres appartenant au monastère devraient assister aux trois plaids annaux, labourer pendant trois jours au profit de l'abbaye et conduire le foin au monastère; malgré le contenu de cet ancien titre, on peut dire que les chartes d'affranchissement des habitants des communes de la Meuse sont postérieures aux lois de Beaumont.

Les habitants de Laheycourt furent affranchis en 1230; ceux de Montiers, en 1226, par Jean de Joinville;
— de Triaucourt, en 1248, par Milon, évêque de Beaulieu;
— de Lachaussée, en 1249, par Tiébault II de Bar;
— de Brieulles, en 1264, par Gobert d'Apremont;
— de Saulmory, en 1294, par Geoffroy d'Apremont;
— de Rambucourt, en 1305, par le même;
— de Sampigny, en 1320, par Henri, évêque de Verdun;
— de Commercy, en 1324, par Jean Iᵉʳ de Sarrebruck;
— de Saint-Aubin, en 1334, par le même.

Voici à titre de curiosité, quelques articles de la loi de Beaumont ayant particulièrement trait au régime auquel étaient soumis les habitants des campagnes.

« I. Nous establissons et vous octroyons perménablement
que li bourgeois qui aura maison dans la ville de Biaumont,
son courtil de fort les murs, il nous paiera chacun an douze
deniers : au Noël six deniers, et à la Saint-Jean six deniers;
et que ne les averait payez dedans le tiers jours après le termine dessus assigné, il devrait deux solz d'amende.

II. Il loira aux bourgeois vendre et achepter dans la ville
de Biaumont, sans vinaigre et sans tenneu payer.

III. De chacune fauchée de preys, vous payerez quatre
deniers, le jour de fête St-Remy.

IV. En la terre qui est cultivée, vous payerez de douze
gerbes, deux. En la terre qui sera mise de bois à champ, vous
payerez de quatorze gerbes, deux.

V. Nous ferons fours en la ville de Biaumont, qui nôtre
seront, auxquels vous apporterez votre pain à cuire par ban :
et de vingt-quatre pains, vous payerez ung.

VI. Nous y ferons aussi moulins, ou vous venrez moulre
par ban, ou au moulin de l'Estagne, et de xx septiers vous
en payerez un, sans farine donner.

VII. S'aucuns hommes est accusé de ses dixmes ou de ses
terraiges, moureze sans payer ou dou ban des moulins ou du
four brisie, il s'en purgera par son serment seul.

VIII. A ces choses nous vous octroyons l'usance des iauves
et des bois, si comme entre vous et les hommes de l'Estagne
et les hommes donc et les frères de Belval divise cera.

IX. En la ville de Biaumont, li jurez seront établis et ly
mayres aussy, qui nous jurera feauté et répondra à nos me-
nistres des rentes et des issües de la ville. Mais, ne ly mayres,
ne ly jurez ne demorront en leurs offices que pour ung an,
se ce n'est par le consentement de tous.

X. S'il plait à aucun de vendre son héritaige, ou par ses
besoings ou autrement, li vendeur donnera ung denier et ly
acheteur ung denier. De ces deux deniers, ly maire en aura
ung et ly jurez l'autre.

XI. S'aucun devient nouvellement bourgeois, il donnera à
l'entrée ung denier au maieur et ung au jurez et recevra terre
et mazure dou mayeur ou li maire li devisera et assénera.

XXIII. S'aucun entre en autruy héritaige sans congié dou
mayeur et du jurez, il payera xx solz, s'il ne prouve que ce

soit sien et s'il preuve que ce soit sien, li autre sera à vingt solz.

XXIV. S'aucun tient héritaige an et jour saul et quitte et en paix sans contredit des hommes manans en la ville, il le tenra en paix de là en avant.

XXIX. Chacun pourra prouver son vendaige jusqu'à trois solz par la main seule.

XXXIV. S'aucun à autruy prend héritaige en waige, il le gardera an et jour, et après an et jour, il le monstrera au maïeur et aux jurez et le maire et les jurez en ordonneront ce que faire en devra.

XXXVIII. Se la garde trouve homme en estrainge vigne cueillant raisin ou en aultruy blef, il paiera cinq solz au seigneur, quatre solz et au maire xj, à la garde vj deniers. Et se autre que la garde le trouve cueillant, il se purgera par son serment, et se il ne veut jurer il payera six solz et restorra le dommaige à l'égard des jurez.

XXXIX. S'aucun est trouvé en jardin ou courtis dommaige faisant, il payera xxx deniers au seigneur, deux solz et au maieur vj deniers et restorra le dommaige à l'égard des jurez.

XL. S'aucun homme est trouvé coillant en aultruy vigne ou en courtis ou en blef, et la garde en fait son rapport, il payera deux deniers, il jurera qu'il ne savait la coustume de la ville et s'il ne veut jurer, il payera cinq solz : au seigneur quatre solz, au maieur vj deniers et à la garde six deniers.

XLVIII. Si les vacheries sont trouvées en vigne sans incurcion elles payeront douze deniers et la menüe beste qui sera reprinse en blef payera six deniers. Cil qui la beste sera restablira le dommaige à l'esgard des jurez. Nul ne pourra prendre gaige de sa beste sans justice ou sans commandement et s'il le prend il sera à x solz.

L. S'aucun est trouvé en bois faisant marien ou charbon ou cendre ou autre chose, qu'il porte en estrainge lieux fort que en nos bans il payera dix solz.

Nous qui voulons que toutes ces choses soient et demeurent fermes et estaubles, les conformons aussi bien pour le garnissement de cet écrit comme de l'autorité de notre scèl. Et estaublissons et défendons sous peine d'excommuniement que nul ne voist encontre notre confirmation : sault le droit de sainte Église et l'autorité dou siège de Rome toutes ces choses. Ce fut fait en l'an de l'Incarnation de notre Seigneur mil cent quatre vingt et deux ans.

Donné par la main de Lambellin notre chancelier. »

Cette loi montre bien de quelle façon les peuples ont passé de l'état de servage où ils étaient descendus, à celui de la bourgeoisie, gouvernés par des maires, maieurs et jurés de leur choix, ne devant plus à leur seigneur ou au prince d'autres services personnels que celui de la chevaulchée ou de la guerre et n'obéissant plus qu'à des lois fixes et non arbitraires.

C'est, en un mot, le commencement du démembrement du domaine seigneurial et l'établissement de la propriété particulière, à charge de rentes annuelles.

Les principales dispositions des chartes d'affranchissement, copiées sur la loi de Beaumont, avaient pour but de régler les impositions et corvées, ainsi que les différends qui pouvaient s'élever entre les habitants d'une même commune ou de communes de même dépendance.

Ces chartes, d'abord individuelles et accordées par les rois, les seigneurs et l'Église, devinrent collectives lors de l'établissement des communes; ce sont de véritables contrats passés entre les seigneurs et les habitants, réglant le droit de pâture, les corvées, la dîme, le terrage et se terminant par des indications sur les peines à infliger en cas d'infraction.

Au XIII° siècle, bon nombre de seigneurs, guerriers ou aventuriers, se ruinèrent par des expéditions lointaines ou des guerres entre eux; c'est alors que saint Louis accorda aux roturiers l'autorisation d'acquérir des fiefs. La propriété, depuis le règne de ce roi jusqu'à la Révolution, était divisée et détenue par les ecclésiastiques, les nobles, les communes et les roturiers.

Les propriétés ecclésiastiques se formèrent à la suite de donations faites par les rois, les seigneurs et les simples roturiers. Les terres dépendant des églises, des abbayes, étaient louées moyennant un cens, ou cultivées par les moines cloîtrés.

Les abbayes surtout devinrent importantes au point de livrer combat aux habitants des communes voisines; leurs propriétés territoriales étaient très étendues et occupaient de vastes surfaces sur le territoire de plusieurs villages.

Les propriétés des nobles ont pris naissance au temps des Mérovingiens et des Carlovingiens.

Les rois offraient, à titre de récompense, des concessions de terres à leurs compagnons d'armes qui, dans la suite, devinrent très puissants. Ces nobles vivaient à la campagne, habitaient leur château et laissaient une partie de leurs terres en fermage, réservant seulement les bois pour la chasse ou pour l'exploitation ; peu se livraient à la culture du sol, bien qu'ils fussent exempts de la taille.

Les roturiers devinrent propriétaires lors des affranchissements ; à ce moment, les cultivateurs purent travailler pour eux-mêmes et disposer à leur gré des produits de leur labeur ; beaucoup aussi prirent à ferme des biens fonciers moyennant une redevance annuelle nommée cens. A force de travail et d'économies, bon nombre de ces derniers devinrent à leur tour également propriétaires, et c'est alors que la terre commença à être divisée, car chacun tenait à posséder un peu de bien au soleil.

L'agriculture fit, à partir de cette époque, de sérieux progrès. Le paysan avait, en effet, beaucoup plus de goût pour cultiver un bien dont il était l'unique possesseur et tous ses efforts tendaient à faire produire à la terre les denrées indispensables à sa nourriture et à celle de sa famille.

Vers 1500, la population pouvait être ainsi divisée : nobles et roturiers ; ces derniers, à leur tour, devaient rester partagés en francs et en serfs.

Le franc avait toute liberté d'aller, de venir, de se marier dans tous les pays appartenant au seigneur souverain.

Le serf était libre jusqu'à un certain point, de son corps, mais il était sérieusement gêné dans ses actions et dans son bien ; il pouvait être à la fois ou séparément :

1° Taillable à volonté, c'est-à-dire soumis à une contribution arbitraire.

2° A taille abornée, fixée à l'avance.

3° Mainmortable en meubles ou en immeubles ou en tous deux.

Dans ce cas, dépositaire de biens qui restaient la propriété du seigneur, son travail pour acquérir ne lui profitait que précairement puisqu'il ne pouvait jamais être qu'usufruitier.

Il n'avait d'héritiers que ses enfants, placés à leur tour dans les mêmes conditions que lui.

4° A poursuite de corps. Il ne pouvait alors aller où il lui plaisait, même en délaissant ses biens, sans rester soumis à son seigneur, qui pouvait toujours le faire appréhender corporellement où il le trouvait.

5° A forfuyance. Il était défendu à ce serf de quitter la seigneurie sous peine de confiscation de ses biens.

6° A formariage. Le serf ne pouvait se marier au dehors sans permission.

Nous citons ci-dessous, emprunté au Cartulaire de l'évêché de Verdun, un exemple d'une permission de formariage.

« A tous ceux qui ces présentes lettres verront, salut dans le Seigneur. Qu'il soit connu que nous avons donné à Ameline, fille de notre terre de Montfaucon, la permission et le consentement de contracter mariage avec Martin, fils de Triquet, homme de Révérend Père Raoul de Torcotte, par la grâce de Dieu, évêque de Verdun.

Ainsi nous aurons la moitié des enfants qui naîtront de ce mariage et le Révérend Père, évêque de Verdun, l'autre moitié.

Donné, l'an du Seigneur MCC quarante trois, le vendredi après le dimanche où l'on chante *In excelsior* (dimanche de l'octave de l'Épiphanie) » (*Histoire de Montfaucon*).

Au XVI° siècle, les petites propriétés, telles que les jardins, les chènevières, pouvaient et devaient être closes et, pour elles, la dîme était insolite.

Au dehors du village se trouvaient des terres de l'admodiation du seigneur, lesquelles terres s'étendaient en grandes pièces; à leur suite venaient des terres d'accensement ou d'essarts appartenant à divers propriétaires et divisées en parcelles s'enchevêtrant les unes dans les autres.

Les terres, en ce temps-là, étaient maintenues en saisons réglées, avec défense formelle de dessaisonner; cette mesure avait pour but de faciliter la perception de la dîme et de ne pas entraver le parcours des troupeaux des communautés, après la levée des récoltes.

Par son édit de 1711, Léopold supprima, dans tous les États de Lorraine et de Bar, le droit de main-morte personnelle et de poursuite, encore en vigueur dans quelques terres,

soit du domaine, soit des seigneurs. Il voulait qu'à l'avenir
tous ses sujets fussent censés et réputés être d'une condition
également franche et libre. Les habitants durent, par ce fait,
payer annuellement au jour de Saint-Martin et pour chaque
conduit, ménage ou chef de famille, un bichet de seigle et
un d'avoine.

Il fallut la Révolution de 1789 pour tout bouleverser et
établir un régime plus équitable, tant au point de vue de la
répartition des charges que de l'égalité entre tous les citoyens.

Dans le but de donner plus de consistance aux faits que
nous venons de relater dans ce chapitre, nous allons citer le
compte-rendu du Conseil général de la Meuse en 1791, relatif
à la mainmorte.

« Ce n'est que vers 1791 que les habitants du ci-devant
Verdunois furent exempts du terrage, ils étaient adscripts et
comme attachés à la glèbe du territoire et soumis à la main-
morte. Par cet avilissant esclavage, les malheureux habitants
d'une terre ci-devant libre furent réduits à travailler toute
leur vie pour les seigneurs, et s'ils ne laissaient pas de biens
en suffisance à leur mort, on leur coupait la main que l'on
attachait à la porte de leur domicile en signe d'ignominie,
c'est de là qu'est venue cette expression révoltante de main-
morte.

Les mainmortables ne pouvaient ni se marier, ni s'absenter sans la licence et le congé du seigneur qui pouvait
confisquer leurs biens pour cas de forfuyance et de formariage.

A quelle époque précise furent-ils asservis? C'est ce que
l'on ignore, ce que l'on sait de positif, c'est que, dans ce
comté, il n'était question d'aucune espèce de main-morte ni
lors de la division des menses faite en 893 entre les évêques
de Verdun d'une part et le chapitre de la même ville d'autre;
ni lors de la cession du comté de Verdun par Frédéric, en
997, à l'évêque Haimon pour lui et ses successeurs à l'évêché.

C'est donc à partir de ces deux époques que la main-morte
ou servitude personnelle s'y est établie.

Plus tard, les évêques de Verdun convertirent la main-
morte en un droit de terrage, c'est-à-dire un droit de perce-
voir la 12e ou la 14e partie des fruits des terrains appartenant
à leurs serfs main-mortables.

L'Assemblée nationale, par son décret du 4 août 1789,

abolit le régime féodal, les droits qui tenaient à la main-morte personnelle et réelle, à la servitude et, par conséquent, au terrage du Verdunois, sans aucune indemnité pour les seigneurs. »

IMPÔTS. — A la question de propriété se rattache celle des impôts. Nous nous contenterons d'énumérer les charges qui ont pesé sur les habitants de Triaucourt à diverses époques.

Impôts d'après la charte donnée en 1254.

Quiconque possédera une maison et un jardin, payera 12 deniers.

Droit de vinage (sur le vin) et de tonlieu (étalage) dans toutes les terres appartenant au seigneur, moyennant un denier par an.

Par chaque fauchée de pré inculte accordée par le maire, deux deniers.

Par chaque fauchée de pré mise en rapport et cédée par l'abbé, quatre deniers.

Droit de terrage et de dîme : deux gerbes sur douze dans les terres en culture et deux sur quatorze dans les terrains défrichés.

Droit de cuire le pain au four banal, un pain sur vingt-quatre.

Droit de mouture, un septier sur vingt.

Droit de vente des héritages, l'acheteur donnera le 10e denier et le vendeur deux deniers.

Droit d'habitation, le nouveau bourgeois donnera, à son entrée, deux deniers.

Droit de sauvegarde du comte de Bar, par bourgeois et par an, deux setiers d'avoine et deux poules.

En 1570, dans une transaction passée entre l'abbé de Beaulieu, Charles de Roucy, au nom de son couvent et les habitants de Triaucourt, le seigneur commence par énumérer tous les impôts dont ils sont redevables envers l'abbaye.

1° Quatre boisseaux d'avoine, mesure d'Evres et deux poules tous les ans, par chaque habitant, pour le droit anciennement appelé de bourgeoisie.

2° Un sol, six deniers parisis de chaque habitant pour le droit de masure (résidence).

3° Quatre deniers parisis sur chaque habitant pour le droit de pâture de leurs bêtes au bois d'Arcéfays.

4° Un denier parisis de chacun pour droit de tonlieu et de halage.

5° Deux deniers parisis pour chaque fauchée de pré.

6° Vingt sous tournois de cens perpétuel, payés par la communauté, pour la souffrance des usages, pâquis et pâturages de Triaucourt.

7° Les grosses dîmes à raison de dix gerbes l'une au finage de Triaucourt et de onze l'une au finage de Menoncourt.

8° Les deux tiers des menues dîmes à Triaucourt.

9° Le revenu des moulins et des fours banaux.

Les habitants, après des plaintes reconnues légitimes, furent dispensés de la rente de quatre boisseaux d'avoine et de deux poules, ainsi que de celle de dix-huit deniers pour droit de masure.

Enfin, en 1577, après une requête pressante au sujet des dîmes, les cultivateurs obtinrent la réduction des grosses et des menues dîmes à la treizième gerbe sur tout le territoire et dîmage de Triaucourt.

En 1792, les contributions furent ainsi réparties :

Foncières.	9,312ᶠ 10 sous.
Mobilières	2,015 »

Les contributions de l'an IX (1801-1802) dans lesquelles n'étaient pas comprises les portes et fenêtres se classaient ainsi :

Contribution foncière.	6,419ᶠ »
Centimes additionnels	962 85
Personnelle et mobilière	651 »
Centimes en sus	97 65
Soit au total	8,130ᶠ 50

La population de Triaucourt étant à cette époque de 801 habitants ; l'imposition moyenne de chaque individu ressort donc à 10 fr. 15.

En 1891, les contributions payées par les habitants de ce bourg se montaient à :

Foncière. { Propriétés bâties		2,178ᶠ 97
{ Propriétés non bâties		8,547 81
Personnelle et mobilière		3,021 43
Portes et fenêtres		1,609 71
Patentes		2,981 60
Total		18,339ᶠ 52

D'après le recensement de 1891, la population de Triau-court est de 917 habitants, les charges imposées à chaque individu sont de 20 francs environ.

DIVISION DU SOL. — Comme nous l'avons dit en parlant des affranchissements, les terres furent divisées et partagées entre les diverses classes de la société. Cette division fut rendue excessive lors de la Révolution et surtout lorsque parut le décret des 10 et 12 juin 1793 sur le mode de partage des biens communaux.

Les deux articles suivants du Code civil ont également joué un grand rôle dans l'émiettement des propriétés.

En effet, l'article 826 dit : Chacun des cohéritiers peut demander sa part en nature des meubles et immeubles de la succession...

D'après l'article 832 chaque héritier peut demander que, dans chaque lot, il entre la même quantité de meubles et immeubles, de droits ou de créances de même nature et valeur.

Ces articles et décret du Code, qui furent considérés au commencement de ce siècle, et à juste titre, comme très-utiles à la division de la terre, sont aujourd'hui funestes à l'agriculture, car l'excessif morcellement du sol que nous constatons entraîne l'augmentation des frais de main-d'œuvre et diminue sensiblement le rendement; c'est, de notre avis, une entrave sérieuse au progrès et au développement de la culture intensive, la seule qui soit rémunératrice dans la Meuse.

En 1862, la surface du département, qui est de 622,806 hectares, était divisée en 21,772 exploitations dont :

10,482 de moins.	de 5 hectares.
4,862 —	de 5 à 10 hectares.
3,358 —	de 10 à 20 —
1,800 —	de 20 à 30 —
664 —	de 30 à 40 —
608 —	de 40 et au-dessus.

En 1882, le nombre des exploitations était de 56,272 représentant 2,750,999 parcelles, c'est donc, dans l'espace de 20 ans, une augmentation de 34,500 exploitations. A cette dernière époque, l'étendue moyenne de chaque parcelle était de 21 ares.

Le nombre des exploitations était ainsi réparti en 1882 :

20,424 de moins	d'un hectare.
26,414 —	de 1 à 10 hectares.
8,456 —	de 10 à 40 —
978 —	au-dessus de 40 hectares.

Lors de l'achèvement du cadastre, c'est-à-dire en 1844, le département comprenait :

2,721,185 parcelles.

En 1882, il en comptait 2,750,999 —

soit en 38 ans une augmentation de 29,814 parcelles.

Les cotes foncières pouvant donner quelques indications sur l'état de la division des propriétés, nous en résumons, dans le tableau ci-dessous, le nombre à différentes époques.

1835	157,180 cotes.
1842	160,260 —
1851	171,394 —
1858	177,235 —
1865	182,167 —
1873	186,675 —
1878	188,770 —
1881	187,223 —

La contenance imposable moyenne, par cote foncière, a été de :

D'après le cadastre . . . . 3^h,74^a
En 1851. . . . . 3^h,38^a
En 1861. . . . . 3^h,22^a
En 1871. . . . . 3^h,11^a
En 1881 . . . . 3^h,09^a

Nous citons ci-dessous, pour différentes périodes, la division du sol au point de vue de son état cultural.

Nature des terres.	1804.	1840.	1852.	1862.	1882.
—	hectares.	hectares.	hectares.	hectares.	hectares.
Terres emblavées. .	219,374	246,826	259,572	262,156	249,110
Jachères.	109,687	72,390	69,542	62,392	57,265
Vignes.	13,273	12,846	13,178	13,729	10,802
Terres incultes. . .	15,689	18,957	8,750	7,518	6,786
Bois et forêts . . .	116,002	171,423	176,050	178,270	182,112
Prairies	62,193	62,551	76,520	78,989	85,107

De ce tableau on peut tirer les conclusions suivantes :

L'étendue des terres emblavées, après avoir augmenté jusqu'en 1862, a brusquement suivi, depuis cette époque jusqu'en 1882, une progression descendante assez forte.

Depuis 1804, les jachères ont été remplacées avec avantage par des fourrages.

La vigne est en forte dépression depuis 1862.

Les terres incultes deviennent de plus en plus rares, par suite de leur transformation en pâturages et de leur plantation en bois.

Les bois et forêts ont une tendance continue à augmenter en étendue; il en est de même des prairies naturelles.

ASSOLEMENT. — L'assolement triennal est à peu près le seul usité dans notre pays. Quoique défectueux sous bien des rapports, il restera encore longtemps pratiqué; ce fait tient à plusieurs causes dont voici les principales : l'excessive division du sol, l'enclave de nombreuses parcelles, le défaut d'abornement, le manque de chemins d'exploitation; enfin la difficulté que l'on rencontre partout, chaque fois qu'il s'agit d'introduire une innovation, fût-elle doublement profitable.

Depuis longtemps, il est question de substituer à l'assolement triennal, soit l'assolement de deux ans ou alterne, soit l'assolement de quatre ans; mais malgré ce que l'on a pu faire, dire et écrire, tout est resté lettre morte, au grand désavantage des cultivateurs petits et grands et de l'agriculture locale.

Voici quelle était, à diverses époques, la division des terres labourables entre les principaux groupes de plantes cultivées.

Catégories de plantes.	1804.	1852.	1862.	1882.
—	hectares	hectares.	hectares.	hectares.
Céréales	220,752	231,155	231,693	213,613
Racines et tubercules. .	15,340	16,048	19,502	31,163
Légumes secs	2,184	1,373	1,530	1,421
Plantes industrielles . .	8,544	8,723	7,030	2,299
Fourrages	15,070	27,846	35,885	34,920
Jachère.	72,390	69,542	64,392	57,265

L'examen des chiffres de ce tableau amène les conclusions suivantes :

1° La culture des céréales tend à diminuer. Cette diminution est due à ce que bon nombre de parcelles sont emblavées chaque année en luzerne, en trèfle, en sainfoin ou en plantes propres à constituer de bons pâturages; elle tient aussi à ce que les cultivateurs cherchent à produire plus sur une moindre surface; ils ont compris qu'avant tout, il faut trouver le moyen d'obtenir beaucoup de fourrages pour avoir de grandes masses de fumier, base de la culture dans notre pays; enfin cette diminution de l'étendue en céréales tient encore au boisement de mauvais terrains qui, jadis, livrés au soc de la charrue, sont devenus, par une culture ruineuse, complètement appauvris faute de fumures suffisantes.

2° Les racines et les tubercules ont augmenté en étendue parce qu'on a reconnu que les animaux n'étaient susceptibles de donner des produits rémunérateurs qu'à la condition d'être abondamment nourris, surtout pendant la période d'hiver.

3° Les légumes secs ont diminué en surface; ils sont produits, par les cultivateurs des départements voisins, à des prix inférieurs.

4° Les plantes industrielles diminuent d'année en année, pour les causes suivantes : les terres sur lesquelles on cultivait ces plantes sont épuisées en certains éléments essentiels à leur bonne végétation, de là une réduction sensible dans leur rendement; l'éclairage au gaz, au pétrole, à l'électricité même a nui considérablement à la consommation de l'huile et par ce fait aux cultures de plantes oléagineuses; les importations de graines oléifères ont encore contribué à l'abandon de nos plantes indigènes.

Pour les plantes textiles, il en a été de même; la culture en est tellement rare qu'il faut parcourir de grandes étendues de terre pour voir quelques champs ensemencés en chanvre ou en lin; tandis qu'il y a 50 ans, chaque cultivateur, chaque famille possédait un terrain appelé chènevière dans lequel on récoltait, tous les ans, la filasse nécessaire à l'approvisionnement du ménage en chemises, draps, sacs, etc...

Si des 2,299 hectares de plantes industrielles cultivées en 1882, on déduit les 429 hectares ensemencés en betterave à sucre, il ne reste plus que 1,870 hectares consacrés à la culture des plantes oléagineuses et textiles, ce qui porte à 5,674 hectares la diminution d'étendue qu'ont subi en 42 ans les plantes industrielles.

5° Depuis 1840, la surface livrée à l'ensemencement des plantes fourragères a plus que doublé et tout nous porte à croire que cette progression ira longtemps en se continuant.

6° La jachère qui, en 1840, occupait 72,390 hectares n'en comptait plus, en 1882, que 15,125 d'où une diminution très-sensible. Les terres abandonnées autrefois en jachère se couvrent maintenant tous les ans, pour le plus grand bien de l'agriculture et des cultivateurs meusiens, de plantes fourragères fauchables ou de racines et de tubercules.

La jachère est encore en grand honneur dans la Woëvre, l'Argonne et la vallée de la Meuse. Les cultivateurs de ces contrées pensent que, sans jachère, il est impossible d'avoir des terres propres, produisant des rendements élevés. C'est là une grave erreur, un funeste préjugé, ainsi que l'a si habilement démontré M. Doyen, directeur de l'école primaire d'agriculture de Ménil-la-Horgne, dans une séance du Congrès agricole tenu à Bar-le-Duc du 4 au 9 mai 1891.

Nous ne pouvons mieux faire que reproduire, du moins partiellement, les sages conseils et les exemples frappants que donnait cet excellent orateur, cet agronome distingué, aux cultivateurs réunis dans la salle des conférences.

« L'assolement triennal règne en maître chez nous. Eh bien! il est en opposition avec la plupart des principes qui doivent régir une bonne succession de récoltes. Ces deux céréales qui se suivent sans fumure nouvelle sont un non sens; c'est en quelque sorte un défi jeté à l'observation et à la science de la terre.

« Deux céréales, c'est-à-dire deux plantes vivant des mêmes éléments, ayant la même dominante; deux plantes qui ont le même système radiculaire et cherchent leur vie dans le même milieu; deux plantes essentiellement épuisantes, qu'on ne récolte qu'après la formation et la maturation des grains; deux plantes extrêmement salissantes, en ce sens qu'elles ne permettent qu'une destruction imparfaite des mauvaises herbes, lesquelles arrivent toutes à porter semence : voilà la logique de l'assolement triennal!

« Des terrains en jachère morte qui viennent grever le loyer des terres en culture; une production de fourrages et de fumier très-insuffisante, par suite des rendements qui nous laissent en déficit : voilà quelles en sont les conséquences!

« Certes, le jour où cet assolement, absolument irrationnel, pourrait être remplacé par l'assolement de quatre ans, serait un beau jour pour l'agriculture.

« L'assolement de quatre ans est rationnel. A une récolte salissante et épuisante, telle qu'une céréale, succède toujours une culture qui nettoie le sol et qui l'améliore, comme les plantes sarclées et le trèfle.

« Le fumier qui favorise aussi bien la croissance des plantes adventices que le développement des végétaux cultivés, est toujours appliqué aux récoltes qui nécessitent des binages et ces binages empêchent les herbes étrangères de croître, de porter graines et de se multiplier.

« Tel n'est point le cas pour l'assolement triennal où le fumier est appliqué directement au blé, si ce n'est quand celui-ci vient après trèfle ou plantes sarclées.

« Avec notre assolement actuel, nous nous trouvons chaque année en présence de cette alternative : ou semer trop tard le blé qui vient après plantes-racines ou récolter celles-ci trop tôt. Dans le premier cas, notre récolte de froment est compromise par une semaille tardive; dans le second, nous perdons plus qu'on ne le suppose sur le rendement et la richesse de nos racines fourragères.

« Rien de pareil ne se produit avec l'assolement de Norfolk qui permet de faire chaque chose en temps voulu.

« En principe, l'assolement de trois ans a le tiers des terres en jachère. C'est ce qui avait lieu au début; mais les progrès de la culture l'ont amélioré; les fourrages et les plantes sarclées ont envahi la jachère et l'ont réduite dans une proportion que nous porterons à moitié.

« C'est un sixième seulement des terres labourables qui est consacré à la production fourragère, herbes ou racines. Il y en a la moitié dans l'assolement quadriennal.

« Que les rendements à l'hectare soient seulement les mêmes et pour une tête de bétail que nous entretenions, nous en aurons trois.

« Trois fois plus de bétail entretenu, c'est aussi trois fois plus de fumier produit, et c'est trois chances pour une de voir augmenter nos rendements.

« C'est plus que cela, car, cette quantité d'engrais que nous avons triplée ne s'appliquera plus au quart de nos terres; tandis que telle qu'elle était auparavant elle devait suffire au tiers. En réalité, c'est une fumure quatre fois plus considérable.

« Les céréales n'occuperont plus que la moitié des terres de l'exploitation, au lieu des deux tiers; mais, sur cette moitié mieux fumée, enrichie par les cultures fourragères fixatrices d'azote, on aura beaucoup plus de grain et de paille; tandis que, d'un autre côté, la quantité de semence sera réduite d'un quart. »

Si, dans la vallée de la Meuse, la jachère n'est pas entièrement abandonnée; dans le Barrois, elle est remplacée par des fourrages fauchables ou racineux.

En 1838, M. Simony, cultivateur à Montiers-sur-Saulx, faisait paraître, dans le *Bulletin* des Sociétés d'agriculture de la Meuse, deux notices sur les avantages qu'il avait obtenus de la mise en application des assolements de quatre ans et de six ans.

« Depuis 12 ans, M. Simony avait pris le parti de clore deux pièces de terre : l'une, d'une surface de deux hectares, était soumise à l'assolement quadriennal suivant :

1re année : Trèfle.
2e —   Blé ou navette d'hiver.
3e —   Légumes.
4e —   Blé de mars, orge ou avoine avec trèfle.

« D'après cet assolement, la même plante ne revient sur le même terrain que tous les quatre ans et il y a toujours entre deux céréales ou un trèfle, ou une plante-racine : carotte, betterave ou pomme de terre.

« Le sol était fumé par quart chaque année.

« L'autre parcelle, d'une contenance de trois hectares, était soumise à l'assolement de six ans.

1re année : Trèfle.
2e —   Colza ou navette.
3e —   Pois.
4e —   Colza ou navette.
5e —   Légumes.
6e —   Céréale de printemps avec trèfle.

« Le but que poursuivait M. Simony était de déraciner ce préjugé profondément gravé dans l'esprit des cultivateurs, que la terre a besoin de repos.

Dans une seconde notice, le même propriétaire s'efforçait de prouver les grands avantages que peut procurer l'assolement alterne, en le mettant en parallèle avec l'assolement triennal. Les conclusions de ce rapport étaient les suivantes :

« Ce système, outre son mérite pécuniaire, procure aux cultivateurs beaucoup de fourrages, permettant d'entretenir un bétail plus nombreux et de disposer d'une plus grande masse de fumier; enfin, en pratiquant la culture alterne, le cultivateur ne se trouve jamais dépassé par l'ouvrage; la répartition des travaux étant plus régulière, il a constamment de l'occupation, mais jamais plus qu'il ne peut en faire, car les travaux arrivent successivement ; tandis qu'avec l'assolement triennal, il est des moments dans lesquels on ne sait où donner de la tête ; d'autres, au contraire, où le travail est presque nul.

Dans la Meuse, les assolements alternes ou quadriennaux ne sont usités que dans quelques fermes. On rencontre aussi l'assolement libre, et les plantes les plus cultivées sont celles qui ont un débouché assuré et se vendent le mieux.

Voici quelques types d'assolement libre usités à l'École pratique d'agriculture des Merchines.

Années.	1.	2.	3.	4.	5.
1877.	Blé.	Colza.	Tabac.	Avoine.	Blé.
1878.	Avoine.	Blé.	Blé.	Trèfle incarnat.	Trèfle.
1879.	Betterave.	Betterave.	Tabac.	Blé.	Semenceaux.
1880.	Blé.	Blé.	Blé.	Colza.	Betterave.

Ces assolements sont tous épuisants, mais nous devons ajouter qu'indépendamment du fumier produit par les animaux de la ferme, il était en outre répandu, chaque année, de fortes doses d'engrais chimiques.

Le but que l'on poursuivait à cette époque, aux Merchines, était la production en grand des céréales et des semences de betterave ; ces plantes étaient donc cultivées chaque fois que le sol le permettait, c'est-à-dire lorsque la plante précédente l'avait laissé en bon état et qu'il ne se trouvait pas envahi par les plantes adventices.

CINQUIÈME PARTIE.

AMÉLIORATIONS FONCIÈRES.

———

Les principales améliorations foncières appliquées dans le département sont : les défrichements, le chaulage, le marnage, le drainage, l'irrigation, auxquels on peut ajouter les abornements.

DÉFRICHEMENTS. — Après les chartes d'affranchissement, les populations des campagnes, soumises désormais à des lois fixes et non arbitraires, s'attachèrent davantage au sol, c'est alors que pour subvenir à leur alimentation, elles se virent dans la nécessité d'étendre la surface trop restreinte des terres en culture; elles furent encouragées dans cette voie par les seigneurs eux-mêmes qui leur livrèrent de grandes surfaces de landes, de broussailles, voire même de bois.

En 1497, les habitants de Triaucourt ayant commencé à essarter des terres en friche, l'abbé de Beaulieu leur laissa celles-ci en toute propriété, à la condition de payer le droit de dîmage et de terrage évalué à une gerbe sur dix.

L'abbé leur permit aussi d'essarter et de mettre en labour ou en pré, autant de terrain que bon leur semblerait sur le territoire de Menoncourt, à charge de payer, entre les mains du mayeur, deux deniers pour cent de terre et quatre pour cent de pré.

En 1575, Jean d'Urre, seigneur du château-bas de Commercy, abandonna aux habitants de Léronville, moyennant un faible cens, tout une contrée (celle de Montot), qui n'était pour lui qu'un bois improductif et ruiné, mais susceptible de devenir une excellente terre. Il leur donna également, en

1584, 1614 et 1628, au même titre d'accensement, toute la contrée de Magnemont, comprenant 180 arpents et celle de Charmois en état d'essart d'une contenance de 200 jours.

MM. de Silly du Château-Haut, leur concédèrent la contre-partie de Magnemont, moyennant un cens de 110 boisseaux de seigle et autant d'avoine.

Les cultivateurs de la Woëvre pratiquaient autrefois l'écobuage. Après avoir décapé la croûte du sol, ils amoncelaient les gazons en forme de fourneaux et y mettaient le feu. De vastes étendues de terre couvertes de gazons se trouvaient, de ce fait, transformées en terres cultivables.

Les défrichements de bois n'ont dû avoir lieu qu'au fur et à mesure des nouveaux besoins de la population; ces défrichements ont certainement été considérables, car il est attesté que le département de la Meuse était jadis couvert de magnifiques forêts et de nombreux boqueteaux.

A une époque assez rapprochée de nous, les cultivateurs trouvant dans la production du blé une grande source de revenus, se sont mis à défricher des bois et même des coteaux assez abruptes, aussi cet engouement avait-il particulièrement attiré l'attention de l'historien Durival. Voici, en effet, ce qu'on lit à ce propos dans sa *Description de la Lorraine et du Barrois*.

« Toute terre labourée n'est pas labourable et on ne doit donner ce dernier nom qu'à celle qui récompense largement les soins du cultivateur.

« Il vaut mieux, dit le Suisse, mettre deux arpents l'un sur l'autre qu'à côté.

« Nos laboureurs, la plupart, ne sont pas propriétaires et dans les baux on leur impose de tout cultiver, on traîne la charrue sur des coteaux stériles qui rendent à peine la semence et on y porte des engrais dont l'effet ne se fait sentir qu'une année. »

Depuis le commencement de ce siècle, des défrichements importants ont été effectués dans la Meuse par suite d'aliénations successives des forêts domaniales.

L'étendue des forêts en 1838, était évaluée à 182,000 hectares, elle n'est plus aujourd'hui que de 176,466 hectares, sans compter 2,837 hectares reboisés depuis 1866; il résulte de ces chiffres que 8,401 hectares auraient été défrichés depuis 1838.

De 1854 à 1886, l'Administration a autorisé le défrichement de 3,386 hectares dont 3,281 hectares appartenant à des particuliers et 105 à des communes ou à des établissements publics (*Les forêts de la Meuse*).

Aujourd'hui, malgré ces défrichements, le département de la Meuse tient encore le troisième rang parmi les départements les plus boisés de la France avec 128,171 hectares de forêts (*Annuaire de la Meuse*, 1894).

Autrefois, on déboisait beaucoup; les terres à ce moment avaient une grande valeur et les fermes louées constituaient pour leur propriétaire un placement très-avantageux; les céréales et les autres produits du sol étaient d'un écoulement facile; en un mot, l'agriculture était prospère. La faculté de déboiser, accordée aux acquéreurs de lots de forêts domaniales, leur permettait de se couvrir des frais d'achats, rien que par l'exploitation de la superficie. Les terres vierges, pour la plupart d'une grande valeur, ont fait la fortune des premiers tenanciers qui, croyant tenir une mine d'or inépuisable, vendaient tout sans tenir compte de la loi de restitution : le sol s'est par conséquent vite appauvri et n'a plus trouvé preneur qu'à un taux de fermage dérisoire.

Malheureusement pour nous, nos ancêtres se sont laissés entraîner trop loin dans la voie des défrichements, aussi nous ont-ils légué de nombreuses parcelles absolument improductives, que nous devons nous efforcer de reboiser.

A ce jour, le reboisement est une opération urgente pour les terres situées sur les plateaux ou à flanc de coteau et même en plaine; c'est, à notre avis, le meilleur parti à tirer de ces sols ingrats, c'est aussi le seul procédé à suivre pour leur rendre la fertilité qu'ils ont perdue.

Le défrichement des bois s'opérait à la ferme des Merchines de la façon suivante :

Après l'abatage des arbres rez-terre, des hommes armés de pioches, de bêches et de haches avaient pour mission d'extraire les souches et les grosses racines. Ce travail terminé, le sol était attaqué à l'aide de fortes charrues attelées de 3 ou 4 paires de chevaux.

Un hersage énergique, donné après ce labour, ramenait à

la surface du sol les brindilles et les racines qui étaient ensuite enlevées.

Le défrichement étant ainsi effectué à l'automne, un second labour, croisant le premier, était donné au printemps suivant, on procédait ensuite au hersage et à l'ensemencement d'une plante rustique, soit avoine, soit colza.

Pour l'extraction des souches et leur division en fragments, M. Millon donnait 1 fr. 50 par are, les ouvriers se réservant les produits; si, au contraire, les produits étaient abandonnés à la ferme, l'are défriché était payé à raison de 3 francs.

CHAULAGE. — La chaux produirait sûrement d'excellents résultats dans la Woëvre, l'Argonne et dans toutes les terres où l'argile domine; malheureusement, les fours à chaux sont rares dans la Meuse et la plupart de ceux existants se trouvent trop éloignés des terrains à chauler. Les quelques essais tentés ont réussi, mais les dépenses, surtout en transport, ont absorbé en grande partie les bénéfices réalisés.

M. Jacques, qui obtint, en 1857, la prime d'honneur pour les nombreuses améliorations entreprises sur la ferme de l'Epina, qu'il exploitait à titre de fermier, faisait usage de la chaux. Cet amendement, répandu à la dose de 50 hectolitres par hectare, était produit sur place et calciné dans un four à tuyaux de drainage, qu'avait fait construire cet intelligent fermier.

M. le baron de Benoist remplaça, dans sa ferme de Waly, la marne qu'il employait avant 1864 par de la chaux vive.

Il y a quatre ans, nous avons visité, chez M. Malo, de Luzy, un four à chaux d'une construction très-simple. Ce four est bâti dans un amas de terre prismatique; l'intérieur représente un cône tronqué renversé, tapissé de briques réfractaires. Un conduit horizontal prend naissance à la partie inférieure du cône, il débouche à l'extérieur et permet l'extraction de la chaux.

Ce four, à production continue, est chargé par couches alternatives de pierres à chaux et de houille.

Un semblable four établi à Avioth, dans un talus, fonctionne de la même manière.

Dans la plupart des contrées où le sol aurait besoin d'être chaulé, les pierres calcaires font défaut; de plus, le nombre de fours existant n'est pas suffisant pour produire en même temps la chaux nécessaire aux constructions et à l'amélioration des terres.

Les fours à chaux, relevés dans la Meuse à différentes époques étaient de :

9 en 1804 ;
30 en 1850 ;
10 en 1861 ;
14 en 1888.

Peut-être un jour et à l'exemple de M. Jacques, les tuiliers et les briquetiers meusiens se décideront-ils à cuire la pierre à chaux dans leurs fours, lorsque ceux-ci sont en chômage ! ou bien les cultivateurs s'entendront-ils pour construire en commun un four semblable à celui imaginé par M. Malo ! c'est ce que nous désirons ardemment voir se réaliser à bref délai dans la Woëvre et l'Argonne.

MARNAGE. — La marne a joué et joue encore un rôle important dans l'amélioration physique et chimique des terres du département; aussi l'emploi de cette matière tend-il à se généraliser.

L'efficacité de la marne est reconnue depuis longtemps.

Voici ce que nous lisons à propos de cet amendement dans l'*Annuaire statistique de la Meuse* de l'an XII :

« Depuis longtemps les terres de Waly fournissent de la marne.

« Les recherches de cet engrais, que l'Administration a provoquées, n'ont pas été totalement infructueuses, car on en a trouvé sur les territoires de Fleury et de Landrecourt.

« La marne de Waly est en pierres d'une teinte gris jaunâtre ou gris foncé : les bancs sont à 2 et même à 7 mètres de profondeur, ils couvrent une surface d'environ 1 hect. 87.

« Les cultivateurs s'en servent depuis environ 25 ans (1779) pour engraisser leurs terres qui, auparavant, étaient d'un très-faible rapport et qui produisent beaucoup aujourd'hui.

« La marne de Fleury a la même couleur et tous les caractères de la précédente, on n'en a fait jusqu'à présent aucun usage. Les bancs ne sont qu'à 0^m,32 de profondeur : ils existent sur une étendue de 19 hectares 70.

« La marne découverte en 1802 sur le territoire de Landre-court est d'un gris clair, elle se décompose facilement, mais elle est moins pure que celle dont il vient d'être parlé et paraît contenir beaucoup de matières hétérogènes, on ne s'en est pas encore servi. Elle n'est en terre qu'à la profondeur de 0^m,32 à 0^m,48. La surface du terrain sur lequel elle paraît est de 2 hectares 29. »

Vers 1815 ou 1820, les cultivateurs de Waly et d'Autré-court cessèrent d'employer la marne; les premiers, parce qu'ils l'avaient répandue à trop forte dose et qu'ils avaient épuisé leurs terrains; les seconds, parce qu'ils n'obtinrent pas les résultats qu'ils espéraient, ne connaissant pas la manière de l'utiliser.

Plus tard, la marne de Waly reprit faveur. M. le baron de Benoist l'employa pour améliorer ses propriétés de Waly, mais à cause de sa nature argileuse, il l'abandonna à nouveau pour la remplacer par la chaux.

En 1824, des marnières étaient découvertes dans les environs de Bar-le-Duc.

MM. Gigault d'Olincourt, Martin et Hacquin expérimentèrent, en 1829, la marne de Savonnières-devant-Bar.

Cette marne, relativement pauvre en carbonate de chaux, renfermait :

53 à 61 parties d'argile,
25 à 33 — de carbonate de chaux,
6 à 22 — de sable.

Les résultats obtenus par M. Martin furent exceptionnels; la partie marnée produisit le double de celle non marnée.

En 1839, le Comice agricole de Gondrecourt proposait de décerner un prix à celui qui découvrirait des marnières dans le canton.

En 1840, M. Roussel, médecin à Gondrecourt, mit à jour, en divers points, des marnes dont quelques-unes possédaient une grande valeur agricole.

Les analyses ont démontré les diverses propriétés de ces marnes.

Celles de la ferme de Ruère, d'Horville, de Bonnet, de Tourailles et d'Houdelaincourt ne conviennent qu'aux terres sablonneuses; elles produiraient par la cuisson une excellente chaux hydraulique.

Celles que l'on trouve à Saint-Joire, Tréveray, Delouze, Chassey, constituent un bon amendement pour les terres argileuses ou siliceuses.

Les marnes de Mauvages et de Demange-aux-Eaux sont argileuses et ne conviennent qu'aux sols siliceux.

La marne de Gérauvilliers est de médiocre qualité; par la cuisson, elle pourrait donner de la chaux hydraulique.

Dans le but de favoriser l'emploi de la marne comme engrais dans les localités de l'arrondissement de Commercy, la Société d'agriculture décidait, en 1846, de distribuer deux primes de 50 francs chacune aux deux cultivateurs qui justifieraient du meilleur emploi qu'ils auraient fait de la marne. L'essai ne devait pas être entrepris sur une surface moindre de 16 ares.

M. Jossin-Tollard, de Pretz, employait la marne vers 1847.

En 1850, M. Guyot, père, propriétaire d'une partie de la ferme de Brouenne, près Vaubecourt, marnait ses terres et employait environ 50 mètres cubes à l'hectare; cette quantité ayant été jugée insuffisante et les résultats ayant du reste été de faible durée, son fils, M. Guyot Émile, reprit de nouveau cette utile opération.

C'est en 1860 que M. Anatole Igier, d'Evres, marnait ses propriétés.

En 1865, M. Maigret Théophile, de Foucaucourt, opérait le marnage des parcelles de terre de M. Raussin, de la même localité.

Pour 1875, M. Claude Millon avait fait répandre de la marne sur 78 hectares de terre de nature argilo-siliceuse. Cette opération se poursuit encore de nos jours; la dose employée est de 180 à 200 mètres cubes par hectare.

Depuis 1880, les carrières de marne se sont multipliées dans le Barrois. Citons en passant les principaux gisements de cet amendement dans la Meuse : les fermes de La Grange Lecomte, de Vaudoncourt, des Merchines et de Brouenne, les territoires des communes de Lisle-en-Barrois, Villotte-devant-Louppy, Beauzée, Waly, Fleury, Vaubecourt, Brillon, etc.

Toutes les pierres de marne tirées de ces diverses localités sont très-riches en carbonate de chaux et conviennent particulièrement à l'amélioration des terres argileuses, au-dessous desquelles on les rencontre.

La marne se trouve aussi sur les côtes qui séparent la vallée de la Meuse de la Woëvre, elle fait effervescence avec les acides; exposée à l'air, elle se délite avec rapidité.

Les marnes de la Meuse ayant des propriétés différentes et étant parfois de nature opposée, il en résulte que leur composition est excessivement variable.

Les analyses suivantes indiquent la richesse de quelques marnes.

A la Grimoirie, près de la ferme de Belrupt, une marne soumise à l'analyse a donné les chiffres suivants, pour 100 :

Sable et argile.	25,83
Chaux.	39,40
Magnésie.	0,99
Oxydes de fer	1,81
Acide carbonique, eau, pertes.	35,97

Deux échantillons de marne provenant de la ferme des Merchines ont fourni les nombres ci-dessous :

	I.	II.
Silice.	4,90	6,95
Peroxyde de fer et alumine.	0,68	1,35
Chaux	48	47,05
Magnésie.	1,12	0,60
Acide phosphorique	0,11	0,10
Produits non dosés	45,18	43,95

La marne de Foucaucourt utilisée par M. Schmidt, fermier de M. le baron de Benoist, et les pierres gélives employées par ce dernier comme marne dosaient :

	Marne de Foucaucourt.	Marne terreuse.
Chaux carbonatée	80,08	33
Eau	3,92	7,42
Résidu insoluble.	16	28

Composition des pierres gélives.

Carbonate de chaux 86,75
Sable et argile 4,20
Carbonate de magnésie 1
Fer et alumine 1
Acide phosphorique 0,09
Potasse . . . . traces
Eau et pertes 6,85

On rencontre également des marnes riches en carbonate de chaux à Baâlon, Fleury-devant-Douaumont, Génicourt, Stainville.

L'effet produit par la marne sur les terres argileuses du Barrois et de l'Argonne est surprenant : indépendamment de l'action physique déterminée par cette substance, il se produit une influence chimique remarquable. La marne dégage, en effet, des combinaisons stables des éléments fertilisants qui ont pour conséquence de favoriser la végétation et d'augmenter la production des récoltes dans une proportion inattendue, aussi partageons-nous l'idée de M. Collet de Vaudoncourt, qui dit que la marne employée dans certains sols produit plus d'effet qu'une fumure de 100,000 kilog. de fumier à l'hectare.

Lorsque les déblais sont peu considérables, ces marnes peuvent être exploitées avec avantage; si le contraire a lieu, l'extraction coûtant trop cher, il y a peu de profit à retirer de l'emploi de cet amendement; malheureusement, ce dernier cas est assez fréquent pour les marnes des Côtes de la Woëvre.

Si l'extraction se fait à ciel ouvert, seul moyen pratiqué dans la Meuse, l'enlèvement de la marne s'effectue à l'aide de tombereaux ou du porteur Decauville.

Les pierres marneuses se trouvant de 0^m,50 à 1^m,20 de profondeur, quatre hommes peuvent en tirer de 25 à 30 mètres cubes par jour.

A la ferme des Merchines, le mètre cube chargé se paie 0 fr. 70; si le transport est fait à la tâche, les tâcherons reçoivent 1 fr. 40 par mètre cube, épandage compris.

Le marnage doit se pratiquer à l'automne, de sorte qu'au printemps les blocs de marne, ayant subi l'action des agents atmosphériques, se trouvent désagrégés et peuvent être facilement enfouis par un labour ordinaire.

La quantité de marne répandue par hectare doit nécessairement varier avec la composition du sol sur lequel elle est appliquée, le temps qui doit s'écouler entre deux marnages, les plantes que l'on se propose de cultiver, la profondeur des labours; enfin avec la proportion de carbonate de chaux que renferme l'amendement.

Aux Merchines, les marnages qui passent pour être très-forts, puisqu'on emploie 180 à 200 mètres cubes par hectare, sont renouvelés chaque 18 ou 20 ans.

Les plantes caractéristiques des sols marneux sont : le tussilage, les sauges, l'ononis rampant, la ronce, le mélilot et le trèfle jaune.

Tous les sols produisant les oseilles, les agrostis, le séné blanc, réclament le marnage.

DRAINAGE. — Dans la Meuse, le drainage pourrait être opéré avec avantage sur de grandes étendues.

L'eau dormante à la surface du sol quelques jours après une pluie, est un indice certain que la terre a besoin d'être drainée. Ce fait se produit dans la Woëvre, sur le plateau de l'Argonne et dans d'autres contrées où l'argile affleure à la surface de la couche arable.

Les effets du drainage sont trop connus pour que nous insistions sur les bienfaits qu'on peut en retirer.

Depuis longtemps déjà des essais de drainage ont été entrepris dans la Meuse. Voici les renseignements que nous avons extraits de l'enquête sur le drainage faite en 1869 (A. Poincaré).

En 1826, M. Tayon, François, de Dannevoux, avait drainé 1 hectare en pierrées.

En 1835, M. Enard, d'Apremont, avait drainé 3 hectares en pierrées.

En 1836, M. Morizot, Pierre, de Ménil-la-Horgne, avait drainé 11 hectares 19 en pierrées.

En 1843, la commune de Remoiville avait drainé 3 hectares avec fossés.

De 1851 à 1852, M. Bonvié, de Burey-en-Vaux, avait drainé 3 hectares 96 avec pierrées et aqueducs.

En 1854, M. Roussel-Couchot, de Laimont, avait drainé 1 hectare avec tuyaux de drainage.

De 1854 à 1856, M. Radouan, de Remennecourt, avait drainé 4 hectares avec tuyaux de drainage.

En 1858, M. Barbelin, de Clermont, avait drainé 7 hectares avec fascines.

En 1861, M. Beaudoux, de Neuville-en-Verdunois, avait drainé 40 ares avec tuyaux en bois.

En 1865, M. Garaud, François, de Bouvigny, avait drainé 1 hectare 20 avec pierres et fascines.

En 1865, M. Gand-Damas, de Foucaucourt, avait drainé 1 hectare 95 avec tuyaux et pierrées.

En 1865, M. Colombier, Arsène, de Sommeilles, avait drainé 40 ares avec tuileaux.

En 1866, MM. Grosjean frères, de Corniéville, avaient drainé 4 hectares avec tuyaux et tuiles.

La surface drainée en 1849 était de 77 hectares 68.

En 1859, elle était de $\begin{cases} 1{,}139^h{,}21 \text{ avec tuyaux.} \\ 252^h \quad \text{autres modes.} \end{cases} 1{,}391^h{,}21$

En 1869, elle était de $\begin{cases} 2{,}496^h{,}06 \text{ avec tuyaux.} \\ 1{,}039^h{,}64 \text{ autres modes.} \end{cases} 3{,}535^h{,}70$

Tandis que la surface à drainer était évaluée, en 1859, à 205,000 hectares, elle n'était plus, en 1869, que de 201,650 hectares, ainsi répartis entre les quatre arrondissements :

	Surface à drainer en 1869.	Surface drainée en 1869.
Arrondissement de Bar-le-Duc.	32,950ʰ	671ʰ,81
— Commercy .	45,800ʰ	644ʰ,52
— Montmédy .	54,200ʰ	735ʰ,68
— Verdun. . .	68,700ʰ	1,483ʰ,68
Totaux.	201,650ʰ	3,535ʰ,69

En 1834, M. Guillemin donnait l'exemple aux cultivateurs de Noyers de ce que pouvait produire le drainage ; à cet effet, il creusa de nombreux fossés dans un terrain aquatique, il remplit la partie inférieure des tranchées de graviers et recouvrit ensuite d'un pied de terre. Ce fut là un excellent enseignement pratique, car le procédé fut, à bref délai, suivi par de nombreux agriculteurs.

Vers la même époque, M. Raulx dessécha des sols marécageux en creusant de larges et profonds fossés qui furent remplis de fascines. Après 20 ans, ce drainage, quoique défectueux, fonctionnait encore dans d'excellentes conditions.

Afin d'empêcher les fascines de s'affaisser, ce qui aurait certainement obstrué les conduits, M. Raulx conseillait de disposer dans le fond des fossés et à des distances assez rapprochées, deux pieux en forme de croix de Saint-André.

Neuf machines à fabriquer les tuyaux de drainage, données par l'État et par le Conseil général, étaient en activité, dans la Meuse, en 1857.

Les années pluvieuses de 1850 à 1856 déterminèrent la Société d'agriculture de Verdun à s'occuper de la question du drainage. En vue d'encourager les cultivateurs à entreprendre quelques essais de desséchement, elle fit l'acquisition de trois machines à fabriquer les drains qu'elle revendit ensuite avec une perte considérable.

M. Jacques, qui exploitait la ferme de l'Epina, comprenant 138 hectares, avait installé sur ce domaine, une fabrique de tuyaux de drainage et avait desséché, en 1857, lors de la visite du jury de la prime d'honneur, moitié de la ferme.

Les dépenses de l'opération étaient ainsi établies : creusement des fossés 0 fr. 01 par $0^m,10$ de profondeur; 0 fr. 30 par 100 mètres pour la pose, 0 fr. 20 pour le remplissage; le directeur des travaux, M. Lesourd, était payé en bloc à raison de 300 francs pour 15 hectares. Les drains étaient estimés, par M. Jacques, 20 francs le 1,000 et les manchons 8 francs.

La profondeur des drains était en moyenne de un mètre et l'écartement des lignes de 10 mètres.

Vers 1860, quelques communes entreprirent des travaux de drainage d'ensemble.

Celle de Saulx-en-Woëvre sillonna son finage de fossés qui furent empierrés; la destination de ces conduits était de rejeter les eaux surabondantes du sol et du sous-sol dans le ruisseau de Longeau. Ces travaux lui valurent une médaille d'or de 500 francs.

Le finage de la commune de Dieppe fut drainé en quatre endroits différents; deux de ces drainages, établis sur un terrain assez incliné, n'ont reçu qu'un collecteur chacun, la dépense a été assez minime; les deux autres drainages, plus complets, ont occasionné une dépense de 120 francs par hectare, laquelle somme a été répartie au prorata des contenances des terrains traversés; de cette manière, chaque propriétaire payant avait le droit d'établir, sur sa propriété, autant de lignes de drains qu'il le jugeait convenable et de faire déverser les eaux de ces lignes dans le collecteur commun.

Avant le drainage, l'hectare de terre rapportait 600 gerbes de blé; après cette opération, le rendement était porté à 800 gerbes. La gerbe valant 0 fr. 60, la plus-value était donc de

$$200 \text{ gerbes} \times 0 \text{ fr. } 60 = 120 \text{ francs.}$$

Les dépenses étant évaluées à 120 francs par hectare, il s'ensuivait que la première récolte de blé payait, par sa plus-value, les frais de drainage.

Nous pourrions citer d'autres exemples faisant ressortir les grands avantages du drainage, mais pour ne pas trop allonger ce chapitre, nous en resterons là.

Quelle que soit la surface actuellement drainée par les cultivateurs meusiens; il leur reste encore beaucoup à faire, notre désir est de voir, dans un temps peu éloigné, la majeure partie des terres humides de nos contrées transformées et améliorées par cette opération d'une utilité incontestable.

Si la marche que suivent nos cultivateurs est d'une lenteur vraiment désespérante, c'est qu'en agriculture le progrès ne détrône pas facilement la routine, chaîne formidable qui enserre encore si énergiquement la plupart des cultivateurs.

Le morcellement du sol est de plus une entrave sérieuse à l'application en grand des travaux importants d'amélioration; enfin le peu d'entente qui existe entre les cultivateurs et le manque de capitaux sont des causes qui retardent aussi ce mouvement en avant vers le progrès.

Si le principe d'association était compris, s'il entrait dans nos mœurs, les difficultés signalées ci-dessus seraient vite aplanies et on verrait, à brève échéance, notre agriculture entrer dans une voie nouvelle; malheureusement nous sommes encore loin de là et de nombreuses années s'écouleront sans doute encore avant que nos sols, qui exigent si impérieusement le drainage, soient sillonnés de conduits souterrains.

Les frais d'établissement d'un drainage varient avec la nature du sol, la profondeur et l'écartement des drains, les matériaux employés.

M. Poincaré, alors ingénieur ordinaire du service hydraulique du département de la Meuse, aujourd'hui inspecteur général du service, évaluait ces dépenses à :

Pour les drainages avec tuyaux en terre cuite. 252f 70
Pour les pierrées 318f 68
non compris les frais d'étude et de surveillance.

M. Laureaux, dans son travail sur le drainage, dit avoir fait effectuer des drainages dans la Meuse, avec des conduits en terre cuite, à raison de 150 à 260 francs par hectare.

Un mètre de drainage avec tuyaux revient à 0 fr. 265 et avec pierrées à 0 fr. 671, pour une profondeur de tranchée de 1m,20.

La moyenne des plus-values, suivant la nature des cultures et pour l'ensemble du département est, d'après M. Poincaré, de :

	En capital.	En revenu.
Terres	666f 08	76f 45
Prés	809 56	68 82
Vignes	1,545 60	188 08
Jardins, vergers, etc. .	1,040 82	130 20
Moyennes générales . .	715 75	77 63

D'après M. Laureaux, les opérations de drainage constituent un bon placement, attendu que l'augmentation du revenu est rarement inférieur à 20 p. 0/0.

IRRIGATION. — Sur les 53,114 hectares de prairies naturelles que compte le département de la Meuse, on peut assurer sans crainte que la moitié devrait être soumise à l'arrosage : 32,343 hectares pourraient être irrigués naturellement et à peu de frais; 4,200 hectares seraient arrosés moyennant une faible dépense. L'irrigation, chacun le sait, n'a pas seulement pour but l'augmentation de la quantité de foin récoltée, elle permet aussi, à cause de cette augmentation même, de nourrir un nombreux bétail, source de revenus autant par les produits qu'il donne que par le fumier qu'on en obtient.

La vallée de la Meuse, couverte par environ 20,000 hectares de prés, est susceptible d'être irriguée entièrement : les vallées de l'Aire, de l'Ornain, de la Chiers, de la Saulx et tant d'autres se trouvent dans le même cas.

Mais comme pour le drainage, le morcellement du sol et l'apathie que l'on rencontre chez les cultivateurs peuvent être considérés comme les principales causes qui s'opposent à l'extension de l'arrosage.

Cependant nous devons dire que chaque année des projets d'irrigation sont mis à l'étude, quelques-uns ont déjà abouti ; d'autres, au contraire, ont dû être abandonnés, les intéressés refusant de participer à la dépense.

La canalisation de la Meuse, en rendant les inondations moins fréquentes, a beaucoup nui à la productivité des prairies, car si les unes sont presque continuellement submergées, faute d'écoulement des eaux, les autres sont devenues sèches à cause de l'abaissement du plan d'eau.

Depuis longtemps il est question d'irriguer toute la vallée de la Meuse, de nombreux projets ont été présentés, mais tous ont été abandonnés à cause de l'insuffisance des ressources. Il s'agissait de créer dans les Vosges, au moyen de digues, des réservoirs destinés à retenir les eaux de plusieurs cours d'eau rapides qui se forment dans les montagnes de ce département.

Les eaux ainsi retenues pendant l'hiver et lors des pluies abondantes pourraient être avantageusement employées pour l'irrigation d'été, et on éviterait aussi les débordements, parfois considérables, qui se produisent pendant la saison de végétation.

Citons quelques-unes des crues si funestes à l'agriculture et dont les cultivateurs riverains ont gardé un triste souvenir.

En 1766, la Meuse déborda en juillet.

A la suite de grands orages survenus en 1767, la Meuse

déborda plusieurs fois; elle était encore sortie de son lit en octobre et en novembre.

Les foins provenant de la récolte de 1769 furent rentrés tardivement et en mauvaise qualité.

Les débordements de 1775 occasionnèrent de véritables désastres.

En 1816, les pluies furent si abondantes que la Meuse avait débordé quatre fois pour le 1er août et huit fois pour la fin de l'année. Les usines situées sur ce fleuve se trouvèrent encombrées par les foins entraînés. De mémoire d'homme on n'avait vu une fenaison si tardive et si contrariée.

Citons enfin les années 1859, 1860, 1866, 1871 et 1888.

Depuis la canalisation de la Meuse, les crues sont moins fréquentes et moins fortes puisque les eaux se trouvent réparties entre le lit du fleuve et celui du canal latéral.

Une décision prise en date du 17 juin 1858 chargeait les ingénieurs du service hydraulique d'étudier le régime des eaux du bassin de la Meuse.

C'est en 1864 qu'un service de correspondance pour l'annonce des crues fut organisé.

Depuis vingt ans, quelques associations syndicales d'irrigation se sont organisées dans la vallée de la Meuse.

L'association syndicale de la Haute-Meuse comprenant les territoires en prés des communes de : Maxey-sur-Vaise, Burey-en-Vaux, Neuville-les-Vaucouleurs, Sepvigny et Vaucouleurs, fut approuvée en 1868.

En 1870 la plus-value obtenue à Burey-en-Vaux par l'effet de l'irrigation était estimée, pour le regain seulement, à 300 francs par hectare et à 700 francs pour le foin qui, à cette époque, avait atteint un prix très-élevé.

Les irrigations pratiquées en 1873 sur 115 hectares et en 1874 sur 175 hectares de prairies appartenant aux cultivateurs de Champougny, Maxey-sur-Vaise, Burey-en-Vaux et Sepvigny ont produit, en regain, un surplus de 3,750 kilogrammes, en moyenne, par hectare du prix de 100 francs les 1,000 kilog., soit 375 francs.

En 1875 le bénéfice par hectare était de 250 à 400 francs.

En 1876 il atteignait 300 francs. Cette année, les regains étaient loués sur le pied de 200 francs à l'hectare sur le territoire de Maxey-sur-Vaise.

Par le fait seul de l'irrigation, les prés ont acquis une plus grande valeur; à Maxey et à Burey, l'hectare de pré arrosé a été vendu de 2 à 3,000 francs de plus que la même parcelle non arrosée.

Les prés arrosés se sont loués 100 francs de plus que les années précédant l'irrigation.

L'annuité exigée par hectare de pré irrigué était, à cette époque, de 30 francs.

Bon nombre de communes, placées dans la vallée de la Meuse et organisées en syndicat, ont obtenu l'autorisation de l'administration du canal de l'Est, d'établir des prises d'eau de 5 mètres cubes par seconde; d'autres attendent l'émission du décret de concession d'eau, ou le résultat de l'enquête.

Projets d'irrigation en 1887 :

1° Du Wapoux intéressant les prairies comprises sur les territoires de Samogneux, Régnéville et Champneuville (100 hect. 14);

2° De la plaine de Sivry-sur-Meuse, intéressant une superficie de 128 hectares.

Les travaux sont terminés depuis 1892.

3° Des prairies de Liny-devant-Dun et de Brieulles comprenant 151 hect. 65.

4° Des prairies de Milly, Lion, Mouzay, et Sassey renfermant 400 hectares environ.

5° De la plaine de Lion-devant-Dun, au moyen des eaux du village et du ruisseau de Lion.

La commune de Consenvoye fait actuellement procéder à des essais pour l'arrosage d'une partie des prairies au moyen des eaux de la Meuse.

En dehors de la vallée de la Meuse, il existe également des associations syndicales d'irrigation; mentionnons en passant, celles de Laheycourt et Auzécourt, de Louppy-le-Petit, de Spada.

A Béthincourt, la prairie est soumise à l'arrosage, le garde champêtre est seul chargé du creusement des rigoles et de la répartition uniforme des eaux.

L'Association syndicale de la prairie de Lamorville, créée en 1862, a obtenu, en 1891, une médaille d'argent grand module pour ses travaux.

En 1855, M. Guyot Emile, de la ferme de Brouenne, pouvait, par suite de travaux, irriguer cinq hectares de pré.

Une partie des prés de la ferme de l'Epina étaient irrigués, en 1857, avec les eaux provenant des drainages effectués.

M. Huguet, de la ferme de Popey, obtenait, en 1864, une récompense pour l'arrosage bien compris de ses prés.

M. Tardif de Moidrey obtint, la même année, une médaille d'or grand module pour le drainage de 14 hectares de terres humides et compactes et la création importante de prairies arrosées.

La commission désignée par M. le Ministre de l'Agriculture pour visiter les concurrents aux prix culturaux et aux prix de spécialité, a décerné, en 1891, les récompenses suivantes :

M. Albert Pardieu, de Lahayville, médaille de bronze.

M. Jean Richard, d'Erize-la-Brûlée, médaille d'argent grand module.

M. Emile Charpentier, de Baleycourt, médaille d'argent et 400 francs.

M. Léon de Moidrey, de Ville-en-Woëvre, médaille d'argent grand module et 700 francs.

M. Christian Schirich, de Dieue, médaille de bronze et 200 francs.

M. Anthime Thiébaux, de Samogneux, médaille de bronze et 300 francs.

M. Jacques-Hippolyte Louppe, au moulin de Maucourt, médaille d'argent et 400 francs.

M. Guillemin Alfred, de Bar-le-Duc, médaille d'or et 500 francs.

Les prairies du département de la Meuse étaient ainsi classées en 1882 :

Prairies irriguées naturellement. 32,343 hectares.
Prairies irriguées par travaux. . 4,202 —
Prairies non irriguées. . . . . . 13,742 —

Dans notre département, il n'existe aucun canal d'irrigation ou de submersion, proprement dit.

Les irrigations se font à l'aide de petites rigoles de niveau dans lesquelles on fait refluer l'eau à l'aide de barrages; leur écartement varie, suivant la pente du sol, de 15 à 50 mètres.

Les frais d'installation, lorsque l'irrigation est pratiquée en commun, atteignent 150 à 300 francs par hectare. La commune de Louppy-le-Petit ayant établi l'arrosage de 32 hectares de prés, divisés en 200 parcelles, détenues par environ 80 propriétaires, la dépense imposée pour ce travail, à chacun de ces derniers, n'a pas dépassé 300 francs par hectare. La plus-value en capital a varié entre 1,500 et 3,000 francs et celle du revenu annuel entre 100 et 150 francs.

Dans le projet d'irrigation de la vallée de la Meuse, la redevance annuelle était fixée approximativement, par hectare, à 30 francs pour 3,000 mètres cubes, soit, comme prix de revient du mètre cube, 0 fr. 01, chiffre relativement peu élevé.

Nous pensons être utile, en terminant ce chapitre par un extrait des statuts de l'Association syndicale du ruisseau de Creuë, sur le territoire de Spada.

Art. 1. L'Association syndicale dite d'*irrigation de la vallée de la Creuë à Spada,* a pour but : l'irrigation des prairies existantes, la conversion en prés des terres cultivables susceptibles de cette amélioration et leur irrigation, la création et l'entretien de tous travaux destinés à faciliter cette irrigation.

Art. 2. Tout propriétaire intéressé est admis sans préférence à faire partie de l'Association. L'adhésion est donnée pour toutes les propriétés du territoire possédées ou administrées par eux et renfermées dans le périmètre que les travaux du syndicat pourront intéresser. Cette adhésion est donnée sans aucune exception d'intérêts ou de propriétés autres que les parcelles dont la distraction serait réservée sans équivoque au moment de la signature.

L'état d'adhésion résultera essentiellement des renseignements fournis par la matrice cadastrale sous réserve des mutations opérées pour cause d'erreurs ou de translation de propriétés.

Toutes les charges qui découlent de l'Association sont inhérentes à l'immeuble et en forment un accessoire qui le suit, en quelques mains qu'il passe.

Art. 3. Chaque associé, sauf les incapacités légales en ce qui le concerne, est tenu de concéder à l'amiable et moyennant indemnité, sous la réserve de l'exception ci-après, la servitude de passage sur son fonds pour l'établissement des rigoles d'irrigation, de reversement et de colmatage.

A défaut d'arrangement amiable, il s'engage à accepter l'indemnité qui sera fixée par le juge de paix du canton, statuant en dernier ressort et sans appel.

Il est entendu toutefois que les rigoles de reversement et de colmatage seront, autant que possible, établies aux emplacements des servitudes actuelles du passage des eaux et, dans ce cas, sans aucune indemnité spéciale.

Art. 5. Chaque associé fait partie de l'assemblée générale s'il possède au moins 10 ares de prairies ou de terrain cultivable à convertir en prairie dans le périmètre de l'Association. Sont assimilés aux propriétaires pour les fonctions syndicales et le droit de vote dans les assemblées générales :

1° Les intéressés ou administrateurs qui, se portant forts de l'adhésion des propriétaires légitimes, auraient acquiescé aux présents statuts et seraient considérés dès lors comme membres de l'Association syndicale.

2° Les titulaires du mandat permanent défini par l'article ci-après : . . . .

Art. 9. Le syndicat est renouvelé tous les trois ans à raison de trois syndics titulaires ou suppléants chaque année. Lors des premiers renouvellements partiels, les membres sortants sont désignés par le sort; ils sont rééligibles et continuent leurs fonctions jusqu'à leur remplacement.

Art. 11. ... Le mode de votation par tête étant de règle générale, on n'aura recours au mode de votation par voix que sur la demande expresse de la majorité des votants. Dans ce cas, tous les propriétaires de 10 à 25 ares auront droit à une voix. Le maximum des voix attribué au même intéressé est fixé à 5.

Art. 15. Le syndicat pourvoit aux moyens d'assurer l'exécution, l'entretien et la conservation des travaux.

Il est chargé notamment :

De faire rédiger, lorsqu'il en est besoin, les projets de ces travaux, de les arrêter après qu'ils ont été approuvés par l'assemblée générale et d'en déterminer le mode d'exécution;

De passer des marchés et de veiller à l'accomplissement de leurs conditions;

De dresser l'état général des terrains compris dans le péri-

mètre d'irrigation et de fixer la part contributive de chaque
associé, ancien ou nouveau, dans le paiement des dépenses;

D'arrêter les budgets et les comptes annuels, après appro-
bation de l'assemblée générale;

De contracter les emprunts nécessaires à l'Association,
après que ces emprunts ont été votés par l'assemblée générale;

De désigner tous experts, de nommer tous agents chargés
d'opérations ou de fonctions intéressant l'Association ;

D'autoriser toutes actions devant la juridiction compétente;

De recevoir le compte administratif du directeur, de con-
trôler et d'arrêter la comptabilité du receveur de l'Association
et de proposer à l'assemblée générale tout ce qu'il croit utile
aux propriétaires intéressés.

A défaut par le syndicat de remplir les fonctions dont il est
chargé, le Préfet pourra prononcer, après mise en demeure,
la révocation des syndics et provoquer la nomination d'un
nouveau syndicat par l'assemblée générale.

Dans le cas où le nouveau syndicat négligerait ou refuse-
rait également de remplir ses fonctions, le Préfet, après une
mise en demeure régulière, y suppléerait en désignant à cet
effet tel agent qu'il jugerait nécessaire.

(Ces deux derniers paragraphes ont été adoptés par l'assemblée générale du 23 novembre 1890 sur la demande
expresse de M. le Ministre de l'Agriculture, en date du 13
novembre 1890.)

Art. 21. Les dépenses de l'association sont supportées par
les associés, proportionnellement aux contenances engagées,
sans distinction de la valeur plus ou moins grande des terrains et de leur nature actuelle de culture.

La cotisation à titre de frais de premier établissement sera
également calculée, en capital ou annuités, proportionnellement aux surfaces engagées et fixée par hectare, à une fois
et demie celle des associés, pour les contenances engagées
par les nouveaux adhérents, ou ajoutées par les signataires
du présent acte.

Toutefois, cette proportion de une fois et demie pourra être
modifiée plus ou moins par l'assemblée générale sur la proposition du syndicat.

Les dépenses d'entretien pourront être votées pour une
période de plusieurs années.

Les dettes obligatoires et exigibles qui auraient été omises dans le budget de l'Association, pourront être inscrites d'office par le Préfet, après mise en demeure adressée au syndicat.

(Ce dernier paragraphe a été voté par l'assemblée générale à la suite de la lettre de M. le Ministre de l'Agriculture.)

Engagement. — Les soussignés, après avoir pris connaissance des statuts qui précèdent, déclarent s'y soumettre d'une manière absolue et consentent à faire partie de l'Association syndicale.

Ils engagent dans cette Association la contenance totale des propriétés qu'ils possèdent dans le périmètre, ainsi qu'il est prévu par l'article 2 des statuts.

Fait à Spada en autant d'originaux qu'il y a de parties, le.....
Se sont engagés.

(Suivent les signatures apposées sur un tableau de trois colonnes savoir : 1ʳᵉ colonne, nᵒˢ d'ordre ; 2ᵉ colonne, signatures ; 3ᵉ colonne, folio de la matrice cadastrale.)

Procès verbal de l'Assemblée constitutive.

L'an mil huit cent. . . . ., le . . . . ,
Les soussignés, convoqués par les soins de MM. . . . . . ,
intéressés aux opérations projetées par l'Association syndicale et signataires des statuts sommaires, se sont réunis à la maison commune de Spada, pour former, sous la présidence dudit, l'assemblée générale constitutive prévue par les articles 5, 6, 7, 8, 9, 10, 11, 12, 13, 14 et 15 des statuts.

M. le Président, assisté de MM. (2 assesseurs pris parmi les associés), a ouvert la séance à... heure du... en proclamant la constitution de l'Association.

L'assemblée,

Vu les statuts sommaires de l'Association... ., etc....., etc.....

ABORNEMENTS. — A la question des abornements se rattache celle de la création des chemins ruraux. Avant 1789 le sol du département de la Meuse n'appartenait qu'à un nombre très-restreint de propriétaires, et se composait généralement de domaines, de fermes, de gagnages formés d'un seul gazon ayant plus ou moins d'étendue et soumis à l'assolement triennal. Or cet assolement ne donne lieu, quant aux labours, aux semailles et aux moissons, qu'à des travaux uniformes et pratiqués dans les mêmes saisons ; et, comme ces travaux n'étaient alors exécutés que sur des terres d'un seul tenant, placées dans la même main, ces terres étaient accessibles de tous côtés. Il n'y avait donc, à cette époque, aucune raison pour créer des chemins puisque la servitude d'enclave n'existait pas.

Après 1789, ces grands domaines passèrent en d'autres mains : ils furent divisés, morcelés en autant de parcelles que l'exigeait l'avènement de l'immense majorité des habitants de nos campagnes à la jouissance du droit de propriété.

Chacun devient propriétaire : les uns d'un champ, les autres d'un petit héritage composé d'un certain nombre de parcelles, acquises, soit aux enchères lors de la vente des biens nationaux, ou plus tard, en les arrachant, à prix d'or, des mains de spéculateurs qui divisèrent les domaines à l'infini, sans s'occuper des difficultés nombreuses qu'ils allaient faire surgir.

En effet, que peut tenter le cultivateur pour améliorer sa ferme composée de lambeaux de terre isolés, enchevêtrés ? Il ne peut les labourer, les semer, les moissonner quand il le croit nécessaire ; il ne peut y conduire ses fumiers, ses engrais, ses amendements en temps opportun ; il ne peut changer l'assolement ; il ne peut adopter d'autre rotation que celle usitée par ses voisins.

La mobilité des parcelles (puisqu'elles n'étaient marquées par aucun point de repère) a donné lieu à des procès interminables et causé de nombreuses chicanes ou désunions. Dans de telles conditions, la culture intensive a été rendue impossible et les rendements élevés n'ont pu être atteints.

La question d'abornement préoccupe depuis longtemps les agriculteurs et les cultivateurs du département et, malgré tous les conseils donnés, toutes les brochures et publications parues, cette amélioration est encore loin d'être connue, comprise et pratiquée.

Afin de combattre les effets déplorables de la mobilité des parcelles, le Préfet de la Meuse, prit, en conséquence des délibérations du Conseil général du 29 août 1863, du 26 août 1864 et du 19 août 1865, un arrêté en vertu duquel il établis-

sait, au chef-lieu des quatre arrondissements, une commission dont la mission était de venir en aide aux communes,
aux particuliers, aux géomètres qui seraient disposés à entreprendre des abornements généraux de finages ou de contrées.

Ces commissions étaient en outre chargées de rédiger des
instructions, des modèles d'actes, de dresser un plan spéci-
men en indiquant les meilleures méthodes à employer ; enfin
il leur était permis de mettre en usage tel moyen qu'elles
jugeraient convenable pour faciliter ou encourager ces abornements.

Le 14 novembre 1855, les habitants de Laimont rédigèrent
une convention par laquelle ils consentaient à l'abornement
général des terres de leur commune.

Le 6 février 1858 une commission, composée de neuf
membres ayant fait choix de quatre géomètres du cadastre,
réglait d'un commun accord les conditions, le prix et le délai
d'exécution de ce grand travail.

Les géomètres prirent pour point de repère ou de départ
les chemins vicinaux et ruraux alors existants, les anciens
fossés, les haies, les bornes et divisèrent les 825 hectares de
terres de la commune en cinq sections.

Les 5,348 parcelles appartenant à 270 propriétaires furent
alors délimitées et presque toutes eurent la forme d'un parallélogramme rectangle.

Le nombre des chemins existant à cette époque fut porté à
74 avec un développement de 15,615 mètres, représentant
une surface d'environ 7 hectares.

Ce travail, dont la durée a été de trois ans, est revenu à
21 francs par hectare dont 13 francs pour travaux de délimi-
tation et 8 pour fourniture et pose de 16,000 bornes.

Comme deuxième exemple d'abornement général, mentionnons la commune de Saint-Aubin-sur-Aire.

Depuis les lois du 21 juin 1865 et du 22 décembre 1888 sur
les associations syndicales, des syndicats se sont formés,
dans le but de provoquer l'abornement des terres de leurs
communes respectives ; quelques-uns, dont l'engagement pri-
mitif était bien conçu, arrivèrent au résultat désiré ; malheureusement beaucoup d'autres échouèrent : de sorte que, de
nos jours, de nombreuses contrées restent encore à borner.

En exécution de l'arrêté préfectoral du 2 avril 1891, les

cultivateurs de la commune de Baudignécourt ont été autorisés à constituer une Association syndicale pour : 1° l'ouverture de chemins d'exploitation ; 2° l'abornement avec redres-
sement des limites, s'il y a lieu, de toutes les propriétés
situées sur le territoire de Baudignécourt.

Voici un extrait de l'acte d'association.

« Les propriétaires de terrains non bâtis, situés sur le territoire de Baudignécourt, et dont les noms figurent sur l'état qui
accompagne les plans de périmètre, se sont réunis en association syndicale autorisée, en vue : 1° de la création de chemins d'exploitation décrits aux plans et devis des travaux ;
2° de l'abornement général des parcelles composant le territoire de Baudignécourt.

« Le siège de l'Association est fixé à Baudignécourt.

« Tous les propriétaires intéressés aux travaux dont s'agit
font partie de l'assemblée générale. Chacun d'eux disposera
d'un nombre de voix déterminé de la manière suivante : pour
20 hectares et au-dessus, cinq voix ; pour 16 à 20 hectares,
quatre voix ; pour 12 à 16 hectares, trois voix ; pour 8 à 12
hectares, deux voix ; pour moins de 8 hectares, une voix.

« Les propriétaires peuvent se faire représenter à l'assemblée générale par des fondés de pouvoirs, sans que le même
fondé de pouvoirs puisse disposer de plus de cinq voix. Les
fondés de pouvoirs doivent être eux-mêmes membres de l'Association. Toutefois, les fermiers délégués par leurs bailleurs
sont exemptés de cette condition.

« L'assemblée générale nomme les syndics chargés de l'administration de l'Association. Elle vote les emprunts qui, soit
par eux-mêmes, soit réunis au chiffre des emprunts déjà
votés, dépassent la somme de 600 francs.

« Le syndicat se compose de six membres titulaires nommés
par l'assemblée générale ; il est en outre élu, dans les mêmes
formes, quatre suppléants qui siègent en cas d'absence des
syndics titulaires.

« Les syndics élisent, tous les trois ans, l'un d'eux pour
remplir les fonctions de directeur et un adjoint qui remplace
le directeur en cas d'absence ou d'empêchement.

« L'Association peut, par ses syndics, ester en justice,
acquérir, vendre, échanger, transiger, emprunter et hypo-
théquer, sauf, quand il y a lieu, autorisation de l'assemblée

générale (articles 4 et 12 des statuts, et article 3 de la loi du 21 juin 1865).

« Publié conformément à l'article 5 de la loi du 22 décembre 1888, modifiant celle du 21 juin 1865 sur les associations syndicales. »

La surface du périmètre soumise à l'abornement était de 291 hect. 60 ares 63 cent. divisée en 2,147 parcelles appartenant à 208 propriétaires, dont un seulement n'a pas consenti à l'exécution des travaux.

Les 14 chemins d'exploitation créés représentent une longueur totale de 16,050 mètres.

La dépense par hectare ne s'est élevée qu'à environ 16 francs (Ferrette).

En 1866, la Société d'agriculture de l'arrondissement de Commercy entreprit une enquête au sujet des abornements généraux, le dépouillement donna le résultat suivant :

Sur les 176 communes de l'arrondissement :

117 communes réclamaient avec instance les abornements généraux à la condition de diviser le territoire par chaînes ou polygones, de manière à occasionner le moins de dérangement et à ne pas trop mélanger les bonnes terres avec les mauvaises.

18 communes, sans s'opposer à cette opération, demandaient qu'elle fût remise à une époque ultérieure.

4 étaient réfractaires.

9 procédaient à l'abornement.

28 déclaraient que leur territoire était complètement borné.

Les opérations du cadastre commencées en 1808 ne furent terminées qu'en 1844.

A la question de bornage se rattache celle du morcellement du sol.

Le sol du département est, comme nous l'avons dit, excessivement divisé puisqu'il était représenté en 1882 par 2,750,999 parcelles : aussi depuis longtemps a-t-on cherché à remédier, au moins partiellement, à cet état de choses.

Voici à ce propos ce que nous lisons dans l'*Annuaire du département de la Meuse* de l'an XII :

« Il serait utile aussi que le gouvernement empêchât que les champs fussent morcelés à l'infini.

« Il est certainement à désirer que les hommes soient attachés au maintien de l'ordre public par l'amour de la propriété, mais ce sentiment que la Révolution a développé est parvenu à un degré tel que la garantie devienne illusoire; il paraît que l'on ne doit pas balancer pour en restreindre les effets. Tel est l'état des choses dans ce département. Le plus faible héritage est partagé entre tous les héritiers. Ce ne sont plus ces hommes qui sont intéressés à éviter les secousses politiques.

« D'ailleurs la grande division des terres coûte à celui qui les cultive, une perte de semence et de temps, elle empêche toute amélioration, multiplie les contestations et les procès pour la fixation des limites, rend plus longues et plus difficiles l'assiette et la répartition de la contribution foncière.

« Il serait donc avantageux pour l'État et les particuliers que l'on remédiât à ces inconvénients.

« On propose comme un moyen propre à atteindre en partie ce but, dans la suite, de n'exiger qu'un droit fixe d'enregistrement sur les échanges qui auraient pour objet la réunion de plusieurs pièces de terre nonobstant une valeur supérieure. »

Pour remédier aux inconvénients que présente le morcellement, on a songé, depuis quelque temps déjà, à réunir, en lots, les parcelles d'égale valeur et appartenant à un seul propriétaire, sauf compensation en argent ou en plus ou moins d'étendue de terrain. Ce système qui, à première vue, paraît acceptable, comporte de grandes difficultés, car tous les propriétaires d'une même contrée ne peuvent posséder à égale distance, leur lot respectif; les uns seraient donc avantagés, tandis que, pour les autres, il y aurait perte sensible et de plus, il serait indispensable (chose assez difficile à l'époque où nous vivons) d'obtenir le consentement de la grande majorité des intéressés; enfin ce procédé porterait une grave atteinte au droit de propriété.

A notre avis, le mieux serait d'engager, d'encourager les cultivateurs à faire le plus d'échanges possibles, en diminuant dans une large mesure les frais de mutation et les formalités à remplir.

Comme exemple de réunion de parcelles, nous nous contenterons de citer celui que nous fournit M. Jules Colson, de Saint-Aubin-sur-Aire.

Lorsque M. Colson fut appelé à diriger l'exploitation que détenait son père, le nombre des parcelles composant la ferme était de 430, aujourd'hui, par suite d'échanges, la même propriété n'en compte plus que 22.

Une pièce de 26 hectares a été formée par l'acquisition et l'échange de plus de 100 parcelles.

Les cultivateurs de Laimont après avoir, par un abornement général, déterminé d'une manière précise les limites de leurs héritages et rendu, par ce fait, les anticipations impossibles, ont voulu compléter le travail en remédiant aux nombreux inconvénients qui résulte du défaut d'entente relativement au labourage des terres. Sachant, par expérience, qu'il y a là une cause de difficultés pour le moins aussi sérieuse que celle que faisaient naître si souvent entre eux l'incertitude et la mobilité des limites, ils rédigèrent, le 20 novembre 1865, une réglementation du mode de labourage; nous en extrayons les principaux articles qui suivent :

Art. 1. Les roies ou sillons servant de lignes séparatrices entre les bornes qui limitent les parcelles ne devront pas à l'avenir, quel que soit le nombre de labours, être creusées à une profondeur excédant 18 à 20 centimètres.

Art. 3. Lorsqu'une culture pour préparer la semaille du blé ou de toute autre récolte sera faite sur deux parcelles contiguës au moyen de quatre labours : le premier devra toujours être pratiqué de chaque côté en fendant, de manière à combler la roie; le second en adossant; le troisième en fendant et le quatrième en adossant.

Art. 4. Celui des deux cultivateurs qui adossera son champ le premier ne devra creuser la roie que de 8 à 10 centimètres au plus, afin de permettre, à celui qui ne viendra que le second pour adosser le sien, de conserver à la roie la profondeur expressément déterminée par l'article premier.

Art. 5. Dans le cas où un cultivateur aurait l'intention de donner à son champ une cinquième culture, en l'adossant, il sera tenu, lors de la quatrième, de ne pratiquer sur la roie qu'un sillon superficiel de 0^m,02 à 0^m,03 au plus, de profondeur.

Art. 6. Il en serait de même pour la culture des orges ou pour toute autre culture; en cas de trois labours, le premier devrait être fait en fendant et les deux derniers en adossant, et pratiqués comme il est dit dans l'article précédent.

Art. 7. Lorsqu'une culture pour préparer l'avoine ou toute autre récolte sera faite au moyen d'un seul ou de deux labours, ces labours pourront être exécutés en fendant, ou en adossant au choix du cultivateur ; dans le cas de deux labours, pratiquer un adossement et ne pas dépasser la profondeur limite de la roie.

Art. 9. Une commission composée de deux membres du conseil municipal et du maire ou de l'adjoint, qui en font partie de droit, sera instituée et renouvelée chaque année au scrutin secret, aura pour mission : 1° de veiller à la conservation du plan ; 2° de constater sur un registre les changements de noms des propriétaires ; 3° de surveiller le maintien des bornes aux points indiqués par le plan ; 4° de maintenir les chemins ruraux dans leur assiette et largeur ; 5° enfin d'assurer l'exécution de toutes les mesures prises par le présent règlement.

Le 20 mars 1887, les cultivateurs de Bislée adoptaient un règlement pour la culture des roies mitoyennes ; en voici les principales dispositions :

Art. 1. Pendant la durée de douze années à compter du 1ᵉʳ février 1887 tout signataire s'engage à jeter alternativement autant de fois à la roie qu'il adossera son champ. (Exception est faite pour le cas de premier défrichement de luzerne ou sainfoin.)

Art. 2. En jetant à la raie, tout cultivateur doit labourer à 0ᵐ,10, de celle mitoyenne, à une profondeur également de 0ᵐ,10, lorsque le sol arable le permet de manière que la roie soit remplie.

(Exception est faite pour les terrains à revers. Le propriétaire de la partie dominante sera autorisé à s'écarter de 0ᵐ,20 sans rien changer aux autres conditions.)

Art. 3. Dans aucun cas, après labour jeté à la raie, il n'est permis de relever ni la terre ni la semence.

Art. 4. En adossant, la profondeur des deux dernières raies ne devra jamais dépasser 0ᵐ,06 à 0ᵐ,08 de manière à ne relever que la moitié de la terre jetée dans la raie ; la largeur maximum est de 0ᵐ,33.

Art. 5. Les raies de bout ne doivent se faire que sur les chemins ou dans le cas de terrains aboutissants ensemencés d'une graine de nature différente ou d'une tournière défendue par une franche roie. Ces raies devront être à peine visibles après le hersage.

Art. 7. Les franches roies ne devront exister que dans le cas où les terrains voisins auront une différence moyenne de niveau d'au moins 0^m,30, mesurée après la culture relevée du voisin.

Art. 8. Les soussignés déclarent accepter pour l'exécution du présent engagement une commission syndicale nommée par des propriétaires ou exploitants sur la commune de Bislée, au scrutin secret et qui se composera de cinq membres..... La commission sera renouvelée tous les trois ans.

Art. 9. Quand il y aura nécessité de tracer des raies d'écoulement ou pour tout autre motif, une décision syndicale sera nécessaire.

Art. 10. Le repiquage avec charrue sur aboutissants ne devra pas dépasser la limite de sortie de cette charrue; il est défendu sur tournière à plus de 0^m,30. Il est interdit de clore par n'importe quel moyen sur aboutissants quelconques à moins de clôture continue enveloppant la propriété tout entière.

Pénalités. — Tout contrevenant au présent règlement sera mis dans l'obligation, sur réquisition syndicale, de réparer immédiatement les dommages et dégâts commis et pourra être, en outre, condamné à une amende de *deux à dix francs.* Les amendes seront versées, sans délai, à la caisse syndicale; elles pourront être converties en nature, par la fourniture, dans un endroit désigné par la commission, de pierre brute, calculée à l'estimation de un franc le mètre cube.

En cas de refus des délinquants à se conformer aux conditions ci-dessus imposées par la commission syndicale, ils seront poursuivis par cette dernière, conformément à la loi.

Ce sont là d'excellentes innovations qui méritent, à plus d'un titre d'être encouragées, car elles ont pour but d'éviter toute discussion entre voisins, en même temps qu'elles permettent l'obtention de récoltes plus uniformes et plus considérables, le sol ayant, par le fait des labours alternatifs, même qualité et même valeur sur l'endos que sur les roies. Cette manière de procéder a aussi pour conséquence de faciliter l'usage de tous les instruments perfectionnés dont l'emploi est impossible lorsque les terrains sont amassés en dos d'âne.

Mentionnons comme autres améliorations agricoles à réaliser dans la Meuse : la diminution de la surface cultivée en céréales et l'obtention de rendements plus élevés; la création de pâturages et l'extension de la production des fourrages afin d'entretenir un bétail plus nombreux et mieux nourri; une meilleure fabrication du fumier de ferme; l'utilisation complète des urines, purins, déjections humaines; l'usage en grand des instruments perfectionnés, les seuls capables de remplacer la main-d'œuvre, aujourd'hui si rare, si chère et si exigeante; l'augmentation de la population et sa fixation à la campagne; la suppression des tendues et de la chasse aux petits oiseaux; l'instruction agricole plus répandue et donnée dans les établissements d'instruction soit publics, soit privés, ainsi que dans toutes les écoles primaires; enfin l'association des cultivateurs pour l'achat des matières utiles à l'agriculture et l'exécution en commun de toutes les améliorations foncières : drainage, irrigation, abornement, etc., etc...

SIXIÈME PARTIE.

FERTILISATION DU SOL.

FUMIER DE FERME. — Avant de passer en revue les différentes matières employées comme engrais, nous croyons utile de montrer quelle est approximativement la quantité de fumier produite, par an, par les divers animaux entretenus et celle qui se trouve disponible par hectare de terre labourable ; il est bien entendu que les chiffres que nous donnons n'ont rien d'absolu, néanmoins nous pensons qu'ils peuvent être pris en grande considération.

D'après la statistique de 1890, le département comptait :

50,956 chevaux (adultes et élèves) produisant 90 quintaux de fumier par an, soit..............	4,586,040 q^x
425 ânes et mulets produisant 70 quintaux de fumier par an, soit.....................	29,750
106,657 bœufs, vaches et élèves produisant 150 quintaux de fumier par an, soit..............	15,998,550
100,449 moutons de divers âges produisant 5 quintaux de fumier par an, soit..................	502,245
83,821 porcs de divers âges produisant 10 quintaux de fumier par an, soit.....................	838,210
8,998 chèvres de tout âge produisant 5 quintaux de fumier par an, soit.....................	44,990
Total................	21,999,785 q^x

En admettant que le 1/4 soit perdu par suite de l'exposition du fumier à l'air, il reste comme poids à utiliser 16,499,839 quintaux.

Les terres labourables, à la même époque, ayant une

étendue de 281,740 hectares, il s'ensuit donc que chaque hectare recevait annuellement une fumure moyenne de 5,856 kilogrammes ; les fumures n'étant données que chaque 3 ans, c'est 17,568 kilog. de fumier que recevait ou devait recevoir chaque hectare de terre labourable. Ce poids de fumier est évidemment insuffisant pour obtenir des récoltes rémunératrices, chaque hectare de terre exigeant au minimum 10,000 kilog. de fumier par an ou 30,000 kilog. pour 3 ans.

Comme on le voit, d'après les chiffres qui précèdent, les cultivateurs meusiens pèchent donc sous le rapport de la production du fumier de ferme et il leur est par conséquent impossible de se livrer, en grand, à la culture des plantes exigeantes.

Il n'a été tenu compte, dans cette évaluation, que du poids du fumier obtenu des gros animaux de la ferme, à l'exclusion des déjections humaines, de celle des animaux de basse-cour, des engrais chimiques et des engrais verts. Nous avons seulement tenu à démontrer que dans notre département la productivité des terres arables ne peut être avantageusement maintenue par l'emploi du fumier de ferme et qu'il faut aller chercher au dehors une quantité d'engrais assez importante, si nous voulons nous livrer à la culture intensive, et augmenter, ou tout au moins conserver à nos terres le degré de fertilité qu'elles possèdent.

En admettant, avec M. Heuzé, que 200 kilog. de fumier produisent 100 kilog. de grains avec la paille correspondante, il n'est pas possible d'obtenir avec les 17,568 kilog. de fumier cités plus haut et dont moitié environ est utilisée par le blé, il n'est pas possible, disons-nous, d'obtenir plus de 9 quintaux de grains, soit 11 à 12 hectolitres par hectare ; moyenne réelle atteinte dans la Meuse avec une terre uniquement fumée à l'engrais de ferme.

Dans nos campagnes, le fumier est trop souvent négligé ; il est abandonné sur le bord des chemins et des routes, aux influences pernicieuses des agents atmosphériques qui le détériorent ; au grattage des poules et des autres animaux qui l'éparpillent ; il est rarement piétiné et arrosé ; le purin qui s'en échappe n'est pas recueilli.

A différentes reprises les sociétés et les comices agricoles du département ont excité les cultivateurs à recueillir ce précieux liquide en leur accordant des primes pour le bon aménagement de leur fumier, ou en les indemnisant des frais que nécessitent la construction de fosses à purin ou l'acquisition de pompes et de tonneaux à purin ; malgré ces grands avantages, le nombre des cultivateurs entrés dans la bonne voie, est encore trop restreint.

La Société d'agriculture de Verdun, visant la perte que fait subir aux cultivateurs le mauvais aménagement des fumiers, proposa en 1866 des primes pour la construction des fosses à purin. De cette époque à 1881, la somme consacrée à ce chapitre a été de 1,210 francs.

En 1880, la Société d'agriculture de Bar-le-Duc répartissait la somme de 1,000 francs, entre 11 concurrents, pour bonne tenue des fumiers et utilisation du purin.

Tout le monde a pu voir, dans l'intérieur des cours de fermes et dans les villages, ces nombreuses flaques d'eau noirâtre dégageant, en été, des odeurs nauséabondes et en hiver, formant de véritables étangs où s'égayaient, pendant les jours de gelée, les jeunes gens des campagnes.

De nos jours on remarque un peu plus de propreté et ces masses de purin dilué ont presque entièrement disparu au grand avantage des cultivateurs et de la salubrité publique. Un reproche que l'on peut encore adresser aux cultivateurs de la Meuse, est de laisser le fumier trop longtemps en tas, surtout lorsque le purin s'en échappe en pure perte ; ils devraient se rappeler que plus le fumier reste de temps exposé à l'air, plus il fermente et par conséquent plus il perd de gaz ammoniacaux ; sa masse enfin diminue et sa valeur s'abaisse par suite de la perte de purin.

Les différentes améliorations se rapportant au fumier et qu'il est bon de conseiller aux cultivateurs peuvent se résumer ainsi :

Enlèvement fréquent du fumier ; création de places à fumier et de fosses à purin étanches ; épandage, à la surface du tas de fumier et chaque semaine, de plâtre cru, de sulfate de fer, de phosphate fossile ou de matières absorbantes ; arrosage et piétinement du tas.

Il est urgent aussi d'épandre le fumier sur les terres plutôt que de le déposer en petits tas ou fumerons et d'abriter l'emplacement sur lequel le fumier est déposé lorsque cela est possible et économique. Nous ne saurions trop recommander non plus de ne vendre ni foin, ni paille, sinon dans le cas d'années très-abondantes.

M. Nassoy, de Clermont, répandait du phosphate fossile sur ses fumiers en 1875.

En 1876, M. Roussel, de Laimont, constatait qu'un mètre cube de fumier additionné de 25 kilog. de phosphate fossile, le tout d'une valeur de 7 francs, donnait à peu près le même résultat, sur des terres argilo-siliceuses, que deux mètres cubes de fumier valant 12 francs.

Les fumiers provenant des chevaux de l'armée ou des gendarmeries sont rarement achetés par les cultivateurs, ce sont les maraîchers qui, la plupart du temps, en ont le monopole par voie de soumission cachetée. Le prix de base d'achat de ces fumiers est de 0 fr. 07 à 0 fr. 10 par cheval et par jour.

Les excréments des oiseaux et des petits animaux de basse-cour sont rarement répandus seuls, ils sont généralement associés au fumier des gros animaux domestiques.

ENGRAIS HUMAINS. — Les déjections humaines fournies par la population urbaine et par la population rurale de la Meuse ne sont, bien à tort, que peu employées; cependant la valeur qu'elles représentent n'est pas à dédaigner ainsi qu'on peut s'en rendre compte par les chiffres ci-dessous.

M. Neucourt estimait la valeur des déjections produites par les habitants de la ville de Verdun (13,500 habitants) à 204,255 francs. M. Laurent évaluait à 236,000 francs l'engrais humain produit annuellement par la population barisienne, se montant à 16,000 âmes.

La moyenne de ces chiffres donne 14 fr. 90 pour la valeur des déjections d'un habitant. La population totale du département étant de 292,253 âmes, si nous admettons que les deux tiers de l'engrais humain soient employés (ce qui, selon nous, est au-dessus de la vérité) la perte représentant le tiers non utilisé formerait la somme de 1,451,565 francs ou 58,062 quintaux de nitrate de soude du prix de 25 francs les 100 kilog.

L'engrais humain a commencé à être utilisé en grand en 1869, époque à laquelle M. Davenne Anatole, de Brillon, en fit emploi sans interruption jusqu'à ce jour. Au début,

M. Davenne recevait à titre de rémunération 5 francs par mètre cube de vidange extrait; aujourd'hui, loin de recevoir de l'argent, il se voit coter ces matières 1 fr. 25 le mètre cube pris à Bar-le-Duc.

Lorsque M. Davenne commença à utiliser les produits de la digestion, les cultivateurs de Brillon se détournaient des champs fertilisés par les vidanges; à l'heure actuelle c'est à celui qui pourra s'en procurer la plus grande quantité.

Ce n'est guère qu'à partir de 1869 que des sociétés dites de vidange se sont formées pour exploiter et traiter ces matières afin d'en former un engrais pulvérulent.

En 1875, M. Laurent, vétérinaire à Bar-le-Duc, créait une fabrique d'engrais humain, dont les produits étaient vendus sous le nom de poudrette de Vaux-Viry.

Cette poudrette était formée par le mélange suivant :

> 500 litres de matières fécales;
> 200 litres de plâtre de démolition;
> 200 litres de charbon.

Sa composition chimique était de :

Azote.	2 p. 0/0
Acide phosphorique.	5,10
Potasse.	0,31
Soude.	0,30

Son prix aux 100 kilog. était de 10 francs, sacs perdus.

Les matières fécales employées par M. Davenne sont ramenées à l'aide de tonneaux montés sur un brancard supporté par quatre roues; arrivées sur les champs à fertiliser, elles sont déversées dans des baquets et projetées à la surface du sol à l'aide d'une écope spéciale, à la dose de un mètre cube pour six ares sur les prés, les prairies artificielles, les blés, les avoines; sur les terres nues, la dose est triplée et même quadruplée.

Depuis longtemps M. Neucourt se plaignait de l'insalubrité des villes de la Meuse, il recommandait la création de fosses mobiles et de fosses cimentées établies chez les particuliers, dans les établissements publics et en divers points de ces villes.

Nous croyons utile de donner ici un extrait des notes de

ce chimiste qui démontre bien le peu de cas que l'on fait des déjections humaines et la manière dont elles sont abandonnées.

« Une amélioration que réclame la pudeur en même temps que l'hygiène et la salubrité des rues, c'est de proscrire cet ignoble et dégoûtant usage d'uriner et de déposer des excréments à chaque coin de rue. Mais ce serait s'élever en vain contre lui que de se contenter de le proscrire. S'il existe c'est qu'il a sa raison d'être, c'est qu'il répond à une nécessité publique; c'est conséquence forcée, qu'il doit continuer à exister. Mais alors il doit être régularisé, assaini, soumis aux règles de la décence.

« Ce qu'il faut faire chacun le sait, c'est d'établir des lieux d'aisance publics, sur les points reconnus nécessaires, des urinoirs pas trop espacés. »

En ce qui concerne l'utilisation de ces déjections, M. Neucourt ajoute :

« Le règlement de police de la ville de Verdun enjoint de verser à la rivière le produit de la vidange des fosses d'aisance; quelques entrepreneurs de Fromeréville ont été mieux avisés, ils ont monté sur des voitures des tonneaux dans lesquels ils reçoivent, des vidangeurs, les produits extraits des fosses et les conduisent sur leurs propriétés. Tout ce qu'ils récoltent, ils l'emploient à leurs cultures; parfois ils ont acheté sur le pied de 8 francs le tonneau de 600 litres et cinq tonneaux suffisaient à la fumure d'un hectare. »

M. Davenne évalue le rendement obtenu avec les vidanges au double de celui qu'il obtient des terrains fumés au fumier de ferme.

BOUAGES. — Les bouages et les balayures des rues ne sont guère utilisés que près des villes, les cultivateurs qui, autrefois, étaient payés pour enlever les immondices, sont à notre époque, par suite de la concurrence, obligés de les payer, cela tient évidemment à ce que ces engrais ont été reconnus comme très-efficaces pour l'amélioration des terres. M. Neucourt estime que la quantité d'azote contenue dans un mètre cube de boues est d'environ 10 kilog.; si on évalue le kilogramme d'azote à 1 fr. 50, le mètre cube aurait donc une valeur de 15 francs; la quantité recueillie par jour étant d'environ six mètres cubes d'une valeur de 90 francs et le fermier des boues payant à la ville de Verdun une redevance annuelle de 700 francs, il s'ensuit qu'il obtient cet engrais à d'excellentes conditions.

Les boues des villes, les boues des routes, les curures de fossés constituent un excellent engrais lorsque, après avoir été mélangées de chaux par lits alternatifs, brassées deux ou trois fois et arrosées de purin ou d'eau de lessive, elles sont en voie de décomposition; leur usage est surtout recommandé dans les terres froides, les terres argileuses, sur les prairies naturelles ou artificielles, enfin sur les vignes et les terres nues destinées à être ensemencées en colza, betteraves, etc., car elles forment de bons composts salpêtrés.

Le regretté M. Godart, vétérinaire et secrétaire de la Société d'agriculture de Bar-le-Duc, fut un des premiers qui employa en grand les boues et les balayures de la ville de Bar-le-Duc à l'amélioration des terres.

Les eaux d'égout sont toujours délaissées; dans les villes de la Meuse elles sont dirigées vers les rivières qui les traversent.

M. Neucourt en donnant au mètre cube de ces eaux une valeur de 0 fr. 05 est arrivé à trouver que la ville de Verdun perdait annuellement une quantité d'engrais qu'il évaluait à 36,000 francs.

ENGRAIS COMMERCIAUX. — Il y a 30 ans l'engrais à la mode, dans la Meuse, était le guano; il était expérimenté en 1859 par M. Paulin Gillon.

Quelque temps après, M. le baron de Benoist l'appliquait à forte dose sur les terres de sa ferme de Waly.

Depuis longtemps déjà les cultivateurs l'ont abandonné pour diverses causes dont la principale est le peu d'effet qu'il produit comparativement à son prix très-élevé. Cet engrais et ses dérivés que l'on vendait très-cher, étaient souvent frelatés; on écoulait sous le nom de guano une foule de matières inertes, légèrement odorantes, n'ayant pour elles d'autre qualité que celle d'être revêtues du nom pompeux de guano. Aussi les cultivateurs, déçus après quelques essais infructueux, ont-ils abandonné, avec raison, cet engrais et ses similaires.

Dès 1854, M. Millon employait les engrais complémentaires du fumier d'une manière continue; il admettait que ces engrais peuvent augmenter de 50 francs le produit net annuel d'un hectare, déduction faite de la dépense d'acquisition.

Le département comprenant 420,000 hectares de terres labourables, le profit que retireraient les cultivateurs meusiens de l'usage de ces engrais pouvait s'élever, d'après M. Millon, à 21,000,000 de francs par an.

Ce n'est guère qu'à partir de l'année 1875 que les cultivateurs se sont préoccupés de remplacer le guano par le nitrate de soude; celui-ci n'a pas été employé en grand avant 1880.

Prix des engrais employés en 1875 par M. Millon, comparé au prix actuel.

Nature des engrais.	Prix en 1875.	Prix en 1891.
Sulfate d'ammoniaque	47^f	32^f »
Nitrate de soude	38	23 50
Nitrate de potasse	69	48 »
Kaïssite	10	7 50
Superphosphates	10	9 »
Tourteaux de coton broyés	20	14 »

Quant aux autres engrais chimiques tels que : phosphate de chaux, superphosphate, sels de potasse, l'usage en est peu répandu et les cultivateurs ne les connaissent guère que de nom, quoique, à notre humble avis, ces matières soient appelées dans un jour très-rapproché à rendre de réels et importants services à l'agriculture meusienne. Nous pensons que le nitrate de soude employé chaque année dans notre département dans la proportion de 5 à 6,000 quintaux diminuera, si l'on n'y remédie, la fertilité des terres; beaucoup de cultivateurs sont, en effet, portés à l'employer à trop forte dose sur des sols insuffisamment fumés et même sur des terrains n'ayant reçu aucun engrais depuis quelque temps.

Qu'arrivera-t-il fatalement dans la suite? C'est que la terre épuisée en sels de potasse et en phosphate de chaux ne donnera plus que de maigres récoltes.

Ce moment venu, on pensera alors à utiliser les autres engrais complémentaires, mais il sera bien tard, car un sol devenu improductif ne peut être remis en état en quelques années; ceci est trop connu des praticiens pour que nous nous arrêtions plus longtemps sur ce point. Déjà quelques cultivateurs ont apprécié les effets déplorables du nitrate de soude répandu seul, aussi ont-ils entrepris depuis 5 à 6 ans l'essai des fumures composées moitié de fumier de ferme et moitié d'engrais chimiques complets.

L'effet du nitrate de soude sur les céréales et les betteraves n'est plus à démontrer. Depuis longtemps, nos cultivateurs estiment que le surplus de récolte qu'ils obtiennent, en paille, paye la dépense qu'ils font en cet engrais et que la quantité de grains récoltée, en excédent, peut être considérée comme bénéfice.

Le sulfate d'ammoniaque produit sur les sols du département un effet moins marqué que le nitrate de soude, aussi l'usage en est-il peu répandu.

Les phosphates et les superphosphates, les scories et en général tous les engrais phosphatés ne semblent pas avoir grand crédit près des cultivateurs; cependant les résultats obtenus par M. Leblan, de Woël, depuis 1869 et par les cultivateurs de Viéville, permettent d'affirmer que ces engrais conviennent spécialement aux terres de la Woëvre; les essais entrepris par MM. Chénot fils, de Loxéville et Jules Colson, de Saint-Aubin, font également ressortir les avantages de ces matières dans le Haut-Pays; enfin les expériences que nous avons effectuées dans la vallée de la Meuse nous permettent d'affirmer que l'usage des engrais phosphatés rendrait de grands services aux cultivateurs de cette région.

Ces engrais agissent aussi sur les terrains riches en humus ainsi que l'ont démontré divers expérimentateurs; leur effet dans ces sols est de diminuer la verse des céréales et de donner un grain mieux nourri et d'un plus grand poids.

Si l'acide phosphorique ne paraît pas indispensable, dans bon nombre de sols de la Meuse, cela tient à ce que la proportion de cet élément est suffisant dans la plupart des terres arables, ainsi que le fait ressortir le tableau ci-dessous que nous empruntons au travail de M. Neucourt sur l'*Analyse des terres de la Meuse.*

Dosage de l'acide phosphorique par kilogramme de terre et par hectare.

Contrées.	Par kilog.	Par hectare.
Woëvre..	0ᵍ,901	2,703 kil.
Versant des Côtes inclinant vers la Woëvre.....	3ᵍ,622	7,244
Plateau qui surmonte ces Côtes...............	0ᵍ,530	1,590
Versant inclinant vers la Meuse..............	1ᵍ,160	3,480
Vallées latérales...........................	2ᵍ,530	7,590
Argonne (arrondᵗ de Verdun et canton de Souilly).	1ᵍ,945	5,835
Grandes vallées de l'Argonne (arr. de Bar-le-Duc).	0ᵍ,230	690
Petites vallées et plateaux des mêmes contrées...	0ᵍ,205	615
Vallée de la Meuse..........................	1ᵍ,680	5,400

En admettant, avec M. Joulie, qu'une terre de bonne composition doit renfermer une moyenne de 4,000 kilog. d'acide phosphorique à l'hectare, il résulte des chiffres ci-dessus que le déficit en acide phosphorique a surtout lieu pour les terres de l'Argonne, des plateaux des Côtes, des versants qui inclinent vers la Meuse, des grandes et des petites vallées de l'Argonne.

Les sels de potasse sont, à tort, peu employés ; les quelques essais tentés dans le département ont prouvé que leur action est tout à fait favorable sur les prairies naturelles et artificielles.

Les expériences entreprises par MM. Thurel, d'Ernecourt, sur une vieille luzernière et celles effectuées par M. Contenot, de Stainville, sur les trèfles, les pommes de terre et les betteraves, ont permis de conclure que ces engrais exercent une influence marquée sur les plantes ci-dessus désignées.

En 1835, M. Cosquin-Saleron, de la ferme des Merchines, recommandait le plâtrage des prairies basses et des prairies artificielles, du 15 mars au 15 avril, à la dose de 3 doubles-décalitres par arpent.

M. Justin Bonet conseillait, en 1843, de répandre du plâtre, soit au moment du semis, soit lors de la germination du trèfle ; il cite cette méthode comme avantageusement employée par de bons agriculteurs.

Le plâtre produisait autrefois des effets remarquables sur les trèfle, luzerne, sainfoin, minette, vesce ; mais l'usage immodéré qu'en ont fait nos ancêtres et même nos pères nous force aujourd'hui à ne plus faire usage de ce stimulant que sur les vieilles luzernes et sur les trèfles manqués, et cela en vue d'en retirer un bon rendement.

Le plâtre, en agissant sur les légumineuses, a pour effet d'en augmenter le produit, mais cette augmentation est, bien entendu, obtenue au détriment de la fertilité du sous-sol : il s'ensuit donc qu'une luzerne ou un trèfle plâtrés ont une durée moins longue et que la même plante ne peut revenir sur le même terrain qu'au bout d'un temps plus ou moins long, variable, suivant nous, d'après la nature plus ou moins filtrante des couches du sol et du sous-sol et de la fertilité de ces dernières. Il faut, pour qu'une nouvelle légumineuse réussisse, que les différentes assises traversées par les racines aient recouvré leur fécondité première. Ce fait est si bien connu des cultivateurs, qu'ils ont soin de laisser un intervalle de 12, 15 et 18 ans entre deux semis de luzerne et de 6 à 9 ans entre deux cultures de trèfle.

Les cultivateurs meusiens emploient, les uns le plâtre cru, les autres le plâtre cuit; nous sommes d'avis que l'on doit conseiller le plâtre cru, d'abord parce qu'il produit des effets à peu près identiques au plâtre cuit; en second lieu, parce qu'il est d'un prix moins élevé; enfin, parce qu'il est moins nuisible au semeur.

La quantité à répandre par hectare varie entre 250 et 500 kilog.

Relativement à l'emploi des engrais commerciaux, nous croyons devoir recommander aux cultivateurs de ne faire usage du nitrate de soude que comme engrais complémentaire du fumier de ferme, ou de l'additionner de sels de potasse et de phosphates, de manière à former un engrais complet; de répandre ces engrais en poudre excessivement fine; enfin, lorsqu'on veut remplacer le fumier de ferme par des engrais chimiques complets, d'en effectuer parfaitement le mélange et d'avoir recours, de temps à autre, au fumier de ferme ou aux engrais verts afin de reformer l'humus détruit ou absorbé.

Engrais liquides. — Les engrais liquides ne sont pour ainsi dire pas utilisés par les cultivateurs meusiens : rarement on les voit répandre sur les prairies naturelles et artificielles, les blés et les terres en jachère, le purin de leur fumier, les urines de leurs animaux, les eaux ammoniacales des usines à gaz, enfin les déjections liquides humaines. Est-ce faute de temps ou d'argent? Non! c'est plutôt par apathie et par négligence; en voici un exemple frappant.

Il y a quelques années M. Boulet, fabricant de fromages et grand éleveur de porcs à Sorcy, nous disait avoir offert gratuitement, à plusieurs cultivateurs, des urines de porcs. Il mettait également à leur disposition son tonneau à purin pour le transport et l'épandage de ces engrais, aucun ne consentit à se servir de ces urines pour la raison qu'elles passaient pour entraver le développement des plantes sur lesquelles elles étaient répandues. Triste réponse pour des cultivateurs du XIXᵉ siècle! Nous n'avons pas à revenir sur la manière d'utiliser les déjections humaines, nous avons donné antérieurement quelques indications sur leur mode d'emploi et leur efficacité.

ENGRAIS VERTS. — Les engrais verts sont depuis longtemps appréciés dans la Meuse; ils commencent à s'y répandre dans une notable proportion. Ce fait tient à ce que l'on a compris que ce moyen de fertilisation était excellent pour certaines terres et pour certaines plantes. Les plantes les plus communément cultivées sont : le trèfle, la minette, les vesces, les dernières coupes des luzernières et des tréflières usées, le sarrasin, etc...

Une plante peu connue et que nous voudrions voir propager, c'est le lupin. Il acquiert très-vite un grand développement et, par ses tiges, ses nombreuses feuilles, et ses fortes racines, il donne un engrais de haute valeur.

En 1834, M. Étienne, de Vavincourt, rendait compte, aux membres de la Société d'agriculture de Bar-le-Duc, des expériences qu'il avait entreprises dans le but de comparer l'effet produit par la vesce enfouie en fleur et le fumier de ferme.

Ces deux fumures donnèrent des résultats identiques.

Dans une séance tenue par la même Société, en 1838, il était recommandé de semer des graines de trèfle dans le blé et de cultiver du colza sur le défrichement de la tréflière.

M. Justin Bonet, en 1843, prônait, pour le même usage, les vesces, le pois gris, la cameline, la navette d'été, le colza d'hiver, le *madia sativa* et surtout le sarrasin. Depuis 1873, M. Amédée Collet répand au printemps, dans ses blés, des graines de minette et de trèfle. Ces plantes sont retournées au printemps suivant et sur ce seul labour, M. Collet sème des avoines. Les récoltes qu'il obtient ainsi peuvent être évaluées à un quart et même à un tiers, en plus, de celles venant directement après blé, sans engrais vert.

Cette pratique a été expérimentée depuis par M. Léon Collet et par les cultivateurs de Lisle-en-Barrois, Vaubecourt, Rembercourt-aux-Pots et Condé-en-Barrois.

Le temps le plus convenable pour l'enfouissement des engrais verts est l'époque de la floraison des plantes; à ce moment, elles ont acquis leur maximum de développement; plus tard les tiges se durcissent et leur décomposition s'opère trop lentement.

SEPTIÈME PARTIE.

CONSTRUCTIONS RURALES ET INSTRUMENTS AGRICOLES.

Constructions rurales. — Les anciennes constructions rurales, mal aménagées, étaient peu spacieuses, très-basses, mal aérées; dans aucun cas, le sol n'était pavé; les plafonds des logements des animaux étaient formés de quelques poutrelles sur lesquelles on disposait des perches entrecroisées.

Le foin et la paille accumulés sur ce treillage absorbaient la vapeur d'eau, les émanations provenant du fumier et les pertes cutanées des animaux domestiques; aussi ces fourrages se trouvaient-ils, au bout de quelque temps, en voie de décomposition et donnaient des litières et des aliments moisis, poussiéreux et imprégnés d'une odeur fétide.

Les fenêtres des écuries, des vacheries étaient peu nombreuses et de petite dimension : parfois une simple lucarne et la porte d'entrée servaient à l'aération et donnaient seules une lumière bien insuffisante. — Les animaux se trouvaient comme emprisonnés dans un cachot.

Souvent aussi bœufs, moutons, chevaux, porcs, volailles vivaient dans le même logement; l'installation était des plus rudimentaire : aucune séparation entre les animaux de même espèce; pour râtelier et mangeoire une sorte de caisse reposant sur le sol qui lui servait de fond.

Les habitations des cultivateurs, bien que laissant encore trop à désirer, étaient cependant un peu mieux comprises : les différentes pièces destinées au logement étaient assez spacieuses, sans être bien hautes; pourvues de fenêtres de moyenne dimension, les plafonds bien jointoyés servaient de plancher au grenier à grains ; enfin les murs étaient blanchis intérieurement de temps à autre au lait de chaux.

Dans bien des cas, et comme on peut encore le constater aujourd'hui dans plusieurs communes, la grande cheminée de la cuisine occupe la moitié du plafond, elle est l'unique ouverture par laquelle arrive la lumière et s'effectue l'aération. On y fume les jambons, la saucisse, et la viande de porc salée.

Les maisons construites ou restaurées depuis une cinquantaine d'années sont plus vastes, mieux aménagées ; les plafonds sont plus élevés, les fenêtres ont des dimensions plus grandes, le terré des écuries et des logements des autres animaux est remplacé, en partie, par un pavage en moëllons ou en briques ; enfin l'air et la lumière entrent partout et une plus grande propreté règne dans toute l'habitation.

Les matériaux dont on fait usage pour les constructions sont : le moëllon, la brique, la pierre de taille, reliés par un mortier gras, composé de chaux et de sable siliceux ou calcaire.

Les pans de murs, formés par une charpente en bois enduite d'argile gâchée avec de la paille découpée ou du foin court, ne sont plus en usage dans la Meuse, partout ils sont remplacés par la pierre ou la brique.

Les maladies des animaux domestiques, ont considérablement diminué, notamment la fluxion périodique qui sévissait d'une manière continue sur les chevaux de la Woëvre. De nos jours il est assez rare de rencontrer des animaux malades par suite du défaut de salubrité de leurs logements.

Comme types d'architecture rurale, on peut donner en exemples : les bâtiments des fermes des Merchines, de Beauregard, de La Grange-Lecomte, la porcherie de la Maison du Val appartenant à MM. Desoutter, neveux de M. Baillieux, et celle de M. Boulet, de Sorcy.

Instruments agricoles. — Depuis quelques années, les cultivateurs meusiens se trouvent dans la nécessité de recourir aux instruments agricoles afin de remplacer la main-d'œuvre devenue de plus en plus rare et exigeante, surtout au point de vue du salaire ; aussi le nombre des instruments de toutes sortes a-t-il singulièrement progressé ; en ce moment, on trouve des machines perfectionnées tout aussi bien chez les modestes cultivateurs que dans les fermes importantes.

Les anciens instruments n'existent plus; ils ont été partout remplacés par un outillage plus élégant, mieux construit, très-solide et nécessitant moins de traction.

CHARRUES. — Dans les temps éloignés, les charrues étaient peu perfectionnées, elles se composaient d'une pointe en bois garnie de fer, destinée à ouvrir la terre; le versoir n'était pas connu; le travail effectué n'était donc pas un labour, mais bien un grattage. Plus tard d'utiles modifications furent apportées à la charrue qui, après de multiples transformations, nous est arrivée au point où nous la trouvons actuellement.

Dès 1828, la Société d'agriculture de Verdun ouvrait un concours de charrues : deux types principaux y parurent sous les noms de charrue Dombasle et de charrue Granger. Cette dernière, après avoir été quelques années en vogue, fut ensuite délaissée.

Dans un concours organisé par la Société d'agriculture de Commercy, en 1833, ces deux charrues étaient également en présence, la charrue Granger eut le même sort que dans l'arrondissement de Verdun.

La charrue Dombasle, après avoir subi quelques perfectionnements, fut définitivement adoptée par les cultivateurs meusiens; à l'heure présente on la trouve partout.

Une charrue également très-estimée dans l'arrondissement de Commercy, est celle que construisait l'abbé Didelot. Les charrues Bernet, de Ménil-sur-Saulx et Louis, de Souhesmes, ont aussi une réputation bien méritée.

De tout temps, les charrues à avant-train ont été les plus estimées dans la Meuse; on reproche aux araires leur peu de fixité et la difficulté que l'on éprouve à les faire accepter par les domestiques; ceux-ci préfèrent les charrues à roues, parce qu'elles ont moins de mobilité, exigent moins d'attention lorsqu'elles sont en marche, enfin parce que la plupart des nouvelles charrues à avant-train sont fixes ou peuvent le devenir facilement.

M. Brice qui exploitait, en 1857, la ferme du Haut-Bois, près d'Étain, se servait de l'araire que les cultivateurs, ses voisins, repoussaient avec entêtement.

Nombre de charrues en :

	1852	1862
Charrues de pays......................	15,778	14,095
Charrues perfectionnées, avec avant-train.	»	4,640
— — sans avant-train.	68	316
Totaux............	15,846	19,051

En 1882 le nombre des charrues simples de tout modèle était évalué à 17,505.

Indépendamment de ces charrues simples on trouve encore, dans la petite culture et dans les grandes exploitations, des charrues tourne-oreille ou Brabant, des bisocs, des trisocs et même des quadrisocs, instruments de toute récente introduction.

Les charrues polysocs, fonctionnant dans le département, étaient d'environ 276 en 1882.

Les fouilleuses, ou charrues servant à remuer le sous-sol, sont peu connues et, par ce fait, peu répandues.

En général, les cultivateurs ne possèdent qu'un seul modèle de charrue, c'est là un grand tort; il est facile de comprendre qu'avec le même instrument on ne peut effectuer, comme il le convient, un labour léger ou un labour profond, ni faire un labour droit ou un labour à plat.

Les charrues Brabant tendent à se propager, même dans les campagnes; il en est de même des scarificateurs et des extirpateurs qui servent au déchaumage ou à l'enterrage des semences et des engrais pulvérulents.

L'introduction de ces derniers instruments, dans la Meuse, ne date guère que de 1849; les types les plus répandus sont ceux fabriqués par MM. de Meixmoron, de Dombasle, Bernet et Louis.

Herses. — Les herses en bois, de la forme d'un parallélogramme, paraissent être en usage depuis longtemps, on les rencontre, en effet, dans toutes les communes du département, les dents sont en bois ou en fer aciéré.

Les herses en bois, de forme triangulaire, sont peu employées; par contre les herses articulées du système Howard se remarquent un peu partout.

Il y a quelques années on avait tenté l'introduction de la herse rotative. Cet instrument bien que présentant l'avantage de herser à la fois en long et en travers a été abandonné.

Le nombre des herses en activité dans la Meuse est considérable, car chaque cultivateur en possède au moins deux, une à dents en bois, l'autre à dents en fer.

Rouleaux. — Cet instrument est très-commun; les cultivateurs ont compris le rôle qu'il joue dans l'ameublissement, le tassement et le nivellement du sol, lorsque celui-ci est dur, léger ou inégal; il facilite aussi la marche et le fonctionnement de la faucheuse et de la moissonneuse.

Le rouleau, d'abord construit en pierre, puis en bois, se compose aujourd'hui d'un cylindre en forte tôle, de disques réunis ou séparés en tronçons. Les rouleaux squelette provenant de la fabrique de M. de Meixmoron sont les plus usités. Citons aussi le rouleau à surface ondulée que construit M. Bernet-Charoy. Quant au rouleau Croskill il ne se voit que dans quelques fermes. Les rouleaux en bois d'une seule pièce ou divisés en tronçons tendent à être remplacés par les rouleaux en fonte et à disques.

Houes. — L'introduction des houes à cheval ne date guère que de 1829.

Ces instruments ont le grand avantage d'abréger le travail et de réduire, dans une certaine mesure, les frais de main-d'œuvre; ils peuvent encore, par suite de transformations, servir pour le buttage et le scarifiage, tels sont ceux fabriqués, depuis peu, par M. Bernet-Charoy, à Ménil-sur-Saulx.

Le système le plus en usage est la houe construite anciennement par Mathieu de Dombasle.

Dès 1829, la section d'agriculture de la Société philomatique de Verdun préconisait l'emploi de la houe à cheval. En 1830, une houe a même été donnée en prime à l'agriculteur qui s'engagerait à cultiver, avec cet instrument, la plus grande étendue de terrain plantée en pommes de terre.

En 1842, la Société d'agriculture de Montmédy votait une somme de 100 francs, pour récompenser ceux de ses membres qui feraient emploi de la houe à cheval et du buttoir dans leurs cultures de pommes de terre et de betteraves.

En vue d'aider et d'entraîner les cultivateurs à se servir de bons instruments, les Sociétés d'agriculture du département organisèrent des concours et décidèrent qu'elles accorderaient des remises variant de 15 à 35 0/0 à ceux de leurs membres qui feraient des achats d'instruments nouveaux.

Le nombre des houes à cheval qui, en 1862, était de 548, s'est trouvé porté en 1882 à 5,944.

Les houes employées dans la Meuse sont presque toutes simples : cependant dans quelques grandes exploitations, où les semis sont effectués au semoir, les houes multiples tendent à se propager. C'est assurément un excellent moyen d'économiser du temps et de la main-d'œuvre, puisque le travail fait dans le même laps de temps est 2, 6 et 8 fois plus considérable.

SEMOIRS. — Ces outils qu'il serait bien désirable de voir dans toutes les exploitations de grande et de moyenne étendues sont en petit nombre dans notre département.

Ils ne sont guère en usage que dans les fermes importantes et dans les communes situées à proximité des sucreries, à cause des cultures de betteraves; mais ils pourraient être employés partout avec avantage pour les semis de céréales, de graines oléagineuses, de haricots, de féveroles, de carottes, de betteraves, etc. Si d'un côté il faut un peu plus de temps pour ensemencer une surface donnée ; d'un autre, ces instruments permettent d'économiser de la semence et de pouvoir donner aux plantes semées en lignes autant de binages que le besoin l'exige.

Le semoir Hugues paraît avoir été le premier introduit dans la Meuse. D'un procès-verbal rédigé le 14 août 1833 par M. Lesemelier, président de la Société d'agriculture des arrondissements de Bar-le-Duc et de Commercy, il résulte que :

1° Dix ares ensemencés par le semoir Hugues avaient produit 214 kilog. de paille et 13 doubles-décalitres de blé pesant 195 kilog.

2° Dix ares semés à la volée ont donné 214 kilog. 500 de paille et 12 doubles décalitres 50 de blé pesant 187 kilog. 500.

Cette expérience, conclut M. Lesemelier, a démontré que sur dix ares on a trouvé un boni de 9 litres pour la semence et de 10 litres pour la récolte, soit 9 doubles-décalitres 9 litres par hectare.

Quelques années plus tard, la Société d'agriculture de Bar-le-Duc faisait l'achat de ces instruments et chargeait son président, M. P. Gillon, de lui présenter un compte-rendu des expériences qu'il aurait entreprises.

En 1837, le semoir Hugues était employé par M. le comte de Nettancourt.

M. Humbert, de Morley, présentait vers la même époque, à la Société d'agriculture de Bar, un rayonneur-semoir de son invention, destiné à placer en lignes des graines de betterave ou de carotte. Cet instrument : 1° roulait la terre ; 2° traçait des rayons ; 3° distribuait des graines dans les rayons et en lignes également distancées ; 4° remplissait ces rayons en recouvrant la graine. Malgré leur incontestable utilité, ces instruments n'ont pas pris d'extension.

En 1862 ils étaient au nombre de 44 ; en 1882 le département n'en comptait que 130.

RAYONNEURS. — Les rayonneurs remplacent quelquefois les semoirs ; mais le travail qu'ils exécutent n'est pas aussi parfait ni aussi économique qu'avec ces derniers, car le semis à la main exige plus de temps, demande une plus grande quantité de semence dont la répartition est moins régulière.

FAUCHEUSES. MOISSONNEUSES. — En présence de la rareté et de la chèreté de la main-d'œuvre, ces précieux instruments deviennent de jour en jour plus communs. La fenaison et la moisson, lorsqu'elles se faisaient à l'aide des bras de l'homme, nécessitaient l'entretien d'un nombreux personnel et s'effectuaient lentement ; aujourd'hui, les cultivateurs bien outillés, et ils le sont tous pour la plupart, peuvent terminer, s'il ne survient pas de contre-temps, ces travaux en quinze jours, tandis qu'autrefois ils ne pouvaient le faire qu'en un mois.

L'économie résultant de l'emploi des faucheuses et des moissonneuses est très-grande, ainsi que le fait ressortir M. Doyen, directeur de l'École primaire d'agriculture de Ménil-la-Horgne, dans son rapport sur l'organisation de cette École modèle.

« La journée d'homme, est-il dit dans ce rapport, coûte à Ménil-la-Horgne de 2 fr. 50 à 3 francs, plus la nourriture ; sous ce dernier rapport, les ouvriers sont très-exigeants, chacun le sait, et ce n'est pas exagérer que d'estimer à

4 fr. 25 ou 4 fr. 50 le salaire journalier d'un manœuvre. A
ce prix la fauchaison de 15 hectares de prairies coûterait
225 francs en admettant qu'un ouvrier fauche 30 ares par
jour, ce qui est un maximum.

Avec une faucheuse, deux chevaux à 5 francs et un domestique à 2 fr. 50 soit 12 fr. 50 par jour, elle coûterait
62 fr. 50, en supposant que l'attelage coupe 3 hectares par
jour, ce qui est un minimum.

Différence 162 fr. 50 représentant l'intérêt et l'amortisse-
ment. »

Ce simple calcul prouve que le prix des instruments est
bien vite couvert par l'économie réalisée sur la main-d'œuvre.

Avant 1856, la faulx était à peu près le seul outil coupant
usité; à cette date son emploi était général dans la Meuse.

Les premières machines à couper le foin et les céréales
furent introduites dans le département, vers 1854, par
M. Noisette, de Saint-Benoit.

Mais ce n'est guère qu'à partir de 1874 et à la suite des
concours de faucheuses et de moissonneuses ouverts, d'abord,
par la Société d'agriculture de Commercy et par les autres
Sociétés du département, que ces outils furent surtout appréciés.

En 1862, les cultivateurs meusiens possédaient 9 faucheuses
et 9 moissonneuses.

La statistique de 1882 accuse les chiffres suivants : 564
faucheuses et 512 moissonneuses.

Depuis cette dernière date, on peut évaluer à un tiers en
plus, le nombre de ces instruments. Quelques communes de
la vallée de la Meuse comptent de 15 à 20 cultivateurs
pourvus de faucheuses ou de moissonneuses.

Les petits cultivateurs ne pouvant s'imposer de trop lourds
sacrifices et se trouvant, comme les grands propriétaires et
les fermiers, forcés de recourir aux instruments qui abrègent
le travail, font l'acquisition de machines combinées qui leur
sont d'un grand secours et leur permettent, à l'aide de quelques pièces qu'ils ajustent eux-mêmes, de passer de la coupe
des herbes à celle des céréales.

En 1875, la Société d'agriculture de Bar-le-Duc encoura-
geait la propagation des entreprises de fauchage et de mois-
sonnage en accordant des primes, en argent, à toute personne

qui aurait coupé, pour le compte de plusieurs cultivateurs, une certaine surface d'herbes ou de céréales.

Depuis 4 à 5 ans, les moissonneuses-lieuses sont introduites dans le département.

Les unes appartiennent à de grands propriétaires ou fermiers; d'autres sont détenues par de petits cultivateurs ou par des entrepreneurs qui parcourent les villages au moment de la moisson et se chargent, moyennant une redevance de 20 à 25 francs par hectare, de couper les récoltes de blé, d'orge et d'avoine.

On compte actuellement 15 à 20 moissonneuses-lieuses dans le département.

Une grande partie des faucheuses et des moissonneuses en usage dans la Meuse sortent des ateliers de MM. Champenoix-Rambaux, de Cousances-aux-Forges et Baillard fils, de Commercy. M. Aimé Didelot, de Vadonville, construit aussi ces deux instruments ainsi que des moissonneuses-lieuses très-estimées.

FANEUSES ET RÂTEAUX À CHEVAL. — Les faneuses et les râteaux à cheval, également indispensables pour opérer rapidement la dessiccation du foin, se sont vite multipliés, surtout les derniers.

En 1862, le nombre de faneuses employées était de 9.

En 1882, il était d'environ 30 à 35; en ce moment, il atteint le chiffre de 100.

Quant aux râteaux, dont l'introduction est plus ancienne, ils étaient de 950 en 1882, aujourd'hui ce chiffre peut être porté à plus de 1,500.

MACHINES À BATTRE. — La profession de batteur en grange est complètement abandonnée, les machines à battre ayant détrôné le fléau.

En 1822, M. Maurice Oubriot, horloger-mécanicien à Revigny, inventait une nouvelle machine à battre les grains qui fut livrée à M. de Lescale, officier en retraite à Blois.

Quelques années plus tard, cet inventeur construisait une autre machine à battre qui séparait le grain en deux parties et en opérait le nettoyage au moyen d'un cylindre mécanique. Cette machine, mue par un cheval, battait et nettoyait 10 à 12 doubles-décalitres à l'heure. L'introduction des machines à battre ne remonte guère au delà de 1835, malgré cette date peu reculée le nombre des batteuses a progressé d'une manière très-sensible, ainsi que l'on peut s'en rendre compte par l'examen des chiffres suivants.

Nombre de machines à battre dans la Meuse :

En 1852.	4,877
En 1862.	6,330
En 1882.	11,003

A Vaubecourt, il existait, en 1844, deux fabriques de machines à battre.

Dans les grandes exploitations on trouve la batteuse fixe ou la batteuse mobile battant, soit en long soit en travers. Dans la petite culture, on fait usage d'un modèle réduit ou de machines à friction dites aussi batteuses suisses; les premières sont mises en mouvement à l'aide d'un manège attelé de 1 à 3 chevaux et les secondes par les bras de l'homme.

On rencontre aussi des machines à battre à plan incliné sortant des ateliers de construction de MM. Thomassin, de Trémont, Paqueron, de Revigny, et Maupoix, de Triaucourt.

Il existe également dans la Meuse quelques entrepreneurs de battage, citons en particulier M. E. Rubin, de Saint-Germain, qui effectue les battages avec une locomobile de la force de 10 chevaux.

AUTRES INSTRUMENTS. — Les instruments d'intérieur sont très-nombreux dans les fermes et les campagnes. Les *chariots lorrains à flèche* sont communs dans la Woëvre, tandis que les *chariots à brancard* et les *charrettes à deux roues* sont en usage dans le reste du département; en général la préférence est donnée au chariot.

Les *tombereaux à brancard articulé* avec la caisse, sont d'un fréquent emploi dans le Barrois.

Vers 1830, la Société d'agriculture de Bar-le-Duc accordait, à titre d'indemnité, à M. Oubriot, une somme de 100 francs pour son *van mécanique,* monté sur deux roues et nettoyant diverses espèces de grains. Cet instrument appelé aussi van d'Allemagne est en possession de tous les cultivateurs.

Les *trieurs* ne sont pas encore suffisamment appréciés par

les habitants de nos campagnes; espérons que, dans un avenir peu éloigné, ils en reconnaîtront les grands avantages et voudront les utiliser.

Dès 1840, M. Déliard, de Commercy présentait à la Société d'agriculture un *coupe-racines* et un *hache-paille* de son invention.

A la même époque, M. Humbert, orthopédiste à Morley, soumettait à la Société d'agriculture de Bar-le-Duc trois instruments construits sous sa surveillance : 1° un *coupe-racines à disque;* 2° un *lave-légumes;* 3° un *hache-paille.*

La Société d'agriculture de Montmédy, dans sa séance du 11 février 1843, constatait les succès du *hache-paille* du sieur Renaud, de Pouilly. Cet instrument, est-il dit, dans le compte-rendu, fonctionne très-bien et mérite une recommandation toute spéciale : il diffère fort peu de celui inventé à Commercy, mais il a sur ce dernier le mérite de la priorité de l'invention.

En 1882, 130 *roues hydrauliques* et 69 *machines fixes* et *locomobiles* complétaient, en grande partie, l'attirail de culture de quelques fermes importantes.

HUITIÈME PARTIE.

CULTURE DES PLANTES.

———

Autrefois, le nombre des plantes cultivées dans le département était bien moins grand que de nos jours. Au fur et à mesure de la création de nouveaux débouchés dus à la construction des lignes ferrées et des canaux, les plantes les plus variées ont vu leur culture se développer. Malheureusement, comme nous avons déjà eu occasion de le dire, la surface consacrée aux plantes industrielles diminue journellement au grand détriment de l'agriculture locale.

Les principales plantes cultivées dans le département peuvent être divisées en plusieurs classes :

1° Les céréales : blé, seigle, orge, avoine, sarrazin.

2° Les légumineuses alimentaires : haricot, pois, lentille.

3° Les plantes-racines : betterave, carotte, navet, rutabaga, pomme de terre.

4° Les plantes fourragères fauchables : luzerne, trèfle, sainfoin, minette, vesce, dravière, maïs, etc.

5° Les plantes des prairies naturelles, temporaires et des pâturages.

6° Les plantes textiles : lin, chanvre.

7° Les plantes oléagineuses : colza, navette, pavot, cameline, moutarde.

8° Les plantes diverses : tabac, osier, houblon, vigne.

9° Les arbres fruitiers à couteau et à cidre.

10° Les arbres des bois et des forêts.

11° Les plantes potagères.

Céréales. — L'étendue des céréales, après avoir été en progressant de 1840 à 1862, a subi une dépression assez sensible depuis cette dernière date jusqu'à ce jour, ainsi que le fait ressortir le tableau ci-dessous :

Année 1804. Surface en céréales. . . . 208,415 hectares.
— 1840   —   . . . . 220,742 —
— 1852   —   . . . . 231,155 —
— 1862   —   . . . . 231,681 —
— 1882   —   . . . . 213,612 —
— 1889   —   . . . . 212,043 —

BLÉ. — La culture du blé est très-ancienne dans la Meuse, la date de l'introduction de cette plante est restée inconnue.

Étendue cultivée en blé.

Année 1789. Surface ensemencée. . . . 169,366 arpents.
— An IX.   —   . . . . 166,593 —
— 1820.   —   . . . .   92,260 hectares.
— 1830.   —   . . . .   98,350 —
— 1840.   —   . . . . 103,431 —
— 1850.   —   . . . . 105,200 —
— 1860.   —   . . . . 106,953 —
— 1869.   —   . . . . 103,591 —
— 1880.   —   . . . . 100,268 —
— 1890.   —   . . . .   99,668 —

La répartition du nombre d'hectares en blé, entre les quatre arrondissements, était de :

Arrondissements.	1789. Arpents.	1840. Hectares.	1852. Hectares.	1890. Hectares.
Bar-le-Duc.	46,643	27,819	28,775	25,463
Commercy .	47,056	30,020	31,722	28,269
Montmédy .	35,714	22,823	28,896	22,075
Verdun. . .	35,953	22,769	25,824	23,861

La superficie cultivée en blé occupe annuellement le sixième de la surface totale du département. La production en grand de cette céréale est motivée par des causes différentes : c'est avec l'argent qu'il obtient de la vente de son blé, que le cultivateur ou le fermier paie ses canons ou fermages et les dépenses annuelles qu'il fait chez le charron, le bourrelier, le maréchal-ferrant. Chaque cultivateur tient aussi essentiellement à produire le blé nécessaire à sa consommation, à celle de sa famille et de son personnel. Certaines régions sont très-propices à la culture de cette plante. La paille de blé est très-recherchée pour l'alimentation du bétail ou pour litière. L'approvisionnement de la nombreuse cavalerie qui occupe notre région se fait en partie chez nos cultivateurs.

Le blé suit presque toujours une jachère, un défrichement de trèfle ou une plante sarclée.

Le sol est préparé par trois ou quatre labours, si le blé vient après jachère, et par un seul dans les autres cas.

A propos de l'époque de ces labours et de leur profondeur, nous avons puisé dans l'*Annuaire de l'an XII,* les renseignements suivants :

« On donne aux terres destinées à recevoir le froment, trois ou quatre labours : le premier en floréal (mai), le deuxième au commencement de messidor (juin), le troisième en thermidor (août), le dernier en vendémiaire (octobre) pour les semailles, mais ils ne sont pas assez profonds, ils sont trop rapprochés pour que l'herbe puisse croître et servir d'engrais lorsque le soc de la charrue l'aura fait pénétrer dans le sein de la terre.

« Il faudrait donc au lieu d'enfoncer le soc à $0^m,06$, $0^m,07$, $0^m,08$, le faire pénétrer autant qu'il serait possible dans toute l'épaisseur de la couche végétale et à $0^m,15$ ou $0^m,16$ dans les terres fortes.

« Il serait aussi utile, dans les pays qui ont suffisamment de pâturages, de labourer immédiatement après la récolte des orges et des avoines afin d'enterrer le chaume et les herbes qui couvrent le sol. Le deuxième labour se donnerait en floréal, le troisième le 15 thermidor, le quatrième le 20 fructidor.

« Les avantages que le mode de culture qui vient d'être indiqué a procurés à quelques propriétaires, qui labourent eux-mêmes leurs champs, sont trop considérables pour ne pas déterminer à en faire un essai qui n'entraînera pas avec lui de grands frais et ne doit causer aucune espèce d'inquiétude. »

Selon nous, il ne doit être donné qu'un labour profond

pour le blé, si toutefois il n'a pas été pratiqué pour la plante sarclée, ce labour profond doit être le second ; quant à la dernière façon, celle qui précède l'ensemencement, nous pensons qu'elle doit être la plus légère possible, car il est reconnu que le blé vient d'autant mieux qu'il végète dans une terre ameublie à la surface et que ses racines s'enfoncent dans un sol ferme.

Les semailles doivent se faire de bonne heure. Si alors le froment doit succéder à une plante sarclée, le cultivateur se trouve placé entre ces deux alternatives : ou arracher les racines et les tubercules, avant leur complet développement, ou attendre leur maturation et par conséquent semer trop tard.

Pour éviter ces inconvénients, il conviendrait, comme nous avons déjà eu occasion de le dire, de substituer à l'assolement triennal, l'assolement de quatre ans.

La semaille du blé se fait généralement trop tard, dans la Meuse, « on craint, disait J. Bonet dans un article intitulé « Des semailles précoces » et inséré dans le *Journal agricole* de juin 1845, que, semé de bonne heure, le blé ne pousse trop avant l'hiver et ne jette comme disent, les cultivateurs, sa ventrée. C'est une crainte chimérique : il n'en est pas un seul qui ait jamais remarqué que le blé d'automne pût, avant le printemps de l'année suivante, s'élever et pousser des tiges.

Les semailles précoces éprouvent des accidents en hiver, au printemps et en été au moment de la floraison ; les semailles tardives en éprouvent, tous les cultivateurs le savent, dix fois plus. »

Les semences employées sont toujours de la récolte précédente ; on pourrait cependant faire usage de grains de deux et trois ans, ainsi que l'a démontré M. Bonet, à la condition de mettre d'autant plus de semence que le grain est plus vieux.

La semaille s'effectue toujours à la volée, si ce n'est dans quelques exploitations où elle a lieu à l'aide du semoir mécanique. La date de l'ensemencement varie du 15 septembre au 1er novembre et va même jusqu'au 15 novembre, c'est-à-dire après l'été de la Saint-Martin (11 novembre). De l'avis de M. Bonet nous préférerions voir les cultivateurs commencer vers les premiers jours de septembre et finir fin d'octobre.

Les cultivateurs prennent l'habitude de herser et de rouler leurs blés au printemps : ce sont là d'excellentes opérations qu'il serait désirable de voir appliquer partout. Le hersage joue un rôle important : d'abord, en rompant la croûte qui s'est formée à la suite des pluies d'hiver, il facilite la pénétration de l'air, de l'eau, de la chaleur dans les couches du sous-sol ; en second lieu, il détruit une foule de mauvaises herbes en état de germination ; enfin il sert à l'enfouissement des engrais azotés que l'on répand à cette époque en couverture.

Quant au roulage, il doit être pratiqué lorsque les plantes adventices détruites par la herse et desséchées par le soleil, ne sont plus en état de reprendre racine. Ces deux opérations agissent donc, comme on le voit, dans une grande mesure, sur le développement des plants de blé.

Le hersage des blés est, depuis longtemps recommandé. Nous trouvons dans le procès-verbal d'une réunion de la Société d'agriculture de Bar-le-Duc, en date du 18 mars 1838, le passage suivant : « Le hersage des blés et des colzas au printemps, donné dans des conditions favorables, a été reconnu très-utile. »

Tous les cultivateurs qui ont fait cet essai se sont très-bien trouvés de l'expérience et la plupart d'entre eux recommandent d'effectuer un hersage d'autant plus énergique que le sol est plus argileux et moins sujet au déchaussement.

Parmi les variétés cultivées dans le département, nous trouvons le blé de pays qui est très-rustique et donne des produits moyens dans les terres relativement pauvres ; mais il a l'inconvénient, lorsqu'il est placé dans d'excellentes conditions de sol et de fertilité, de coucher et de produire des grains petits et ridés.

Si ce blé était sélectionné, nous sommes persuadé que son rendement serait élevé, la verse serait moins à craindre et il remplacerait, dans bon nombre de cas, les blés améliorés qui nous viennent d'Angleterre ou du nord de la France.

On trouve dans les environs de Commercy, à Aulnois et à Vertuzey, un petit blé rouge très-estimé, l'épi est assez allongé, bien garni, le grain de bonne qualité, mais la paille est réputée courte, ce qui n'est pas, à vrai dire, un grave inconvénient.

Chaque année, les cultivateurs meusiens vont chercher ou font venir des semences de blé récolté dans les environs de Pont-à-Mousson et sur les bords de la Seille (Meurthe-et-Moselle).

Ces blés sont employés à régénérer ceux de pays. Les produits qu'on en obtient sont excellents, le grain est recherché par la meunerie, la paille est grande et très-estimée; le rendement dépasse toujours celui des blés communs.

Indépendamment de ces blés indigènes, ou pouvant passer comme tels, on trouve dans le département de nombreuses variétés dites améliorées dont les principales sont : le blé Hallet, le Goldendropp, le Schireff, le blé barbu d'Australie, et, comme blé de printemps, le blé de Bordeaux et le blé de Sivry.

Depuis longtemps nos laboureurs ont reconnu la nécessité de changer, de renouveler leurs semences.

Vers 1830 la réputation qu'avait acquise la commune de Rembercourt-aux-Pots pour son blé de semence, venait de ce que, chaque année, les cultivateurs employaient une nouvelle graine qu'ils se procuraient dans les environs de Metz.

M. Caurier, dans sa statistique de la commune de Louppy-le-Petit, rapporte le fait suivant : « Depuis quelques années, plusieurs cultivateurs et propriétaires font des échanges de blé à l'époque des semailles avec les habitants des communes voisines, ce changement de semence produit de bons résultats, non seulement par la belle qualité du froment, mais aussi par l'augmentation de récolte. »

Parmi les blés anciennement réputés citons ceux d'Ernecourt, de Domremy-aux-Bois, d'Euville, de Vertuzey, de Sivry-sur-Meuse, de Brixey-aux-Chanoines.

Le traitement des semences de blé par la chaux ou le sulfate de cuivre est depuis longtemps en usage dans la Meuse.

M. Parisot-Garnier, de Bar-le-Duc, employait la chaux en 1824. Dans une note parue dans le *Journal agricole,* il engageait ses collègues à chauler leurs semences de blé et d'autres céréales.

En 1867, M. Désiré Huillon, de Triconville, reconnut, après une série d'essais que, seul, le sulfate de cuivre était capable de détruire entièrement les spores du charbon et de la carie.

Aujourd'hui on ne trouve plus que quelques retardataires

pour ne pas faire emploi du sulfate de cuivre, additionné ou non de sel marin.

La récolte du blé et des céréales se faisait jadis à la faucille; cette dernière a été détrônée par la faux qui, à son tour, tend à disparaître pour faire place, dans les grandes, les moyennes et même quelques petites exploitations, à la moissonneuse ou à la moissonneuse-lieuse.

Le blé coupé, est mis en gerbes; celles-ci sont réunies en tas ou dizeaux (mulottes).

Ces dizeaux sont circulaires et composés de dix gerbes. Les tas sont quelquefois disposés en croix, forme adoptée par Mathieu de Dombasle; ils sont composés de treize à dix-sept gerbes réunies sous le même chapeau.

Dans une séance de la Société d'agriculture de Verdun, tenue le 7 août 1843, M. Jennesson indiquait une nouvelle méthode de disposition des gerbes, préférable à tous les systèmes employés dans l'arrondissement. Il recommandait de placer neuf gerbes droites en carré, serrées les unes contre les autres, recouvertes d'abord par deux gerbes couchées à plat et par une troisième superposée aux deux premières, de manière à former un toit mettant à l'abri les neuf gerbes inférieures.

Les moyettes sont peu connues dans la Meuse.

Dès 1828, le rédacteur du *Narrateur de la Meuse* patronnait les moyettes en vue de garantir les épis des effets désastreux de la trop grande humidité en temps de pluie; cette année-là la pluie n'avait cessé de tomber du 8 juillet au 7 août.

En 1879, des instructions sur la récolte des céréales dans les années pluvieuses, publiées par la Direction de l'Agriculture, et distribuées dans toutes les communes, prônaient également les dizeaux circulaires et les moyettes. En présence des pluies persistantes de l'année 1888, la même recommandation fut faite par les journaux agricoles du département.

En général, la récolte du blé s'opère toujours trop tardivement; il serait bien préférable d'effectuer la coupe lorsque le grain est encore en lait; on obtiendrait aussi un grain plus gros, mieux nourri et plus apprécié de la meunerie; il convient alors, dans ce cas, de disposer les épis en moyettes ou en dizeaux circulaires.

En 1834, M. Bazoche, de Commercy, faisait paraître un mémoire sur le moment opportun de couper le blé; il demandait la suppression des bans de moisson afin de pouvoir récolter cette céréale un peu sur le vert.

Dix ans plus tard, M. Bonet donnait le conseil suivant : « le blé doit être coupé sept à huit jours avant sa complète maturité, c'est-à-dire avant que la paille ne fût blanche et l'épi disposé en crochet, avant enfin que le grain ne fût cassant. Quant au blé qui doit être employé pour semence, il est important de le récolter lorsque le grain est bien mûr. C'est d'ailleurs ce que font les bons cultivateurs. »

Lorsque nous étions stagiaire à la sucrerie de Sermaize, nous avons cherché à nous rendre compte de la variation en poids que subirait un certain nombre de grains récoltés à diverses époques.

A cet effet, nous avons pris aux dates ci-dessous indiquées, 10 épis moyens, nous avons compté 300 grains choisis parmi les plus beaux et nous les avons soumis à un pesage exact.

L'égrenage des épis a eu lieu un mois et demi après la dernière prise d'échantillon.

Voici les poids que nous avons obtenus et les changements survenus pendant la maturation.

Dates.	Poids de 300 grains.	Observations.
28 juillet.	9^g,10	Paille verte, grains verdâtres, l'épicarpe s'enlevant facilement, intérieur du grain laiteux.
30 —	10^g.	Paille jaune verdâtre, feuilles sèches à la base des tiges, grain pâteux.
1er août.	10^g,70	Paille jaunâtre, glumes jaunissant, feuilles presque toutes desséchées, grain plus ferme.
5 —	12^g,95	Paille jaunâtre dans presque toute sa longueur, grain se laissant difficilement couper par l'ongle.
7 —	11^g,95	Paille complètement jaune, grain se laissant écraser sans difficulté, écorce s'éclaircissant.
9 —	12^g,85	Paille d'un blanc jaunâtre, grain très-résistant, se détachant des balles par friction.

Dates.	Poids de 300 grains.	Observations.
11 août	12ᵍ,67	Paille blanche, épi légèrement courbé, grain dur ne se laissant plus couper par l'ongle.
13 —	12ᵍ,37	Paille blanche, épi décrivant une demi-circonférence, grain dur, cassure farineuse.

En comparant le poids des 300 grains recueillis à diverses époques, on voit que le moment précis pour effectuer la récolte était tout indiqué pour le 5 août, avant cette date, le poids du grain augmentait chaque jour; après il diminuait.

Le rendement du blé dans la Meuse est excessivement variable; dans les terres de médiocre qualité on n'obtient guère que 6 à 8 hectolitres par hectare, chiffres dérisoires, car ils ne permettent pas au cultivateur de rentrer dans les avances qu'il a faites; en terrains meilleurs et dans les exploitations où les terres sont bien soignées, c'est-à-dire, là où on retourne le sol profondément, où on n'épargne pas les engrais, où on fait usage des engrais chimiques et des semences sélectionnées et améliorées, le produit, en grains, est porté à 25, 30 et même 35 quintaux.

Les variétés jouent un grand rôle dans la production du blé, ainsi que l'on peut s'en rendre compte par les résultats d'expériences entreprises par MM. Gorgelier, d'Houdelaincourt, Contenot-Presson, de Stainville, et par M. Millon sur les terres de la ferme des Merchines.

Produits obtenus, en 1886, par M. Gorgelier :

Blé de pays	25	quintaux.
Hallet	27	—
Goldendropp	28,68	—
Schireff	32	—
Australie	32,67	—

En 1887, un hectare de blé rapportait chez M. Contenot, savoir :

Variétés.	Quintaux.
Australie	20,68
Schireff	20,29
Bordeaux	19,44
Goldendropp	13,92
Pays	16,98
Mélange des variétés améliorées	15,85

A la ferme des Merchines, en 1885, les rendements étaient les suivants :

Australie	42	quintaux.
Schireff	39	—
Goldendropp	39	—
Hallet	38	—
Victoria	38	—

Rendements moyens du blé, dans la Meuse, par périodes, de 1815 à 1890.

	Hectolitres.
1815 à 1820	7,25
1821 à 1830	10,52
1831 à 1840	11,59
1841 à 1850	10,51
1851 à 1860	12,39
1861 à 1869	12,50
1871 à 1876	11,59
1880 à 1890	14,32

La faiblesse de la production constatée pendant la période de 1871 à 1876 est due à ce qu'en 1870 les blés ayant été gelés, le rendement en 1871 n'a été que 1 hect. 82.

Le poids de l'hectolitre de blé est excessivement variable ainsi qu'on peut le voir par le tableau suivant, dressé conformément à l'article 30 de la loi du 22 juillet 1791, sur le pesage des grains. Les chiffres ont été recueillis par les soins de la municipalité de la ville de Commercy.

Poids de l'hectolitre de blé de première qualité :

Années.	Kilogrammes.	Années.	Kilogrammes.
1819	72,25	1825	78,43
1820	72,88	1826	75,25
1821	72,50	1827	73,17
1822	75,65	1828	70,10
1823	74,50	1829	72
1824	73,89	1830	74,83

Années.	Kilogrammes.	Années.	Kilogrammes.
1831	74,10	1843	73,33
1832	75,79	1844	73
1833	77,27	1845	74
1834	74,09	1846	76,82
1835	72,67	1847	75,66
1836	74,85	1848	75,66
1837	76,93	1849	77
1838	77,66	1850	74,50
1839	77,05	1851	73,50
1840	77,83	1852	72,50
1841	72,61	1853	76
1842	75,94	1854	72,50

Le prix du blé, comme celui du pain, a subi de grandes variations. Dans les temps anciens, la culture du blé était faite sur une petite échelle, les rendements étaient peu considérables, les communications pour ainsi dire impossibles, même de village à village, aussi le prix de cette denrée était-il très-élevé en temps de disette.

Prix moyen de l'hectolitre de blé, à Verdun,
de 1800 à 1890 :

1800 : 11ᶠ 30	1816 : 26 40	1831 : 20 55
1801 : 15 »	1817 : 38 »	1832 : 19 85
1802 : 21 80	Juin 1817 : 60 »	1833 : 13 05
1803 : 15 10	1818 : 18 45	1834 : 10 45
1804 : 10 30	1819 : 11 50	1835 : 10 90
1805 : 12 85	1820 : 14 30	1836 : 10 90
1806 : 12 95	1821 : 12 60	1837 : 12 60
1807 : 12 05	1822 : 10 05	1838 : 16 50
1808 : 10 90	1823 : 13 10	1839 : 19 80
1809 : 10 30	1824 : 10 50	1840 : 17 35
1810 : 13 90	1825 : 11 20	1841 : 14 40
1811 : 18 75	1826 : 11 75	1842 : 16 70
1812 : 25 80	1827 : 14 10	1843 : 17 25
1813 : 16 95	1828 : 18 30	1844 : 14 57
1814 : 12 65	1829 : 19 »	1845 : 15 10
1815 : 13 50	1830 : 20ᶠ 35	1846 : 22 85

	1847	: 28 95	1861	: 22 30	1876	: 20 15
Mars	1847	: 43 60	1862	: 22 35	1877	: 24 30
	1848	: 12 65	1863	: 18 70	1878	: 20 95
	1849	: 12 »	1864	: 16 05	1879	: 20 60
	1850	: 11 65	1865	: 15 70	1880	: 20 85
	1851	: 13 15	1866	: 19 40	1881	: 22 70
	1852	: 17 05	1867	: 23 20	1882	: 21 20
	1853	: 22 40	1868	: 24 40	1883	: 17 50
	1854	: 28 20	1869	: 18 65	1884	: 16 70
	1855	: 27 20	1870	: 19 80	1885	: 16 50
	1856	: 28 40	1871	: 27 35	1886	: 16 10
	1857	: 20 15	1872	: 22 90	1887	: 17 70
	1858	: 14 »	1873	: 26 »	1888	: 19 60
	1859	: 15 85	1874	: 23 35	1889	: 17 35
	1860	: 18'75	1875	: 18 60	1890	: 18 95

Prix moyen du blé, à Verdun, par périodes décennales :

1800 à 1809	13ᶠ 25	l'hectolitre.
1810 à 1819	19 65	—
1820 à 1829	13 45	—
1830 à 1839	14 50	—
1840 à 1849	17 20	—
1850 à 1859	19 80	—
1860 à 1869	19 85	—
1870 à 1879	22 40	—
1880 à 1889	18 50	—

Dès le commencement du mois de mars 1847, il s'était formé, à Bar-le-Duc, une Association dont le but était d'acheter et de faire revenir des blés et des farines d'Amérique et de les revendre au-dessous du cours du marché. Le blé s'est vendu cette année de 45 à 50 francs l'hectolitre.

L'Association était fondée sur les conditions suivantes :

Art. 1. Les souscripteurs ne retireront personnellement de cette opération aucune espèce de bénéfice, il leur sera alloué seulement un intérêt sur le pied de 4 p. 0/0 par an, sur les capitaux par eux engagés.

Art. 2. Les grains et farines seront toujours revendus au-dessous du cours de la place, en se rapprochant autant que possible du prix de revient et de manière à provoquer sans cesse une baisse générale.

Si néanmoins, il résultait de cette opération un bénéfice quelconque, ce bénéfice serait versé dans la caisse du bureau de bienfaisance; s'il y avait perte, elle serait supportée au marc le franc par tous les soussignés.

Art. 3. Le terme de la société est fixé au 1er septembre prochain au plus tard, époque à laquelle la liquidation en sera établie.

Art. 4. Les soussignés se réuniront immédiatement pour nommer une commission d'exécution.

Art. 5. Le nombre des actions est illimité, chaque action est de 250 francs.

D'après l'*Annuaire de l'an XII*, les dépenses d'un hectare de blé étaient évaluées à

Culture	54 francs.
Engrais	20 —
Semences, 120 litres	24 —
Frais de récolte	24 —
Frais divers	50 —
Total	172 francs.

Dans les frais divers sont compris : les acquisitions de chevaux, l'achat et l'entretien des harnais, voitures, instruments aratoires, la conservation des bâtiments.

Indépendamment de ces frais généraux, de l'intérêt de fonds, il y a aussi la contribution foncière dont la répartition inégale grève le département, où elle absorbe le quart du revenu net.

M. Jules Colson, président de la Société d'agriculture de Commercy, estimait les frais de culture d'un hectare de blé, ainsi qu'il suit :

Détail des frais.	En 1866.	En 1890.
Trois labours.	46ᶠ »	50ᶠ
Un hersage 5 fr. un roulage 3 fr.	8 »	9
Semences et ensemencement. . .	41 »	46
Sarclage	6 »	7
Moisson, rentrée.	30 »	45
Battage	15 »	16
Location et contributions.	33 50	35
Fumier.	80 »	85
Total des dépenses . . .	259ᶠ 50	293ᶠ

Si nous admettons que le rendement moyen du blé, dans la Meuse, atteint 14 hect. 30 (période de 1880 à 1890) et que le prix de vente soit de 18 fr. 10 l'hectolitre (même période) le produit en grain s'élèverait donc à

14 hect. 30 × 18 fr. 10 = ...   258ᶠ 80

La récolte en paille étant de
20 quintaux à 4 fr. l'un = ...   80 »

Produit de l'hectare. 338ᶠ 80

Les dépenses étant évaluées par M. Colson à 293 francs, le bénéfice net d'un hectare de blé serait donc de 338 fr. 80 — 293 fr. = 45 fr. 80.

SEIGLE. — La culture du seigle est peu étendue : cette céréale est presque uniquement cultivée pour sa paille qui sert à la confection des liens pour l'orge, l'avoine et le blé. On en fait aussi usage pour botteler le foin, fabriquer des paillassons et fixer les ceps de vigne aux tuteurs. Le seigle se sème de préférence dans les sols de médiocre qualité, de nature gréveuse, sablonneuse ou calcaire. Il suit souvent une jachère.

Il est bien plus répandu dans l'arrondissement de Verdun que dans les autres parties du département, parce que bon nombre de terres du versant Ouest de l'Argonne orientale sont légères et se prêtent mieux au développement de cette plante.

Surfaces occupées par le seigle en :

1879	21,944	arpents.
An IX	22,332	—
1820	4,670	hectares.
1830	4,940	—
1840	4,950	—
1850	9,650	—
1860	2,893	—
1871	6,277	—
1880	4,201	—
1890	3,584	—

La répartition de cette plante, entre les quatre arrondissements, était la suivante :

Arrondissements.	1840.	1852.	1890.
Bar-le-Duc.	1,030 ha	592 ha	584 ha
Commercy.	2,081	1,208	513
Montmédy.	1,086	888	1,217
Verdun	1,713	762	1,523

La culture du seigle dans la Meuse, tend donc à diminuer, d'ailleurs son grain n'est plus utilisé que pour la nourriture des porcs et par quelques distillateurs.

En 1834, M. Cosménil semait du seigle de printemps, cette variété ne s'est pas propagée.

Le produit en grain, de 1815 à 1890, a été pour le seigle de :

1815 à 1820.	7h,55
1821 à 1830.	9h,70
1831 à 1840.	11h,35
1841 à 1850.	11h,60
1851 à 1860.	11h,15
1861 à 1870.	12h,63
1871 à 1876.	11h,67
1880 à 1890.	12h,96

Prix moyen du seigle, à Verdun, par périodes décennales :

1800 à 1809.	7ᶠ »	l'hectolitre.
1810 à 1819.	11 25	—
1820 à 1829.	6 85	—
1830 à 1839.	8 95	—
1840 à 1849.	9 60	—
1850 à 1859.	11 80	—
1860 à 1869.	12 35	—
1870 à 1879.	14 10	—
1880 à 1889.	12 10	—

MÉTEIL. — Le méteil, ou mélange de blé et de seigle, était autrefois plus cultivé que de nos jours. La diminution tient à ce que les terres sont devenues meilleures sous l'influence de soins spéciaux ; puis il est aussi plus avantageux de cultiver séparément ces deux plantes ; enfin le méteil n'entre plus aujourd'hui dans l'alimentation de l'homme, on préfère, et avec raison, le pain de froment à celui de seigle ou de méteil.

Superficie ensemencée en méteil en :

1820.	438	hectares.
1840.	580	—
1860.	206	—
1880.	197	—
1890.	163	—

Rendement moyen du méteil :

De 1815 à 1820	7ʰ,61
1821 à 1830	9ʰ,33
1831 à 1840	9ʰ,63
1841 à 1850	10ʰ,52
1851 à 1860	12ʰ,39
1861 à 1865	11ʰ,27
1880 à 1889	13ʰ,88

Valeur de l'hectolitre de méteil :

1840	9ᶠ 10	
1852	15	»
1862	17 90	
1882	15 90	
1889	14	»

ORGE. — L'orge occupe une surface de moins en moins grande; les deux principales causes de cette diminution sont les suivantes : 1° cette céréale exige, pour donner de bons rendements, d'être semée dans les terrains légers, possédant un certain degré de fertilité; 2° la culture de l'avoine prenant une plus grande extension, celle de l'orge doit nécessairement diminuer puisque la surface consacrée à la culture de ces deux plantes est presque toujours la même.

Cette céréale réussit très-bien dans les terres peu consistantes des environs de Revigny et de Commercy.

Suivant toujours le blé, l'orge est semée sur deux labours, dont l'un est donné à l'automne, l'autre au printemps, parfois ces deux façons sont exécutées à cette dernière époque.

L'Annuaire de l'an XII nous fait connaître qu'en 1804 l'usage était de ne labourer qu'une fois les terres réservées pour l'avoine et, dans quelques contrées, celles qui étaient destinées à recevoir l'orge; cependant, est-il ajouté, elles en exigeraient deux.

Afin de rendre le sol plus meuble et de le purger des mauvaises herbes qui envahissent souvent les récoltes d'orge, nous recommandons de donner aussitôt la moisson du blé, un labour de déchaumage au scarificateur et deux labours ordinaires au printemps.

Le labour de déchaumage joue un grand rôle, et nous partageons complètement l'idée de M. Justin Bonet, lorsqu'il dit « avec une charrue (le scarificateur est préférable) attelée de deux ou trois chevaux, un cultivateur peut gagner de 30 à 50 francs par jour en donnant, avant l'hiver, un labour aux terres qui ont produit du blé et qui doivent être ensemencées au printemps suivant en orge ou en avoine; le labour dont il s'agit, que l'on nomme labour de déchaumage, ne doit être généralement que superficiel, plus il est donné près de la moisson, mieux il vaut. »

Quelque variétés d'orge ont été essayées sans grand succès.

En 1836, M. Paulin Gillon recommandait l'orge céleste, l'orge à six rangs, l'orge éventail et l'escourgeon.

L'orge Nampto était cultivée en 1842, à titre d'essai, dans l'arrondissement de Commercy.

Depuis quelques années, l'orge Chevalier jouit d'une très-grande réputation dans la Meuse, bien que cette faveur soit justifiée, il est peu probable que l'orge Chevalier supplante un jour l'orge commune ou à deux rangs.

Etendues cultivées en orge :

1789	64,544 arpents.
An IX	65,177 —
1820	45,400 hectares.
1830	44,500 —
1840	45,000 —
1850	36,200 —
1860	28,083 —
1869	25,010 —
1880	21,594 —
1890	17,457 —

De 1820 à 1890, la diminution d'étendue emblavée en orge a été de 27,943 hectares ; par contre, le rendement de cette plante a été augmenté, il est passé de 12 hect. 27 à 16 hect. 85 ce qui fait que la production de cette céréale n'a pas subi une dépréciation en rapport avec l'amoindrissement de la surface cultivée, puisqu'en 1820 elle atteignait 557,058 hectolitres et en 1890, 297,118 hectolitres.

Production moyenne en hectolitres, par périodes :

De 1815 à 1820.	12^h,27
1821 à 1830.	11^h,72
1831 à 1840.	12^h,15
1841 à 1850.	13^h,97
1851 à 1860.	16^h,60
1861 à 1869.	17^h,06
1871 à 1876.	15^h,51
1880 à 1889.	16^h,85

Prix moyen de l'orge, à Verdun, par périodes décennales :

1800 à 1809.	6^f 75 l'hectolitre.
1810 à 1819.	9 65 —
1820 à 1829.	6 65 —

1830 à 1839.	8ᶠ 15	—
1840 à 1849.	9 15	—
1850 à 1859.	10 40	—
1860 à 1869.	11 45	—
1870 à 1879.	13 25	—
1880 à 1889.	11 20	—

AVOINE. — La culture de cette plante prend de jour en jour plus d'extension ; les cultivateurs ayant reconnu son efficacité sur le développement des jeunes chevaux. Il y a quelque vingt ans, l'avoine était une denrée commerciale dont la vente était très-active, aussi était-elle distribuée avec parcimonie aux animaux de labour ; aujourd'hui, elle entre de plus en plus dans l'alimentation des chevaux et son commerce est moins étendu.

Nombre d'hectares en avoine :

1789.	165,360	arpents.
An IX.	166,593	—
1820.	56,719	hectares.
1830.	56,966	—
1840.	62,000	—
1850.	75,500	—
1860.	82,873	—
1869.	99,834	—
1880.	86,933	—
1890.	89,765	—

Les rendements ont sensiblement varié depuis l'introduction des variétés améliorées. L'avoine de pays, autrefois la seule connue, se trouve de nos jours en partie remplacée par de nouvelles avoines.

L'avoine de Géorgie était déjà cultivée en 1837, l'avoine de Brie était également introduite à cette époque ; depuis quelques années, les avoines de Hongrie, prolifique et des Salines se sont propagées, un peu partout, dans la Meuse.

L'avoine de Brie est une des plus recommandables pour notre pays ; le seul défaut qu'on lui reproche, c'est de s'égrener trop facilement surtout lorsqu'elle est récoltée un peu

tard; si la récolte est faite sur le vert et qu'on laisse les
tiges terminer leur maturité en javelles, cet inconvénient
devient moins sérieux.

L'avoine prolifique, dont on a fait grand bruit ces temps
derniers, convient particulièrement dans les terres provenant
de défrichements; elle résiste assez bien à la verse, produit
beaucoup, mais elle passe pour avoir l'écorce un peu épaisse.

Produit moyen d'un hectare d'avoine :

De 1815 à 1820 . . . . 12ʰ,62
1821 à 1830 . . . . 12ʰ,01
1831 à 1840 . . . . 12ʰ,81
1841 à 1850 . . . . 17ʰ,22
1851 à 1860 . . . . 19ʰ,71
1861 à 1869 . . . . 20ʰ,16
1871 à 1876 . . . . 19ʰ,50
1880 à 1889 . . . . 21ʰ,34

Poids de l'hectolitre d'avoine de première qualité, d'après
les renseignements recueillis par les soins de l'administration
municipale de la ville de Commercy :

Années.	Kilogrammes.	Années.	Kilogrammes.
1826	41,50	1841	44,40
1827	42,50	1842	44,56
1828	40,70	1843	46,83
1829	37,90	1844	43,66
1830	46,43	1845	45
1831	41,80	1846	40,46
1832	47,30	1847	44
1833	41,97	1848	43,25
1834	44,74	1849	48
1835	44,90	1850	45,50
1836	41,98	1851	45
1837	42,01	1852	43,50
1838	49,79	1853	42
1839	43,43	1854	45,50
1840	43,52	1855	46,25

A la ferme des Merchines, M. Millon père est arrivé, en 1886, à récolter, sur un hectare, 72 hectolitres 30 litres, d'avoine prolifique.

M. Contenot-Presson, de Stainville, a obtenu, en 1886 et en 1887, les rendements suivants :

En 1886. Avoine prolifique . . . . 64 hect. ou 2,486 kilog.
             Avoine de Brie . . . . . 61 — ou 2,592 —
En 1887. Avoine prolifique. . . . 38 — ou 1,425 —
             Avoine de Brie . . . . . · 34 — ou 1,450 —
             Avoine de Groningue . . 34,60 ou 1,470 —

Si l'avoine de Brie rend moins en hectolitres, elle rend plus en poids; elle est donc d'une densité supérieure aux autres variétés.

Afin d'augmenter le rendement de l'avoine, nous recommandons de faire usage des engrais verts : trèfle et minette semés dans les blés.

Le javelage est une opération très-utile, nous dirons même indispensable, car il facilite l'égrenage et permet au grain de terminer sa maturation, de se nourrir complètement et d'atteindre un poids plus élevé. A cet effet, la récolte doit être effectuée avant que les tiges ne soient mûres, celles-ci sont ensuite laissées de 8 à 10 jours sur le terrain, en javelles, ou mises en moyettes et abandonnées pendant le même temps.

Prix moyen de l'hectolitre d'avoine, à Verdun, *de 1800 à 1890.*

1800	:	3ᶠ 70	1811	:	4 45	1822	:	3 35
1801	:	3 85	1812	:	6 60	1823	:	5 »
1802	:	5 45	1813	:	5 90	1824	:	3 90
1803	:	5 30	1814	:	4 40	1825	:	6 05
1804	:	4 75	1815	:	4 45	1826	:	5 45
1805	:	5 35	1816	:	7 65	1827	:	5 25
1806	:	4 25	1817	:	11 75	1828	:	5 40
1807	:	3 60	1818	:	6 40	1829	:	6 30
1808	:	4 05	1819	:	4 60	1830	:	6 05
1809	:	4 05	1820	:	3 80	1831	:	5ᶠ 25
1810	:	4 55	1821	:	3 20	1832	:	6 55

1833	:	6 20	1853	:	6 »	1873	:	8 35
1834	:	4 45	1854	:	7 60	1874	:	10 05
1835	:	4 95	1855	:	7 35	1875	:	9 40
1836	:	5 05	1856	:	6 40	1876	:	9 95
1837	:	4 90	1857	:	7 10	1877	:	8 85
1838	:	6 20	1858	:	7 55	1878	:	7 85
1839	:	5 45	1859	:	7 »	1879	:	7 60
1840	:	5 45	1860	:	7 25	1880	:	8 65
1841	:	4 65	1861	:	7 15	1881	:	8 45
1842	:	6 35	1862	:	6 85	1882	:	7 95
1843	:	7 15	1863	:	6 10	1883	:	7 45
1844	:	5 65	1864	:	5 95	1884	:	8 10
1845	:	5 50	1865	:	6 15	1885	:	7 50
1846	:	7 45	1866	:	7 50	1886	:	7 15
1847	:	8 60	1867	:	8 30	1887	:	7 »
1848	:	5 60	1868	:	9 15	1888	:	7 20
1849	:	4 45	1869	:	7 90	1889	:	8 »
1850	:	4 85	1870	:	9 15	1890	:	8 45
1851	:	4 90	1871	:	9 »	1891	:	8 10
1852	:	5 40	1872	:	6 25	1892	:	6 70

Prix moyen de l'avoine, à Verdun, par périodes décennales.

1800 à 1809.	4ᶠ 45 l'hectolitre.
1810 à 1819.	6 05 —
1820 à 1829.	4 75 —
1830 à 1839.	5 50 —
1840 à 1849.	6 05 —
1850 à 1859.	6 40 —
1860 à 1869.	7 25 —
1870 à 1879.	8 65 —
1880 à 1889.	7 75 —

SARRASIN. — Depuis longtemps le sarrasin n'est plus employé dans la Meuse à la nourriture de l'homme; les quelques quintaux de grains récoltés chaque année servent à la reproduction de cette plante, à l'ensemencement de quelques champs utilisés comme fourrage ou comme engrais vert; il sert surtout, presque exclusivement, pour l'alimentation des porcs et des oiseaux de basse-cour. La plupart des blés ayant

été en partie détruits, à la suite des rigueurs de l'hiver de
1890-1891, quelques champs ont été retournés et emblavés
en sarrasin.

Légumineuses alimentaires. — La production des pois
paraît très-ancienne dans la Meuse. L'histoire nous rapporte
qu'en 1272, le maître de Sommières, léproserie située à
300 mètres de Saint-Aubin, eut un procès avec le maître et
pourvoyeur des maisons du temple en Lorraine; il fut convenu entre eux que Sommières paierait à l'avenir la grosse
dîme au douzième « ainsi que pour les pois, fèves et chanvre. »

En 1414 plusieurs villages des environs d'Étain furent
imposés pendant le carême à trois reiz de pois destinés à la
nourriture des gens d'armes qui se trouvaient en garnison
dans cette place, ils furent mis en même temps à contribution
pour « douze stiers de fèves. »

Parmi les légumes secs cultivés, autrefois en grand, pour la
nourriture de l'homme et des animaux, il y avait le pois, le
haricot, la lentille, la fève et la féverole.

Ces plantes occupaient à diverses époques les étendues
suivantes :

An XII.		1882.	
Pois. . . .	319 hectares.	Pois.	446 hectares.
Fève. . . .	272 —	Fève et féverole .	432 —
Lentille . .	56 —	Haricot.	348 —
Vesce . . .	139 —	Lentille.	195 —
Total.	786 hectares.	Total. . . .	1,421 hectares.

Surfaces totales consacrées aux légumes secs en :

An XII.	786 hectares.
1840.	2,188 —
1852.	1,373 —
1862.	1,530 —
1882.	1,421 —

En 1836, M. de Simony recommandait la culture du pois.
Cette plante, disait-il, est précieuse pour l'homme, car elle

fournit une alimentation saine et agréable; donnée en vert aux animaux, elle constitue un excellent fourrage très-friand; enterrée également en vert, elle tient lieu de fumure.

M. de Simony obtenait, par hectare, 20 hectolitres de grains estimés 20 francs l'un, soit 400 francs. En déduisant les frais de toutes sortes, évalués à 100 francs, il lui restait un bénéfice net de 300 francs.

Pour éviter la dégénérescence, ce cultivateur intelligent, faisait trier, chaque année, environ 25 litres de grains qu'il semait à part, et dont le produit servait, l'année suivante, au réensemencement.

La culture des légumes secs tend à disparaître des grandes exploitations; seules, les lentilles et les féveroles conservent leur étendue. Les lentilles sont surtout appréciées dans l'arrondissement de Commercy et particulièrement aux environs de cette ville et de Pierrefitte; quant aux haricots, ils sont produits, bien à tort, dans les vignes du Barrois et des Côtes.

Rendement et prix de ces denrées en :

1840. Quantité récoltée par hectare...		9h,26.	Prix de l'hect.	12f25
1852.	—	— ...	11h,41.	—	15 90
1862.	—	haricot...	15h,18.	—	33 30
1882.	—	pois	13h,20.	—	26 35
	—	haricot...	15h,18.	—	33 30
	—	féverole ..	17h,58.	—	20 90
	—	lentille....	12h,26.	—	26 50

Racines et tubercules. — POMME DE TERRE. — On ne connaît pas exactement la date de l'introduction de la pomme de terre dans la Meuse, ce qui paraît certain, c'est que ce tubercule était déjà cultivé dans notre département vers l'an 1700. On suppose que ce sont les Anglais qui, au commencement du XVIIIe siècle, en poursuivant leur roi Jacques II, introduisirent la pomme de terre à Bar-le-Duc et à Commercy, villes où ils s'arrêtèrent et où s'était réfugié le prince fugitif.

M. H. Labourasse, dans son opuscule *Parmentier et sa légende,* s'appuyant sur des documents authentiques, prouve que la pomme de terre était plantée à Vouthon avant 1740.

Le curé de ce village, ayant prétendu, en 1784, lever la dîme des pommes de terre à Vouthon-Haut, un procès surgit entre lui et les habitants de ce village.

Après une longue consultation rédigée par Bertrand, de Rosières-en-Blois, avocat au parlement de Nancy, il fut reconnu que la dîme de la pomme de terre était insolite (cultivée depuis plus de 40 ans) à Vouthon, en conséquence, le curé fut débouté de sa demande et condamné à payer les frais du procès qui se montèrent à 73 livres 7 sous 3 deniers.

Le 28 juin 1715, la Cour de Lorraine prit un arrêté réglementant la dîme des pommes de terre, à propos de la réclamation des habitants du Val de Saint-Dié.

Par son ordonnance du 4 mars 1719, Léopold déclare « qu'à l'avenir la dixme de topinambours ou pommes de terre soit délivrée en espèce aux décimateurs ou à leurs fermiers, par ceux qui auront planté et recueilli, soit dans leurs terres en versaine ou en saison réglée ès héritages sujets d'ancienneté à la dixme et ce, lors de la récolte générale. »

Ces deux pièces indiquent donc que la pomme de terre était connue en Lorraine bien avant 1715.

En 1766, l'abbaye de Saint-Mihiel entra en procès avec les habitants de Kœur-la-Petite au sujet de la dîme de la pomme de terre. Les habitants de cette commune eurent gain de cause au bailliage de Bar-le-Duc (probablement parce que la dîme de cette plante était insolite).

La pomme de terre, reconnue propre à rendre d'immenses services en temps de famine, se propagea rapidement jusqu'en 1844, époque à laquelle apparut la maladie qualifiée de *pourriture*.

La difficulté de conserver ce précieux tubercule mit toutes les populations agricoles en émoi. De nombreuses tentatives furent entreprises pour combattre le fléau : il fut prouvé, dans la suite, que la pourriture était occasionnée par le développement d'un champignon du genre Botrytis et qu'il était facile d'assurer la conservation des tubercules en les mélangeant à une certaine quantité de chaux vive.

Pour rendre certaine la germination des pommes de terre et détruire les spores de la maladie, il avait aussi été recommandé de faire tremper les tubercules dans une eau contenant en dissolution de la chaux, du sulfate de cuivre et du sel marin.

Quelques personnes et M. Duvivier, de la ferme de Girouët, entre autres, avaient, dans le même but, essayé la reproduction des pommes de terre par le semis ; mais ce procédé fut trouvé insuffisant. Aujourd'hui ont est arrivé à combattre la pourriture par la pulvérisation, sur les feuilles, d'un liquide cuprique (eau céleste, bouillie bordelaise, bouillie bourguignonne, etc.).

La formule suivante, patronnée par M. Michel Perret, est une des plus efficaces, elle se compose de :

Pour 100 litres d'eau : cristaux de soude. 3 kilog.

Mélasse. . . . . . 2 —

Sulfate de cuivre . 2 —

Le nombre des variétés de pommes de terre, essayées dans la Meuse, se chiffre à plus de 100. Dès 1836, la Société d'agriculture de Commercy, faisait l'acquisition de la variété dite de Rohan et en donnait quelques tubercules à ses membres pour l'expérimenter et la répandre s'il y avait lieu.

Nous lisons dans le *Journal agricole* de la Meuse de 1843 une note dans laquelle M. Clouët rend compte des résultats obtenus avec diverses variétés introduites par les soins de la Société d'agriculture de Verdun. Les variétés mises à l'étude comprenaient : la fine hâtive, la Truffe d'août, la Segonzac, la fine peau, la Sweck White, la Châtaigne Sainville, la Violette de Lanilir, l'Igname et la Kent Kidney.

Nous citerons parmi les variétés les meilleures : la Chardon, la Vosgienne, la Magnum bonum, l'Éléphant blanc, la Van der Veer, l'Institut de Beauvais, la Richter's Imperator et la Géante bleue.

La pomme de terre réussit très bien dans les sols du département : cependant les sols trop argileux ne lui conviennent pas, aussi est-elle peu cultivée dans la Woëvre et l'Argonne. Elle prospère, au contraire, admirablement et donne d'excellents produits dans les terres légères des environs de Commercy, Sorcy, Ville-Issey, Vignot, etc...

Surfaces cultivées en pommes de terre à diverses époques :

An XII . . . . 19,471 hectares.

1820 . . . . 15,730 —

1830 . . . . 18,800 —

1840 . . . . 17,800 —

1850	13,700 hectares.	
1860	17,660	—
1869	22,307	—
1880	26,022	—
1890	25,954	—

Si l'étendue en pomme de terre reste pour ainsi dire stationnaire, cela tient en partie à ce que la fécule est remplacée, presque en totalité, par l'amidon de maïs et de riz et que ces grains entrent chez nous pour ainsi dire en franchise; les résidus qu'ils laissent remplacent la pomme de terre dans beaucoup d'exploitations. Les féculeries de la Meuse qui, il y a cinq à six ans, fonctionnaient encore, sont aujourd'hui fermées.

La pomme de terre se cultive après orge ou après avoine, elle remplace donc très-avantageusement la jachère.

L'application du fumier de ferme, pour la pomme de terre, suscite parmi les cultivateurs de fréquentes et vives discussions.

Doit-on répandre le fumier avant la plantation? Peut-on l'enterrer avec les tubercules? Y a-t-il avantage à le mettre en couverture?

Nos réponses sont les suivantes : le fumier doit toujours être employé avant la plantation et enterré autant que possible à l'automne, de cette manière, il est en voie de décomposition lors de la mise en terre des tubercules auxquels il profite; enfin il n'a pas, à cet état, l'inconvénient de trop soulever le sol.

Le fumier, enterré en même temps que les tubercules leur communique un mauvais goût, ils deviennent gras et nourris d'eau.

Quant au fumier répandu en couverture, s'il maintient la fraîcheur du sol, il occasionne la pourriture de la plante et ensemence le terrain de mauvaises graines qui salissent le sol et déterminent un arrêt dans le développement des plants, si on ne les détruit à temps.

La plantation s'opère à la charrue ou à la houe à bras ; le premier procédé est de beaucoup le plus expéditif, le plus économique et le plus usité.

Les tubercules doivent être suffisamment espacés entre les

lignes et plus rapprochés sur la ligne : les façons se donnent ainsi plus aisément et le rendement est plus considérable.

Les distances convenables sont 0^m,60 entre les lignes et 0^m,50 sur la ligne.

On doit toujours préférer, pour la reproduction, les moyens tubercules ; ils donnent une plante dont la végétation est plus luxuriante et le produit plus fort par conséquent.

Les tubercules sont mis en terre entiers ; s'ils sont très-développés, il convient de les couper en deux dans le sens de la longueur ; il importe aussi de les choisir, au moment même de l'arrachage, parmi les poquets qui ont le plus de tubercules de moyenne grosseur.

L'enlèvement des fleurs, lors de leur apparition, augmente le poids de la récolte ; mais la différence qui résulte de cette opération ne permet pas toujours de payer les frais de main-d'œuvre qu'elle nécessite.

La pomme de terre reçoit pendant sa végétation deux ou trois binages et un buttage.

Nous croyons devoir recommander le procédé autrefois mis en pratique à l'École d'agriculture des Merchines et qui consiste à herser chaque quinze jours, ou chaque trois semaines, le terrain planté en pommes de terre et cela jusqu'à ce que la herse en fer employée ne puisse plus fonctionner sans briser un trop grand nombre de tiges. Quelque temps après le dernier hersage, un buttage termine les soins d'entretien accordés à la plante.

Ce mode de culture offre, en effet, de grands avantages et permet de réaliser d'importantes économies sur les frais de main-d'œuvre.

Le buttage a une influence considérable sur le rendement de quelques variétés, nous avons pu nous en rendre compte, en 1885, par un essai qui nous a donné les résultats suivants :

Partie buttée, rendement à l'hectare. . .   314 quintaux.
Partie non buttée,   —   . . .   268   —

Différence en faveur de la partie buttée . .   46 quintaux.

Les engrais chimiques, à base de potasse, exercent aussi une influence marquée sur le rendement en tubercules, ainsi que

l'ont établi les recherches de M. Giraudot, de la ferme de
Toulon.

Les résultats obtenus par cet agriculteur ont été les suivants :

Variétés. —	Engrais chimiques à base de potasse.	Fumier de ferme. —
Jaune de pays.	10,400 kilog.	8,600 kilog.
Vosgienne.	11,200 —	10,200 —
Magnum bonum.	9,200 —	8,100 —
Institut de Beauvais. . . .	10,500 —	9,200 —

Le rendement par hectare est donc très-variable comme
l'indiquent les chiffres ci-dessus; il dépend du sol, de son
degré de fertilité, de l'engrais employé et de la variété
plantée.

Produit moyen dans la Meuse, par périodes.

An XII	73 hectolitres.
1831 à 1840.	80,57
1841 à 1850.	79,80
1851 à 1860.	78,74
1861 à 1869.	109,06
1871 à 1876.	123,50
1880 à 1889.	157,27

Prix des pommes de terre à différentes époques.

1804.	2f 65 l'hectolitre.
1809.	5 60 —
1822.	1 20 —
1840.	1 35 —
1852.	3 25 —
1859.	4 » —
1862.	2 65 le quintal.
1878.	7 50 —
1882.	6 40 —
1889.	3 25 —
1892.	3 » —

TOPINAMBOURG. — C'est à tort que le topinambour est peu répandu dans la Meuse, car, dans les années de disette en fourrage, il pourrait rendre de grands services, il n'exige pas d'ailleurs un sol de première qualité, il aime à croître dans les terrains légers et siliceux ; les tubercules se nettoient difficilement lorsqu'ils proviennent de sols argileux.

Le seul inconvénient qu'offre la culture de cette plante, c'est d'être envahissante et difficile à détruire.

BETTERAVE. — La betterave joue actuellement un rôle important dans l'alimentation du bétail ; possédant la propriété de se conserver longtemps en hiver, elle donne, à cette saison, un fourrage très-précieux, qui convient aux animaux entretenus soit pour la production du lait, soit pour la production de la graisse.

Le Conseil général de la Meuse avait inscrit à son budget de 1791 une somme de 300 livres destinée à une distribution de graines.

« Le gouvernement ancien était dans l'usage de faire passer dans les ci-devant provinces, pour être distribuées aux cultivateurs les plus intelligents, de la graine de turneps ou de gros navet et de *disette* pour servir à la nourriture des bestiaux à défaut de fourrages : le Directoire a pensé que d'employer à cet objet une somme de 300 livres, ce serait un avantage pour l'agriculture et un encouragement pour les cultivateurs, il en a regretté la modicité. »

Dès 1808, M. Saincère, de Vaucouleurs, cultivait la betterave disette dont il recommandait fort l'emploi.

En 1837, cette plante était cultivée par M. Fayon, de Void.

M. Caurier, dans sa notice sur la statistique de Louppy-le-Petit (1841), dit que depuis quelques années, plusieurs propriétaires ont eu l'heureuse idée d'introduire, sur le territoire de cette commune, la culture de la carotte et de la betterave pour fourrage ; les essais ont été couronnés d'un succès complet.

La Société d'agriculture de Bar-le-Duc, en 1844, distribuait à ses membres des graines de betterave champêtre et à sucre.

Quelques variétés de betteraves seulement sont répandues dans la Meuse :

La betterave disette est de bonne qualité, mais elle se casse facilement et occupe beaucoup de place à cause de sa forme;

Les betteraves globes produisent beaucoup; mais dans les années pluvieuses ou dans les terres riches, elles se crevassent au collet et l'intérieur de la racine se pourrit;

La betterave mammouth atteint d'énormes proportions, elle est très-aqueuse et, par ce fait, peu nutritive.

La meilleure de toute les variétés de betteraves fourragères est certainement l'ovoïde ou jaune des Barres, elle rend beaucoup, elle a une chair ferme très-nutritive.

On recommande aussi depuis quelques années deux variétés présentant des qualités identiques à l'ovoïde, ce sont : la Vauriac et la Rose chatillonnaise.

Quant aux betteraves à sucre dégénérées, elles peuvent être employées à défaut d'autres ; mais elles s'arrachent difficilement et donnent peu de poids.

Terres emblavées en betteraves en :

1840	164	hectares.
1852	821	—
1873	1,159	—
1882	5,659	—
1890	6,073	—

Afin d'assurer le prompt développement de cette racine, il est nécessaire que le premier binage soit exécuté le plus tôt possible : à cet effet, on recommande de répandre sur la graine recouverte de terre, un peu de nitrate de soude; ce stimulant active la levée et favorise la croissance des jeunes plants au début de leur végétation. Quelques cultivateurs conseillent de faire tremper la graine pendant 12 heures et de la placer ensuite en terre; ce procédé peut être mis en pratique lorsqu'on se trouve en retard dans la semaille et que le sol est suffisamment humide, mais, il est défectueux lorsque le sol est sec ou le soleil trop ardent.

L'éclaircissage doit être effectué de bonne heure; si on attend un peu tard, les betteraves se gênent, s'étiolent, s'élancent et le rendement en est faible.

L'effeuillement est une opération très-nuisible au grossissement des racines ; il en diminue le rendement, en favorisant l'essor de nouvelles feuilles aux dépens des matières emmagasinées dans la betterave ; enfin les feuilles de betterave forment une mauvaise nourriture qui a la propriété de relâcher les animaux. Une expérience que nous avons entreprise, en 1884, sur l'effet produit par l'effeuillement, nous a permis de conclure : que la partie effeuillée avait donné un rendement inférieur de 8,133 kilog. à la partie laissée intacte.

Un hectare de betterave produit de 15 à 85,000 kilog. de racines par hectare, ce dernier chiffre a été obtenu par M. Collet, de Vaudoncourt, en 1885, sur une surface de 3 hectares, soit comme rendement total de ce terrain 255,000 kilog.

Produit moyen par hectare d'après les statistiques :

1890.	22,280 kilog.	Prix du quintal.	. . .	2^r	»
1882.	25,500 —	—	. . . .	2	»
1862.	25,000 —	—	. . . .	2	09
1840.	23,866 —	—	. . . .	1	82

CAROTTE. — La carotte est cultivée dans notre pays sur une petite échelle, quoique cependant elle y soit considérée comme une plante très-nutritive. Ce qui arrête sa propagation, ce sont les soins minutieux qu'elle exige lors de sa levée. Si les champs entiers ensemencés en carotte, sont rares dans la Meuse, on peut avancer que chaque cultivateur sème tous les ans, dans ses terres en betteraves, un ou deux rayons de carotte. Comme pour la betterave, le premier binage et l'éclaircissage doivent être donnés de bonne heure.

En 1834, M. Marchand, de Commercy, recommandait de semer la carotte blanche avec les marsages.

La surface cultivée en carotte n'atteignait en 1882 que 267 hectares.

Cette racine étant très-précieuse par ses grandes qualités alimentaires, les cultivateurs auraient tout avantage à en étendre la culture, d'autant plus que cet aliment convient en général à tous les animaux.

Le rendement moyen d'un hectare était de 168 quintaux, en 1882 ; le prix du quintal était fixé à 2 francs.

AUTRES FOURRAGES. — Le *navet* se cultive en lignes dans les champs de betteraves. Dans le Barrois cette plante est surtout semée en culture dérobée aussitôt l'enlèvement de la récolte du blé, on donne un labour de déchaumage sur lequel on répand des graines de navet.

Le navet forme une bonne nourriture, mais il ne doit être donné aux vaches laitières qu'en petite quantité ; on lui reproche de communiquer un mauvais goût au lait ; de plus le beurre obtenu avec ce lait, possède toujours une teinte blanche.

La culture du navet était déjà pratiquée en 1808 par M. Saincère, de Vaucouleurs.

En 1804, la surface cultivée en navet était évaluée à 1,591 hectares, en 1882 elle n'était plus que de 105 hectares : à cette dernière époque le rendement moyen était de 275 quintaux, d'une valeur de 2 francs.

Le *rutabaga* est très-répandu dans les environs de Commercy. D'abord élevé en pépinière, il est ensuite, lorsqu'il a quatre feuilles bien développées, mis en place, soit dans une terre préparée à cet effet, soit dans les vides qui existent sur les rangs de pommes de terre ou de betteraves.

Les *choux* et les *raves* ne sont cultivés qu'isolément, dans les terrains plantés en racines ou en tubercules.

Le *panais* est une plante d'un faible développement, toutes ses parties sont bien consommées par les bêtes à cornes et les moutons.

Fourrages fauchables. — Les plantes faisant partie de ce groupe ont acquis, dans la Meuse, une très-grande réputation ; aussi l'étendue qui leur est consacrée va-t-elle continuellement en s'accroissant, ainsi que le démontrent les chiffres suivants :

Etendue des prairies artificielles à différentes époques :

1789	1,430 arpents.
An IX	1,867 —

1840	15,070 hectares.
1852	27,846 —
1862	28,367 —
1882	32,885 —
1890	29,309 —

Ces chiffres indiquent seulement la totalité des surfaces cultivées en luzerne, trèfle, sainfoin, minette et les mélanges de ces plantes.

A propos de la création des prairies artificielles, voici ce que nous lisons dans l'*Annuaire du département de la Meuse* pour l'an XII :

« Cependant il eût été possible d'établir des prairies artificielles sur ces terrains qui semblent frappés de stérilité. On y eût récolté, pendant six à sept ans, du sainfoin et le sol eût été bonifié. »

Il serait d'autant plus intéressant d'étendre cette branche de revenus qu'elle est très-bornée dans ce département. En effet, sur 62,193 hectares de prairies, il n'y a que 876 hectares de prairies artificielles. Dans la presque totalité, on sème du trèfle et de la luzerne qui demandent de bonnes terres et des labours profonds sans lesquels les plantes ne réussissent pas.

Plusieurs causes se sont opposées à ce qu'on donnât aux prairies artificielles les soins qu'exigeraient les avantages qu'elles promettent à l'agriculture.

1° La quantité de foin que procurent les prairies naturelles, quantité qui excède ordinairement la consommation du bétail.

2° La trop grande division des propriétés.

3° Le droit de parcours. »

Afin d'encourager les cultivateurs à créer des prairies artificielles, les Sociétés d'agriculture du département décidèrent, dès 1846, d'accorder des primes, des médailles à ceux qui consacreraient à ces prairies la plus grande partie de leurs terres.

Du discours de M. Millon, prononcé au concours agricole de Vaucouleurs en septembre 1867, nous extrayons le passage suivant : « Il faut que les agriculteurs accroissent la quantité de leur bétail et pour cela il faut qu'ils cultivent plus de prairies artificielles, luzernes et sainfoins et plus de racines fourragères : qu'ils ne craignent point de réduire du quart ou même du tiers l'étendue des terres qu'ils ensemencent en blé et en avoine; en concentrant sur le surplus leurs engrais et leur travail, ils auront avec moins de semence et moins de frais, une plus grande quantité de grains et leur profit s'accroîtra dans une notable proportion. »

Les avantages qu'ont retirés les cultivateurs meusiens de la culture de ces plantes sont immenses, surtout dans les pays où le sol ne se prête pas à l'établissement des prairies naturelles. Les grands rendements qu'elles donnent, les qualités nutritives qu'elles possèdent, l'état de fertilité dans lequel elles laissent le sol après leur défrichement et leur facilité de croître dans tous les terrains, pourvu que ceux-ci ne soient pas argileux, sont les causes principales auxquelles on doit attribuer leur rapide extension.

LUZERNE. — La culture de la luzerne est moins ancienne que celle du sainfoin, néanmoins, elle s'est propagée plus vite; ce fait tient à ce que la luzerne a une durée plus longue et que son rendement est plus considérable.

Dès 1808, M. Saincère cultivait la luzerne en grand.

Dans une notice sur les avantages des prairies artificielles, parue en 1834 au *Bulletin des Sociétés* de Bar et de Commercy, M. Cosquin-Saleron donnait les indications suivantes, concernant la culture de la luzerne :

« Passant à la luzerne, nous dirons qu'elle est la meilleure et la plus riche prairie artificielle que nous ayons, son fourrage en vert et en sec donné sagement aux bestiaux, les nourrit et les engraisse. La luzerne dont on veut tirer de grandes productions doit être semée dans une terre bien exposée, profonde et d'une bonne qualité : étant ensemencée avec précaution, elle vient partout excepté dans les lieux trop frais et humides, mais son rapport est toujours proportionné à la qualité de la terre qu'elle occupe. Elle a besoin de temps en temps d'un léger fumage et chaque année au printemps d'un fort plâtrage. Aussi, traitée de la sorte, chacun sait qu'il n'est point en culture de produit constant, égal au sien. Elle dure six à sept ans en grand rapport et lorsqu'on la culbute, elle produit de très-fortes avoines, ensuite des céréales en abondance. »

En 1843, M. Royer, inspecteur de l'Agriculture, de passage dans l'arrondissement de Verdun, insistait près des cultivateurs sur les avantages que réunissent les prairies artificielles; il approuvait les habitants de cet arrondissement de cultiver la luzerne sur d'aussi grandes surfaces.

Au début, les luzernières duraient quinze et vingt ans; de nos jours, lorsqu'une luzerne a produit quatre à cinq ans, on est forcé de la retourner. Ce fait est dû en partie à ce que la luzerne revient trop fréquemment sur le même terrain et qu'on la cultive dans toutes sortes de sols.

Nombre d'hectares en luzerne en :

1882 . . . . 14,322 hectares.
1886 14,305   —
1890 14,177   —

La luzerne, comme toutes les plantes destinées à la consommation en vert, doit se récolter au moment de la floraison. Avant cette époque, la plante n'a pas acquis sont complet développement et elle se sèche avec difficulté; après, les tiges deviennent ligneuses, le fanage est plus rapide, il est vrai, mais la perte en feuilles et en sommités — parties du végétal les plus nutritives — est plus grande. On sacrifie souvent, et à tort, la qualité pour obtenir un séchage plus rapide.

Par les temps de pluie la dessiccation devient difficile; aussi recommande-t-on de former des moyettes consistant en une forte poignée de tiges réunies à la partie supérieure par un lien fait de quelques brins de luzerne, et assez écartées à la base pour pouvoir résister au vent.

Ainsi disposées, les tiges sèchent vite; quelques heures de soleil suffisent pour cela. Ce procédé a été expérimenté, avec succès, à la ferme des Merchines par M. Millon père.

Dans le but de prolonger la durée d'une luzernière, on a indiqué le moyen suivant qui nous paraît excellent : scarifier le terrain ou passer une forte herse en long et en travers, lorsque la luzerne ne donne plus qu'un faible rendement.

La cuscute cause chaque année de grands dégâts dans les champs couverts de luzerne ou de trèfle; nous croyons devoir mentionner les principaux procédés recommandés pour la destruction de ce parasite nommé vulgairement teigne.

1° On brûle les places cuscutées après y avoir opéré un grattage énergique ;

2° On peut aussi, lorsqu'il s'agit d'une jeune luzerne, écobuer la partie envahie et y répandre des semences de graminées.

3° On peut également recouvrir les taches de cuscute d'une couche de fumier bien pourri, ou de terre, d'une épaisseur de 0ᵐ,10.

4° Quelques cultivateurs font pâturer, par les moutons, les places cuscutées ; d'autres enfin, disent s'être très-bien trouvés de l'emploi de la suie et de l'arrosage au purin ou au sulfate de fer à la dose de 10 kilog. par 100 litres d'eau.

Rendement et prix de la luzerne.

En 1882, produit à l'hectare.	3,830 kilog. Prix des 100 kil.		6ᶠ 05
1886, —	3,500 —	—	4 35
1890, —	3,900 —	—	4 35

TRÈFLE. — Le trèfle vert et le foin de trèfle constituent une excellente nourriture pour les animaux de l'espèce bovine. Cette plante a l'avantage de mieux réussir dans les sols peu profonds et manquant de calcaire, ou dans ceux dont le sous-sol, quoique argileux, se trouve à une moyenne profondeur. Aussi est-elle cultivée dans la Woëvre où elle remplace la luzerne qui ne réussit pas dans les terrains de cette contrée.

La durée de ce fourrage est généralement limitée à un an ; ce n'est que par exception qu'on le laisse deux ans ; dans ce dernier cas, un bon hersage, exécuté au printemps de la seconde année, renouvelle sa vigueur.

En 1808, cette légumineuse, bien que fort peu répandue dans la région, était déjà cultivée par M. Saincère.

Opinion émise, en 1834, par M. Cosquin-Saleron à propos du trèfle :

« Le trèfle est aussi une prairie artificielle bien recommandable. Sec et bien semé, il fait un foin d'une qualité fort nourrissante. Un bon arpent de trèfle peut rapporter dans

ses deux coupes 80 francs, dans une terre, où par sa présence, ses déchets, ses racines et le repos, il prépare une
bonne récolte en blé. Il fait économiser trois cultures pendant
la campagne et assure encore après le blé, une très-forte
récolte en avoine. Ainsi d'un côté, économie de culture; de
l'autre, riche production. »

En 1843, M. J. Bonet recommandait de pratiquer le plâtrage au moment de la semaille ou de la germination :

Renseignements statistiques.

Années.	Surface cultivée.	Rendement.	Prix du quintal.
1880.	11,573 hectares.	4,026 kilog.	»
1883.	11,021 —	3,500 —	»
1886.	8,689 —	3,132 —	4ᶠ 05
1889.	8,048 —	3,507 —	4 20

Le trèfle incarnat se sème à l'automne, en bourre ou en
graines nues, sur les chaumes de blé, c'est-à-dire sans labour;
on se contente de donner un hersage ou un scarifiage. Il est
très-précoce et demande à être fauché au moment de la floraison ; plus tard, il perd beaucoup de ses qualités, c'est
pourquoi il n'y a pas avantage à le transformer en foin.

SAINFOIN. — Le sainfoin se développe admirablement dans
les sols calcaires, légers et peu fertiles du département et en
particulier du Haut-Pays; il aime, par-dessus tout, les sols
pierreux.

Deux variétés sont cultivées : le sainfoin à une coupe, qui
a une durée assez longue, et le sainfoin à deux coupes, qui
dure moins. Cette dernière variété était recommandée, en
1844, par M. Bonet, dans les terres où la luzerne ne donnait
que de faibles produits.

M. Fayon, de Void, qui cultivait le sainfoin en grand depuis
1808, fit paraître, en 1833, une notice sur la culture de cette
plante. Nous en extrayons les deux passages suivants :

« Le sainfoin donne du fonds à la terre; et, loin de l'user,
il la rend vierge pour de nouvelles productions...

Enfin, depuis plus de 25 ans, je cultive en grand cette

plante précieuse, et je n'ai reconnu d'autre inconvénient
que celui de falloir un local spacieux pour loger les récoltes. »

En 1834, M. Cosquin recommandait de semer du sainfoin
dans les petites terres pierreuses, graveleuses, calcaires et
d'y ajouter de la lupuline décapsulée pour obtenir, la première année, une coupe complète. Avec cette plante, disait-il,
on économise, tous les ans, plusieurs cultures pénibles et
coûteuses ; on porte ses travaux, ses soins, ses engrais sur
une autre terre.

La terre emblavée en sainfoin produit avantageusement ;
elle s'améliore par le repos, le plâtre, les déchets de foins et
les racines du sainfoin ; elle recueille, pendant la durée du
sainfoin, des sucs nourriciers pour les céréales futures qui
lui seront confiées.

Le foin de sainfoin a acquis une très-grande réputation ;
c'est un fourrage d'une valeur nutritive élevée qui peut être
donné à tous les animaux domestiques.

Surface cultivée, rendement et prix du sainfoin.

Années.	Surface cultivée.	Rendement.	Prix du quintal.
1880.	6,769 hectares.	2,069 kilog.	»
1883.	6,080 —	2,115 —	»
1886.	6,233 —	1,970 —	4ᶠ 50
1889.	6,100 —	2,131 —	4 30

MINETTE. — La minette ou lupuline est cultivée en grand
dans les pays où l'on entretient beaucoup de bêtes à laine ; en
vert elle est excellente. Comme elle est difficile à couper et à
faner, elle est rarement convertie en foin ; elle est aussi utilisée comme engrais vert.

En 1834, M. Cosquin recommandait de mêler aux semences
de luzerne, trèfle, sainfoin, deux livres par arpent de minette
décapsulée, dans le but d'obtenir, la première année, une
coupe extrêmement riche.

VESCE. — La vesce, suivant qu'elle est semée à l'automne
ou au printemps, est associée au seigle ou à l'avoine ; elle
peut rendre de grands services en cas de pénurie du foin des
prairies naturelles ou des prairies artificielles ; car, par l'a-

vantage qu'elle a de se semer pendant une grande partie de l'année elle procure aux animaux, en vert ou séchée, en toute saison, un aliment sain, nourrissant et abondant.

D'après M. Cosquin-Saleron, la vesce entretient tous les animaux en bon état et, donnée à satiété, elle les engraisse parfaitement.

Dans une note parue en 1836 sur les avantages de la culture des vesces d'hiver comme prairie artificielle, M. Paulin Gillon, sans chercher à affaiblir le mérite d'aucune des espèces légumineuses cultivées comme fourrage, attirait l'attention des cultivateurs sur les qualités de la vesce d'hiver.

Les vesces d'hiver viennent, au printemps, avant les luzernes : c'est le plus précoce de tous les fourrages. Les chevaux, et tous les bestiaux sans distinction, en sont avides, soit qu'on les leur donne en vert, soit qu'on les leur donne en sec. On peut leur en laisser manger impunément en vert sans les exposer aux gonflements que causent parfois la luzerne et surtout le trèfle.

Les vesces, coupées au moment où les dernières fleurs se fanent, n'épuisent pas le sol, car ce qui fatigue celui-ci, ce n'est pas la production herbacée, mais la maturation des tiges et des graines.

AUTRES FOURRAGES. — Parmi les autres fourrages cultivés dans la Meuse à diverses époques, nous pouvons citer : le *maïs,* dont le nombre d'hectares emblavés en 1882 était de 138.

En 1808, le maïs faisait partie des plantes fourragères cultivées par M. Saincère.

Il était particulièrement recommandé en 1835 par M. Vaaché, secrétaire de la Société d'agriculture de l'arrondissement de Bar-le-Duc.

Le maïs jouait un rôle important dans l'alimentation des vaches laitières, à la ferme des Merchines, vers 1875.

Le rendement de cette plante est de 60 à 100,000 kilog.

Le *millet,* le *moha* et le *sorgho* sont peu connus de nos cultivateurs.

La *spergule* était patronnée en 1837 par M. Frédéric d'Olincourt.

En 1843, M. Benoit, secrétaire de la Société d'agriculture

de Verdun, insistait sur la culture, comme plante fourragère, du *pastel* qui donne, avant toute autre, un bon fourrage; il conseillait de le semer au printemps.

A la même époque, M. Ninguet proposait de répandre du
ray-grass en mélange avec du trèfle.

D'après M. Cosquin, on peut créer de nouvelles ressources
fourragères en ensemençant, dans les jachères et dous les
quinze jours jusqu'à la Saint-Jean d'été, des *vesces*, des *pois*,
du *sarrasin* dans la proportion de trois quarts des deux premiers grains et de un quart du dernier.

Le sarrasin est cultivé comme plante fourragère dans le
Barrois.

Le *seigle*, le *colza*, la *navette* sont peu employés comme
fourrages.

Le *brome de Schrader*, introduit en 1866, est aujourd'hui
abandonné.

La *consoude rugueuse* du Caucase tend à prendre de l'extension; de nombreuses plantations ont été faites depuis
deux ans.

PÂTURAGES. — Depuis 1879, les pâturages se sont bien développés dans le département de la Meuse, et tous les jours
de nouvelles terres sont transformées en herbages. Il y a
quelque vingt ans on ne mettait en gazon que des terres de
médiocre qualité, de nos jours on recommande de semer des
graines de prairies là, où elles ont quelque chance de réussir,
et sans se préoccuper de la fertilité excessive du sol ou de sa
grande pauvreté. C'est que les bénéfices réalisés sur les
terres ainsi transformées ont dépassé et dépassent encore de
beaucoup ceux que peuvent donner ces mêmes terrains livrés
à la charrue. De plus, en même temps que l'on diminue les
frais de culture et de main-d'œuvre, on concentre ses fumiers,
ses capitaux, ses soins sur une surface moins étendue et l'on
obtient, par ce fait, des récoltes plus abondantes et plus
rémunératrices.

MM. Berthemy, de Nançois-le-Grand, n'ont pas hésité, en
1875, à clore une prairie de cinq hectares, traversée par un
petit filet d'eau et à y placer dix vaches qui, deux mois après,
furent revendues avec un bénéfice de 50 francs par tête.

A la même époque, M. Millon, des Merchines, mettait dans

une prairie non irrigable, d'une surface de 1 hectare 10 ares, cinq animaux de l'espèce bovine et une jument accompagnée de son poulain. Ces animaux, entrés au pâturage au commencement de mai, en sortirent le 19 octobre. — Sans tenir compte de la valeur acquise par la jument et son poulain, ce pâturage produisit 390 kilog. de viande, évalués en argent à 404 francs.

Nous pourrions citer d'autres exemples, mais les deux précédents démontrent snffisamment les avantages que peuvent retirer les cultivateurs du système des pâturages. De nombreux propriétaires, et même des fermiers intelligents, ont compris le rôle que les pâtures étaient appelées à jouer et n'ont pas réculé, un seul instant, devant la transformation totale ou partielle de leur ferme en herbages. A l'École pratique d'agriculture des Merchines, on procédait à l'établissement des pâtures de la manière suivante : le sol était, à l'avance, bien fumé, purgé des mauvaises herbes par des scarifiages répétés; il recevait ensuite, avant l'hiver qui précédait le semis, un labour profond.

Au printemps on donnait un coup de scarificateur et on semait du blé de mars, lequel suivait ordinairement une culture de betteraves.

Quelques jours après la levée du blé on répandait un mélange de semences de graminées et de légumineuses, on passait le rouleau préférablement à la herse, car il n'enterre pas trop les graines, il aplanit le sol et lui maintient sa fraîcheur.

Le mélange avait la composition suivante :

Ray-grass.	12 kilog.	Agrostis.	1 kilog.
Fétuque traçante .	4 —	Fromental. . . .	1 —
Fétuque des prés.	2 —	Trèfle blanc. . .	5 —
Paturin commun .	2 —	Trèfle hybride. .	1 —
Dactyle pelotonné.	4 —	Lupuline	2 —
Houque laineuse .	3 —		

Dans une séance de la Société d'agriculture de Commercy, en date du 29 février 1880, M. Guillaume fils, de Gondrecourt, lut un intéressant rapport sur les prairies temporaires

à base de graminées. Nous en extrayons les passages qui
suivent :

« Quant à la nature des graines, il y a tout intérêt à semer
le plus grand nombre d'espèces possible, car elles vivent chacune différemment au dépens du sol ; il y a surtout avantage
à semer celles qui appartiennent à la flore locale.

J'ai expérimenté le mélange suivant et j'en ai été très-satisfait :

Ray-grass anglais.	20 kilog.	Trèfle violet . . .	3 kilog.
Dactyle pelotonné.	3 —	Flouve odorante .	1 —
Brome des prés . .	3 —	Minette	1 —
Vulpin des prés. .	2 —	Paturin commun.	2 —
Fétuque des prés .	2 —	Trèfle blanc . . .	2 —
Thimoty.	1 —		

Grâce au pâturage, la prairie acquiert un pouvoir nutritif
beaucoup plus élevé et se trouve incomparablement mieux
utilisée que par le fauchage.

Les avantages que présentent les prairies temporaires
peuvent se résumer ainsi : peu de capitaux engagés ; le sol ne
reçoit point d'autres façons que celles de la culture qui a pré-
cédé ou le plus souvent que celles de la céréale dans laquelle
la prairie a été semée ; point de nivellement toujours si coûteux et surtout si longs à faire ; quant au semis en lui-même,
cinquante francs de semences à l'hectare environ ; possibilité
de faucher la première année, quelquefois même la seconde ;
puis pâturage productif et ainsi suppression d'une certaine
quantité de main-d'œuvre ; bétail plus nombreux, mieux
nourri, augmentant de valeur et par suite plus grande production de fumier ; amélioration du sol par cette plus grande
quantité de fumier, par la diminution de la culture arable,
par la variété des cultures dans l'assolement et surtout par le
pâturage. »

Les terrains engazonnés peuvent être laissés de cinq à huit
ans, après quoi on les défriche et on les fait rentrer dans l'assolement.

Les soins d'entretien que réclament les pâturages consistent
à étendre les excréments, les taupinières et à couper les refus
laissés par les animaux.

Pour utiliser plus complètement les herbages, on recommande, avec raison, d'y faire passer d'abord les animaux de l'espèce bovine, puis ceux de l'espèce chevaline, enfin les moutons.

Les pâturages sont favorables aux vaches laitières, aux animaux à l'engrais et à tous les élèves en général.

Les reproches adressés au système des pâtures sont les suivants : si les parcs ne sont pas traversés par un cours d'eau, on est obligé d'établir des bacs et de les remplir chaque jour à l'aide de pompes placées à proximité ou à l'aide de tonneaux, de là des frais d'installation et de transport.

En cas d'épidémie les animaux, vivant en liberté, sont plus vite attaqués.

Enfin le cultivateur qui veut se livrer à l'engraissement doit posséder des connaissances spéciales ; car il doit savoir vendre et acheter en temps opportun.

PRAIRIES NATURELLES. — La surface occupée par les prairies naturelles s'accroît, de jour en jour, ainsi que le prouvent les chiffres suivants :

Étendue des prairies en :

1789	79,197	arpents.
An IX	79,123	—
1840	47,480	hectares.
1852	48,674	—
1862	50,622	—
1882	51,375	—
1890	54,395	—

Les principales prairies sont situées dans la vallée de la Meuse ; malheureusement, les débordements qui surviennent parfois au printemps par suite de pluies continuelles nuisent beaucoup à la qualité du foin.

Les prairies qui bordent les rivières de l'Aire, de la Saulx, de l'Ornain, de la Chiers sont rarement exposées aux inondations, mais elles sont peu considérables.

Indépendamment des prés de ces vallées, on en rencontre

aussi à flanc des petites élévations, tel est le cas pour ceux de Mangiennes, etc.

Les meilleures prairies, en temps ordinaire, sont celles des deux rives de la Meuse ; elles occupent une surface d'environ 20,000 hectares ; elles donnent un rendement assez considérable et produisent un foin à juste titre renommé pour les qualités et la saveur qu'il possède.

Les plantes composant ces prairies sont celles que l'on recherche pour la création des prairies de bonne nature.

On y rencontre : le ray-grass, les paturins, le vulpin, les agrostis, les canches, la flouve odorante, la fléole, le dactyle pelotonné, la houque laineuse, la fromental et l'avoine jaunâtre. Les légumineuses sont représentées par le trèfle blanc, la minette, le lotier corniculé, les vesces.

Les plantes des autres familles botaniques sont relativement peu nombreuses, cependant les composées dominent par endroits.

Les plantes inutiles de peu de valeur et les plantes nuisibles y sont rares.

La mousse, les roseaux, les renoncules, les carex, la luzule et les prêles ne se trouvent que dans les foins provenant de sols humides, ou récoltés dans le voisinage des eaux.

Le foin des autres vallées est moins fin, moins savoureux, et si le rendement en est plus considérable, la qualité laisse parfois beaucoup à désirer.

Autrefois on ne créait pas de prairies naturelles; lorsqu'on voulait établir un pré, on laissait le sol s'engazonner de lui-même, ou on se contentait d'y répandre des fleurains ; aujourd'hui ces procédés ne sont plus usités, les cultivateurs ayant pris l'habitude de faire l'achat de bonnes graines et de les mélanger dans une proportion variable avec la nature du sol, son degré de fertilité et la possibilité de pouvoir ou non l'irriguer. C'est là un excellent système recommandable à tous les points de vue.

En 1869, M. Jules Colson, de Saint-Aubin, donnait communication, à la Société d'agriculture de Commercy, d'un mémoire qu'il avait rédigé sur l'ensemencement des prairies, notamment dans la Woëvre. Les renseignements suivants sont extraits de cet excellent rapport.

« Depuis quinze ans environ que je cultive des prairies sèches mélangées de graminées et de légumineuses, je suis satisfait des résultats que j'obtiens et je suis convaincu que sur beaucoup de points de l'arrondissement et notamment dans la Woëvre, les cultivateurs feraient une bonne opération en imitant ce que je fais dans ma culture.

Il est important que le sol soit bien préparé, propre, bien fumé, profondément labouré.

La première année j'obtiens une coupe abondante de bon fourrage sain et recherché par les animaux; la deuxième année, la minette est moins abondante, mais le trèfle blanc et le sainfoin ont pris de la force. Je ne fais jamais de deuxième coupe, mais je fais pâturer par mes vaches et mes moutons.

Ces prairies durent, en plein rapport six à dix ans, suivant la richesse et la nature des sols.

Je suis bien convaincu, ajoute M. Colson, que dans la Woëvre où le trèfle a été la cause de mécomptes et où, à cause de la grande humidité des terres, le sainfoin et la luzerne ne peuvent prospérer, les prairies du genre de celles que j'indique, rendraient de grands services à la culture et seraient le point de départ d'une révolution dans les habitudes culturales du pays. »

Composition et prix de revient des mélanges employés par M. Colson.

1º Terre forte, profonde, imperméable :

40 kilog. ray-grass anglais à 50 fr. le quintal . .	20ᶠ »
1 hect. de sainfoin	10 »
7 kilog. minette à 0 fr. 75 le kilog.	5 25
5 kilog. trèfle blanc à 3 fr. le kilog	15 »
8 à 10 sacs graines de foin	mémoire.
2 à 3 kilog. trèfle hybride.	5 »
Ensemencement et hersage	3 »
Total	58ᶠ 25

2° Terre forte, profonde, perméable :

30 kilog. ray-grass	15ᶠ	»
2 hect. de sainfoin.	20	»
7 kilog. minette.	5	25
3 kilog. trèfle blanc.	9	»
5 à 6 sacs fleurain.	mémoire.	
Ensemencement et hersage	3	»
Total	52ᶠ 25	

En ce qui concerne les terres à mettre en prés, nous sommes du même avis que M. Bonet lorsque, dans un article inséré au *Journal agricole de la Meuse* de juin 1845, il disait : « Il est des terres, même fertiles que, en raison de leur situation, il n'est pas profitable de livrer à la culture ordinaire et qu'il convient mieux de convertir en prés, celles par exemple que des cours d'eau avoisinent, dégradent de temps en temps par leurs débordements. Les récoltes de ces pièces sont souvent endommagées ou détruites, et parfois, la couche de terre arable est emportée et mise à nu. Ces terres ainsi abaissées sont de plus en plus exposées aux mêmes dégradations et perdent beaucoup de leur valeur.

En nature de pré, ces terres ne seraient peut-être pas toujours exemptes de tout inconvénient, mais sans réparations, sans culture, sans autant de peine, on obtiendrait un produit plus certain et de plus de valeur, loin de se détériorer, ces terres s'amélioreraient et tendraient à s'élever au-dessus du niveau des eaux. Ces terres sont plus nombreuses qu'on ne le croit généralement. »

Les prairies de la Meuse ne sont l'objet d'aucun soin ; c'est là un grand tort, car le sol s'épuise, la végétation devient moins luxuriante et les plantes, formant le gazon, changent de nature en même temps que le rendement diminue : le foin perd donc, par ce fait, beaucoup de ses qualités.

Dans la vallée de la Meuse, on fume quelquefois les prés en y répandant du fumier de ferme bien décomposé, des balayures de greniers ou de granges, des menues pailles, des balles avariées : l'année suivante, toutes les parties ainsi fertilisées produisent un foin plus abondant et de meilleure qualité, à la condition que ces matières ne renferment pas de mauvaises semences.

L'emploi des engrais chimiques, à base d'acide phosphorique et de potasse, mériterait de fixer l'attention des cultivateurs, car ils agissent d'une manière remarquable sur le développement des plantes, ainsi que nous avons pu nous en rendre compte nous-même.

Les cendres, souvent perdues ou vendues à vil prix, conviennent particulièrement pour l'amélioration des prairies, elles agissent à la fois comme engrais et comme amendement.

Les scories exercent aussi une grande action sur le rendement et la qualité du foin.

Au point de vue de l'irrigation, les prés de la Meuse étaient ainsi divisés en 1882 :

Irrigués naturellement. . . . . . 32,343 hectares.
Irrigués par travaux 4,202   —
Non irrigués 13,742   —

Produit d'un hectare de prairie.

Quintaux.

	Quintaux
En 1840.	26,31
En 1850, prés irrigués	38,09
— non irrigués.	26,71
En 1862, prés secs	32,50
— irrigués	41,62
En 1882, irrigués naturellement	32,52
— par travaux.	36,37
non irrigués.	26,93

Valeur du quintal de foin, à Verdun.

1789	:	1ʳ 50	1830	:	7 35	1838	: 4 85
An IX	:	1 75	1831	:	4 80	1839	: 5 35
1804	:	3 50	1832	:	4 90	1840	: 6 75
1825	:	4 80	1833	:	5 95	1841	: 6 55
1826	:	5 30	1834	:	6 20	1842	: 9 05
1827	:	4 45	1835	:	5 40	1843	: 8 05
1828	:	3 20	1836	:	5 20	1844	: 4 35
1829	:	4 75	1837	:	6 95	1845	: 4 90

1846	:	6f 60	1862	:	7f 55	1878	:	5 75
1847	:	7 25	1863	:	6 25	1879	:	6 75
1848	:	5 20	1864	:	6 70	1880	:	7 90
1849	:	4 20	1865	:	7 80	1881	:	11 55
1850	:	4 85	1866	:	7 80	1882	:	11 55
1851	:	5 55	1867	:	5 40	1883	:	8 30
1852	:	5 40	1868	:	5 40	1884	:	8 »
1853	:	5 10	1869	:	6 15	1885	:	8 »
1854	:	4 30	1870	:	12 35	1886	:	7 55
1855	:	4 05	1871	:	10 20	1887	:	7 65
1856	:	5 35	1872	:	4 50	1888	:	9 55
1857	:	6 65	1873	:	5 60	1889	:	10 35
1858	:	9 25	1874	:	7 70	1890	:	8 25
1859	:	7 55	1875	:	10 60	1891	:	9 25
1860	:	5 35	1876	:	11 95	1892	:	11 50
1861	:	6 75	1877	:	8 46			

Prix moyen du foin par périodes décennales.

1825 à 1830.	4f 95 le quintal.
1831 à 1840.	5 65	—
1841 à 1850.	6 10	—
1851 à 1860.	5 85	—
1861 à 1870.	7 20	—
1871 à 1880.	7 95	—
1881 à 1890.	9 05	—

Plantes textiles. — Les deux plantes textiles cultivées dans la Meuse sont : le chanvre et le lin.

Chanvre. — La culture du chanvre y est très-ancienne.

En 1182, le curé placé sous le patronage de l'abbaye de Saint-Mihiel jouissait, à ce titre, d'une partie des droits curiaux réglés par l'évêque de Verdun, à 15 bottes de chanvre...

En 1610, le chanvre était cultivé à Triaucourt, car le bailli, en 1632, fit défendre aux habitants de ramener dans le village et d'étendre à proximité des maisons, le chanvre retiré des routoirs.

Depuis 1840, la surface consacrée au chanvre a perdu beaucoup de son importance; cela tient à plusieurs causes,

d'abord : 1° le commerce met aujourd'hui en vente des toiles
plus fines et à meilleur marché que celles fabriquées dans
les campagnes avec le chanvre du pays ; 2° les toiles grossières, dites de ménage, sont de moins en moins portées et
utilisées dans les ménages ; 3° les toiles de coton se sont propagées avec rapidité et ont remplacé celles de chanvre ; enfin
4° les fabriques de cordages et de toiles grossières ne font
plus guère usage de la filasse de chanvre, elles emploient
actuellement les fibres de l'ortie, du phormium, de la ramie
et d'autres plantes textiles exotiques.

Étendues ensemencées en chanvre à différentes époques :

An XII	1,760 hectares.
1840.	2,545 —
1852.	1,649 —
1862.	1,035 —
1882.	185 —
1890.	44 —

C'est donc, en 50 ans, une diminution de surface de 2,501
hectares.

Dans un rapport sur divers essais de culture, paru en 1839,
M. Ninguet, de Laimont, recommandait le chanvre de Piémont.
Cette variété, parvenue en pleine maturité, 15 jours plus
tard que le chanvre de pays, a produit moins de graines que
ce dernier, mais la récolte en filasse a été double.

Cette nouvelle espèce, dit M. Ninguet, me semble mériter
tous les soins des cultivateurs qui s'adonnent à la culture du
chanvre.

M. Caurier, dans sa statistique agricole et industrielle de
la commune de Louppy-le-Petit, donne des renseignements
complets sur la culture du chanvre très en renom dans cette
commune.

Nous détachons de cet intéressant travail les quelques
paragraphes qui suivent :

« Des tiges du chanvre, on tire de la filasse ; de ses graines
on extrait une huile employée à la peinture, à l'éclairage, à la
fabrication du savon et à beaucoup d'autres usages.

« Cette graine elle-même est une nourriture fort recherchée

des volailles, et après l'extraction de l'huile qu'elle contient on en fabrique des tourteaux qui sont, pour les animaux domestiques, un aliment substantiel, dont ils se montrent fort avides.

« Le sol d'une chènevière doit être riche, frais, profond, aisé à cultiver et fumé avec des engrais bien décomposés.

« C'est ordinairement du 20 mai au 1er juin que l'ensemencement a lieu. La graine la plus pesante est la meilleure, et il faut qu'elle n'ait qu'un an.

« La récolte du chanvre ne doit être faite qu'à l'instant précis de sa maturité. L'expérience a prouvé que si l'on attend le jaunissement des tiges, il faut laisser celles-ci trop longtemps dans l'eau, la filasse perd de sa qualité, prend une mauvaise couleur et le rouissage est très-inégal.

« Il est reconnu que, toutes choses égales, le porte-graines rouit plus tôt que l'autre, que le vert rouit plus tôt que le jaune ; le côté des racines plus tôt que celui de la tête et le nouveau arraché plus tôt que l'ancien.

« Le rouissage n'a pas pour seul objet de faciliter la séparation de l'écorce du chanvre de sa tige, il a aussi pour mission d'affiner cette écorce, de la rendre plus souple, plus travaillable. »

En l'an XII, la production totale du chanvre dans la Meuse était évaluée à 12,794 quintaux de graines : le prix du quintal était de 24 francs.

Rendement et prix du chanvre.

Années.	Rendement :		Prix :	
	en graines.	en filasse.	des graines.	de la filasse.
—	hectolitres.	kilogrammes.	l'hectolitre.	le kilogramme.
1840	7,69	2,67	13f 70	1f 05
1852	12,13	3,34	13 65	1 »
1862	12,61	4,39	16 50	1 05
1882	10,28	4,76	23 »	1 35
1890	6,40	4,90	26 50	1 35

LIN. — Le lin, comme le chanvre, n'est plus cultivé dans la Meuse que sur quelques parcelles de terre. Les causes qui ont occasionné la diminution de l'étendue cultivée en chanvre sont, à peu de choses près, les mêmes qui ont déterminé les cultivateurs à abandonner la culture du lin.

Années.	Surface cultivée :		Rendement :	Prix :	
	en lin.	en filasse.	en graines.	de la filasse.	des graines.
—	hectares.	kilogrammes.	hectolitres.	—	—
1840 . . .	674	210	5,35	1ᶠ 20	19ᶠ 50
1852 . . .	470	297	6,45	1 25	22 67
1862 . . .	469	336	6,95	1 30	26 10
1882 . . .	140	400	5,25	1 25	29 50
1890 . . .	40	332	5,33	1 40	25 80

Pour l'an XII la production des graines de lin était au total de 818 quintaux d'une valeur de 36 francs le quintal : la surface cultivée était évaluée à environ 541 hectares.

Plantes oléagineuses. — L'étendue consacrée annuellement à la culture des plantes oléagineuses a diminué d'une manière sensible depuis 1862 ; il convient d'attribuer ce fait à l'usage que l'on fait, pour l'éclairage, du pétrole, des essences minérales, du gaz, voire même de l'électricité, et aux importations de graines exotiques dont les huiles remplacent, dans une certaine mesure, nos huiles indigènes et servent en même temps à leur sophistication.

Colza. — La culture du colza ne paraît pas très-ancienne dans nos contrées.

Nous empruntons à la notice rédigée par M. Cosquin-Saleron, le 1ᵉʳ mars 1834, les renseignements suivants :

« La culture du colza introduite dans nos cantons depuis quelques années devra y procurer un grand avantage aux cultivateurs s'ils veulent, toutefois, se conformer à l'emploi des moyens que nous allons indiquer.

« 1° La terre que l'on destine à être ensemencée en colza doit être cultivée et ameublie par plusieurs labours successifs et bien engraissée : le colza n'est point difficile sur le choix de la terre : il vient à peu près partout, pourvu que la terre soit grasse et bien douce au moment de la semaille.

« 2° On sème le colza à neuf litres, par hectare, à la volée depuis le 1ᵉʳ août jusqu'au 30 de ce mois.

« 3° On le replante soit au plantoir, soit à la charrue, vers la fin de septembre et courant d'octobre : il est bon que les colzas soient forts, avant l'hiver, ils résistent mieux aux rigueurs de cette saison.

« On reconnaît que les colzas sont bons à couper quand les siliques commencent à jaunir, lorsqu'environ moitié sont claires et transparentes, que leurs grains, quoique tendres encore, sont bruns et les autres restés verts; alors on coupe les colzas, on les met en javelles placées ou rangées le long du champ, rapprochées les unes des autres sans se recouvrir afin que le vent n'ait pas de prise sur elles et ne les déplace pas.

« Le colza s'est vendu pendant dix ans, ajoute M. Cosquin, depuis 3 francs le double-décalitre jusqu'à 5 francs, terme moyen 4 francs. Ainsi on tire d'un arpent de colza de 100 à 140 francs, et cela en remplacement d'un arpent d'avoine qui pourrait rapporter de 30 à 40 francs sans déduction de semence. »

Dans un second article intitulé : De la coupe des colzas, M. Cosquin recommande l'emploi de la faux pour couper plus rapidement et économiser des frais de main-d'œuvre.

M. Paulin Gillon, en 1836, conseillait de semer le colza après vesces d'hiver et de modifier ainsi l'assolement triennal.

1re année . . . . Blé.
2e — . . . . Vesce d'hiver.
3e — . . . . Colza.

Le blé, dit-il, ne serait jamais sacrifié. L'avoine seule le serait, mais les vesces d'hiver la remplaceraient avantageusement.

En 1843, M. J. Bonet, dans un article ayant pour titre Culture du colza d'hiver, donnait le conseil suivant : les cultivateurs qui entendent bien la culture du colza choisissent, dans la saison des jachères, parmi les pièces qu'ils ont labourées et fumées, celles qui conviennent particulièrement au colza et ils y sèment la graine de cette plante oléagineuse dès le mois de juillet et rarement après la première quinzaine du mois d'août.

Mais avec l'assolement triennal, c'est un colza au lieu et place du blé et beaucoup de nos cultivateurs veulent encore, aujourd'hui comme autrefois leurs ancêtres, semer quand même dans toutes les pièces de la saison des versaines. Cependant, comme tous les ouvriers, le laboureur ne travaille que pour se procurer de l'argent : une récolte, quelle qu'elle soit, doit donc être préférée à une autre, si elle est d'un produit en argent plus considérable.

Dans un second article, M. Bonet engage les cultivateurs à faire l'essai du colza de printemps, qui se sème depuis la fin de mars jusqu'au 15 mai.

Vers 1838, le colza couvrait de grandes surfaces dans la Woëvre.

Afin d'éviter la gelée des colzas, lors des hivers rigoureux, M. A. Collet place les plants, entre les lignes, à la distance de $0^m,60$ et sur la ligne à celle de $0^m,50$. Trois pieds par mètre carré, dit M. Collet, suffisent.

Années.	Surface cultivée.	Rendement.	Valeur de l'hectolitre.
—	hectares.	hectolitres.	francs.
1862.	1,227	12,60	26^f 90
1882.	418	12,37	24 10
1890.	231	10,95	21 70

NAVETTE. — La navette fut introduite en Lorraine vers 1680. Les cultivateurs furent forcés de recourir à cette plante à cause de l'avilissement du prix des grains.

En 1834, M. de Simony présentait à la Société d'agriculture des arrondissements de Bar et de Commercy une notice très-intéressante, sur la culture de la navette d'hiver.

Il avait reconnu que cette plante ne doit être semée que dans les premiers jours de septembre. Au bout de quatre années de culture, M. Simony résumait ainsi les avantages de la navette : 1° au lieu de semer la navette dans la saison des blés, on peut la semer immédiatement après celui-ci, ce qui ne diminue en rien la masse de cette céréale; 2° si on semait de la navette après une avoine ou une orge, on agirait plus sagement encore, puisque ce serait une récolte arrachée à la ruineuse jachère.

Années.	Surface cultivée.	Rendement.	Valeur de l'hectolitre.
—	hectares.	hectolitres.	francs.
1862.	3,433	7,48	25^f 10
1863.	777	8,42	19 30
1890.	207	6,94	23 80

En l'an XII la surface exploitée en navette était de 7,066 hectares, produisant 27,955 quintaux; le prix du quintal était de 24 francs.

La navette d'hiver est de moins en moins cultivée, elle est remplacée par la navette d'été.

La culture de cette plante était très-développée en l'an XII dans les environs de Saint-Mihiel.

AUTRES PLANTES OLÉIFÈRES. — M. Simony, dans une notice très-courte, mais très-précise, parue en 1834, s'efforçait de démontrer les avantages que l'on peut retirer de la culture du *pavot*. Voici ce qu'il en disait :

La culture de l'œillette est fort simple : fumer et labourer avant ou pendant l'hiver, renouveler ce labour dans les premiers jours de mars et semer dans la première quinzaine d'avril.

Un champ de 10 ares 55 peut rapporter au moins 228 litres de graines et par conséquent 50 litres d'huile, ce qui offre un résultat de 64 francs. La récolte en chanvre du même terrain ne rapporterait pas plus de 40 francs tous frais payés; en blé, le rapport ne serait que de 30 francs.

L'huile d'œillette a le triple avantage, d'être excellente pour la salade, de pouvoir servir à l'éclairage et de rivaliser avec l'huile de lin pour la peinture.

L'œillette peut se semer du 15 mars au 15 mai et par conséquent remplacer des récoltes manquées.

En 1843, la culture de cette plante était très-répandue à Maxey-sur-Vaise.

Années.	Surface cultivée.	Rendement.	Valeur de l'hectolitre.
--	hectares.	hectolitres.	francs.
1862.	378	9,97	28f80
1882.	237	8,50	27 95
1890.	90	8,06	29 80

Dans un article inséré au *Journal agricole de la Meuse*, M. Bonet s'étonnant de ce que la culture de la *cameline* ne fût pas plus répandue, il ne lui adressait qu'un reproche : l'huile qu'elle fournit ne peut être, dit-il, employée à la préparation des aliments; elle convient spécialement pour le graissage des harnais et des cuirs, elle peut aussi servir à l'éclairage.

M. de Weindel, à la même époque, disait : la cameline
vient partout et avec chance de succès, pour peu qu'on lui
accorde quelques soins de culture et les engrais nécessaires.

De nos jours cette plante est presque complètement abandonnée.

Années.	Surface cultivée.	Rendement.	Prix de l'hectolitre.
—	hectares.	hectolitres.	francs.
1862	488	11,17	23 05
1882	97	10,50	22 15
1890	13	8,30	19 80

M. Hannotin-Bouillard cultivait, en 1839, le *madia sativa*.
Le 5 mai 1840, il en avait ensemencé 15 ares dans une bonne
terre de sa ferme de Fays près Montfaucon. Après quatre
mois de végétation, il récolta 27 doubles décalitres du poids
de 10 kilogrammes l'un. En 1843, M. Bonet cultivait cette
plante comme engrais vert.

Vers 1800, on semait dans l'arrondissement de Commercy
une graine oléagineuse peu connue. Elle était désignée sous
le nom de *graine de beurre*. Elle est jaune, plus grosse de
moitié que la navette, si elle donne un huitième de moins,
l'huile en est plus douce et plus agréable; elle se fige et
s'emploie, sans être chauffée, comme le beurre qu'elle remplace.

Cette graine procure des récoltes plus abondantes que la
navette; la tige n'est pas exposée comme cette dernière aux
ravages des pucerons, mais elle ne peut être cultivée avec
succès que dans de très-bonnes terres (*Annuaire de l'an XII*).

La « graine de beurre » qui n'est autre que la *moutarde
blanche*, est encore de nos jours cultivée sur une petite
échelle dans les environs de Commercy.

Plantes diverses. — Les plantes diverses servant, à un titre
quelconque, à l'industrie ou à la consommation sont relativement peu nombreuses dans le département; on ne cultive
guère que la betterave à sucre, le tabac, l'osier, le houblon
et la vigne.

BETTERAVE À SUCRE. — La betterave à sucre paraît voir été
implantée dans notre pays, pour la première fois, en 1811,

époque du blocus continental. L'étendue cultivée dans notre
département, en 1812, était de 400 hectares. Les produits
de cette superficie servaient à alimenter deux sucreries.

La répartition de ces 400 hectares entre les quatre arrondissements était :

Arrondissement de Bar-le-Duc . . .   80 hectares.
   —   Commercy . . . 110   —
   —   Montmédy . . .   80   —
   —   Verdun. 130   —

A cette date , une sucrerie établie à Bar-le-Duc par le duc
de Reggio n'eut qu'une durée limitée.

Afin d'initier les cultivateurs à la culture de la betterave à
sucre, des instructions, rédigées par Tessier, furent répandues
dans toutes les communes pour être communiquées par les
soins des maires à tous leurs administrés.

En 1811, le département n'avait ensemencé que 175 hectares qui produisirent au total 266,383 kilog. de racines.

Vers 1836, la culture de la betterave à sucre prospérait
dans plusieurs localités de la Meuse. Il y avait de grandes
plantations destinées à l'alimentation de deux sucreries. Celle
de Cesse, brûlée en 1837, ne fut jamais reconstruite ; celle de
la ferme d'Hazavant, commune de Saint-Benoît, créée en
1829 par M. Bonvié, fut supprimée en 1838 , à la suite
d'une loi protégeant les sucres coloniaux. Après la guerre de
1870, une sucrerie établie près de Trémont n'eut pas de suc-
·cès , elle dut être abandonnée quelque temps après.

Depuis la création de la sucrerie de Sermaize (Marne), qui
remonte à l'année 1854, la culture de la betterave à sucre a
pris une grande extension dans les communes du canton de
Revigny. Cette plante est aussi, aujourd'hui, cultivée dans
d'autres cantons et principalement dans ceux avoisinant les
sucreries de Conflans (Meurthe-et-Moselle), de Sainte-Ménehould (Marne), de Douzy, de Chehery (Ardennes).

Au début de la culture de la betterave à sucre, les racines
que l'on obtenait, atteignaient de forts poids et renfermaient
relativement peu de sucre ; de nos jours, les fabricants de
sucre recherchent les betteraves dont le poids ne dépasse

pas 1 kilog. à 1 kilog. 500, car ils savent que ces petites racines fournissent du sucre en abondance.

La vente, autrefois faite au poids, a lieu maintenant à la densité. Cette méthode réalise un grand progrès, en ce sens qu'elle donne, à la fois, satisfaction et au cultivateur et à l'industriel.

Pour que cette plante puisse être cultivée avec succès, il faut la placer dans des terres de bonne qualité. Immédiatement après sa levée il est indispensable de lui donner un premier binage suivi, dans la suite, d'abord de deux ou trois autres cultures, puis de la mise à distance ou éclaircissage.

Le semis, effectué à l'aide du semoir mécanique, en lignes espacées de 0ᵐ,50, est généralement suivi d'un roulage.

Quant à la récolte, elle se fait en octobre; on se sert, à cet effet, d'une fourche à deux dents peu espacées et aplaties d'avant en arrière.

Années.	Surface cultivée.	Rendement.	Prix du quintal.
—	hectares.	kilogrammes.	francs.
1862	400	25,500	2ᶠ 69
1882	429	26,000	1 90
1890	333	17,995	3 45

TABAC. — Le tabac était peu connu en Lorraine au commencement du XVIIᵉ siècle; en 1628, il était regardé comme un remède et Charles IV en défendit la culture en plein champ, « le Conseil s'étans enquis et bien informez des grandz dommages et inconvéniens précédans du tabac tant à la santé des corps humains que corruption des aultres fruictz et plantes de · la terre, défend à toute personne, de quelque qualité qu'elle soit, de semer ni planter tabac dans le territoire de Verdun à peine de cent francs payables par corps. »

L'édit du 7 décembre 1703, portant règlement sur le tabac, interdisait aux sujets d'ensemencer, de planter et de cultiver le tabac sans la permission expresse et par écrit des fermiers généraux, à peine de confiscation desdits tabacs et de 50 francs d'amende.

Cette culture, à l'époque ci-dessus, procurait de l'occupation à de nombreuses familles, mais elle diminua beaucoup au commencement du règne de Stanislas.

La plantation du tabac, dans la Meuse, fut autorisée en 1871 : d'abord limitée à l'arrondissement de Commercy, elle fut ensuite étendue, en 1875, à la ferme des Merchines, arrondissement de Bar-le-Duc.

M. Neucourt, dans une note parue en 1875, rend compte des travaux que nécessite l'exploitation du tabac, il la recommande principalement dans la petite culture où elle permet d'occuper, sans grande fatigue, les femmes et les enfants, tout en leur assurant un travail facile et productif.

La plante, très-exigeante, rend d'autant plus que le sol est plus fertile et mieux travaillé.

D'abord cultivé sur couche, le tabac est transplanté lorsqu'il a quatre feuilles. Comme soins d'entretien, il nécessite des binages et un buttage : l'écimage se pratique au-dessus de la septième ou dixième feuille, suivant la vigueur du sujet.

Lorsque les feuilles sont mûres ce qui se reconnaît à leur changement de teinte on les détache, puis on les transporte au séchoir : là elles sont mises en guirlande et suspendues ; le séchage doit se faire à l'ombre et à l'abri des courants d'air. Il importe surtout d'arriver à une dessiccation lente et d'éviter que les feuilles ne se touchent.

Les feuilles sèches sont triées, réunies en paquets de 25, puis en bottes ; et c'est sous cet état qu'elles sont livrées dans les magasins de l'Etat.

Anuées.	Superficie cultivée en hectares.	Prix moyen des 100 kilog.	Produit par hectare en poids.	en argent.
1872.	20,12	94^f 40	1,642^k	1,551^f 69
1873.	27,79	93 11	1,480	1,384 43
1874.	31,30	94 16	2,139	2,014 94
1875.	50,04	71 48	1,483	1,060 64
1876.	24,94	78 96	1,481	1,145 40
1877.	19,24	97 41	2,006	1,942 98
1878.	18,50	102 76	1,685	1,729 25
1879.	13,40	97 40	1,441	1,396 14
1880.	7,89	105 95	2,372	2,501 55
1881.	10,82	96 38	2,387	2,298 »
1882.	12,67	82 03	1,935	1,583 14
1883.	8,54	85 42	1,809	1,545 29

Années.	Superficie cultivée en hectares.	Prix moyen des 100 kilog.	Produit par hectare en poids.	Produit par hectare en argent.
1884.	4,60	85 67	2,019	1,761 79
1885.	3,89	84 64	2,003	1,692 »
1886.	8,28	84 11	1,872	1,533 »
1887.	8,76	89 65	1,906	1,684 »
1888.	5,14	77 25	1,694	1,305 »
1889.	2,76	88 71	2,411	2,106 »
1890.	2,16	93 59	2,697	2,514 »

Voici les prix auxquels ont été payés, en 1887, les différentes classes de tabacs livrées par M. Millon, propriétaire de
la ferme des Merchines.

Tabacs marchands.

1ʳᵉ qualité. . . . . 145 fr. le quintal.
2ᵉ   —   112   —
3ᵉ   —   88   —

Tabacs non marchands.

1ʳᵉ classe	66 fr.	4ᵉ classe	33 fr.
2ᵉ —	55	5ᵉ —	22
3ᵉ —	44	6ᵉ —	10

HOUBLON. — Le houblon n'a jamais occupé, dans la Meuse,
qu'une surface très-restreinte.

Nombre d'hectares cultivés en :

1873 . . . . 4 hectares.
1882 4   —
1886 3   —
1888 1   —

Les frais d'installation exigés par cette plante, les soins
qu'elle demande pendant sa végétation et lors du séchage des
cônes, les grandes variations dans le prix de vente sont
autant de causes opposées à une grande extension de la culture du houblon.

M. François, médecin-vétérinaire à Commercy, avait, en 1876, établi une houblonnière dans d'excellentes conditions. En douze ans, il n'est parvenu que trois fois à se couvrir de ses dépenses; le reste du temps il s'est trouvé en perte ou est arrivé, avec peine, à équilibrer les recettes et les dépenses.

En 1886, la houblonnière de M. François occupait une surface de 36 ares, elle comptait 1,159 plants; le produit, 328 kilog. de cônes, fut vendu en octobre à raison de 70 francs les 100 kilog.

A la même date, M. Rollot, de Commercy, avait vendu la récolte de 325 pieds pour 100 francs.

Rendement du houblon dans la Meuse.

Années.	Produit d'un hectare.	Prix des 100 kilog.
1882	700 kilog.	500 francs.
1886	740 —	60 —
1888	300 —	85 —

Osier. — L'osier est cultivé dans l'Argonne depuis long-temps. D'abord confiné dans les sols marécageux de la vallée de l'Aire, il s'est propagé ensuite dans toutes les autres zones du département. C'est ainsi qu'on le trouve à Auzéville, Rupt-en-Woëvre, Mouilly, Ranzières, Vaux-les-Palameix, Rouvres, Contrisson, Fresnes-en-Woëvre, entre Brieulles et Nantillois, etc...

La culture de cet arbuste, tentée en 1876, à la ferme des Merchines, sur deux hectares, occupait en 1881, 20 hectares; actuellement cette culture est abandonnée.

Les principales variétés d'osier connues sont : l'osier d'Au-zéville, l'osier queue-de-renard, l'osier jaune, la grisette de Lorraine et l'osier d'*Angeville* (M.-et-M.). Pour que l'osier prenne un grand développement, il est indispensable que le sol soit profondément défoncé et qu'il reçoive, durant la vé-gétation, un ou deux binages.

L'osier se vend blanchi ou recouvert de son écorce; entier ou fendu.

Si l'osier doit être vendu non pelé, la récolte s'effectue du 15 novembre au 1er mars; si, au contraire, il doit être blanchi, on coupe les brins pendant l'hiver, on les lie en bottes que l'on place verticalement dans un bassin ou dans un cours d'eau peu profond : lorsque la sève commence à entrer en mouvement, on procède au pelage. Quelques cultivateurs opèrent la récolte de l'osier au moment de l'ascension de la sève, c'est là une pratique défectueuse; car, d'un côté, il y a perte de liquide nourricier et de l'autre retard dans la végétation.

Le pelage se fait à l'aide d'un ressort recourbé, ressemblant assez aux forces employées par les tondeurs de moutons. On peut aussi se servir d'un morceau de bois fendu en deux parties; chacune de celles-ci est taillée en lame de couteau, les deux tranchants se trouvant opposés.

Enfin, lorsque la culture de l'osier est pratiquée en grand, on peut se servir de peleuses mécaniques consistant en un batteur et un contre-batteur pleins et hérissés de dents en bois.

Le séchage terminé, les brins sont triés par ordre de grandeur et de finesse et mis en bottes.

Une oseraie en plein rapport peut donner de 3 à 4,000 kilos d'osier sec et blanchi.

Le prix de vente des 100 kilos est excessivement variable; en 1880 il était de 30 francs.

En plus des brins d'osier, on obtient par le pelage, des lanières d'écorce employées avec avantage à la confection des liens; on recommande aussi de réduire ces écorces en poudre et de les donner en cet état aux moutons, disposés aux fièvres ou à l'anémie.

La coupe d'un hectare d'osier était payée, aux Merchines, de 70 à 75 francs; le pelage de 4 à 12 francs les 100 kilos, suivant la finesse des brins.

Production des semences. — Depuis quelques années, la production des semences de céréales et de betteraves est l'objet de cultures spéciales.

MM. Millon père et fils et M. Krantz, le directeur actuel de l'École d'agriculture des Merchines, se sont occupés depuis longtemps de la production en grand des semences de blé, de betterave à sucre et d'avoine.

D'autres cultivateurs ont suivi le même exemple, de sorte qu'aujourd'hui notre département fait des expéditions assez considérables de blé, d'avoine et de graines de betterave.

A la ferme des Merchines, le blé a été l'objet de nombreux essais. L'expérimentation d'une grande partie des variétés connues ayant donné des résultats contradictoires, MM. les Directeurs qui se sont succédé aux Merchines ont été amenés à s'arrêter à cinq variétés : le blé d'Australie, le Hallet, le Goldendropp, le Schireff et le Chiddam de printemps, auxquelles on peut ajouter le blé de mars de Sivry.

Ces variétés ont été et sont encore l'objet de soins particuliers. Quelques jours avant la récolte, des femmes armées de ciseaux parcourent les champs de blé et coupent les épis les plus longs et les mieux fournis. Ces épis, rassemblés et séchés, sont battus et les grains triés à la main. Ceux dont la conformation ne laisse rien à désirer et qui représentent le type recherché sont seuls conservés.

A l'époque de la semaille, ces grains sont plantés à la main à une distance de $0^m,15$ sur la ligne et de $0^m,45$ à $0^m,50$ entre les lignes; durant la végétation, ils reçoivent un ou deux binages et les épis sont récoltés au moment de leur complète maturité. On procède ensuite au battage puis au triage, et c'est seulement l'année suivante que le produit de ces grains, ainsi sélectionnés, est livré au commerce. Les blés ainsi préparés sont cultivés, bien entendu, dans des sols convenablement fumés et purgés de mauvaises herbes. Pour éviter l'hybridation, chaque variété est semée à part et à une distance assez grande; enfin nous ajouterons que, seuls, les épis du milieu des pièces sont battus à part et les grains vendus comme semences améliorées. Certains cultivateurs agissent différemment, ils font revenir chaque année d'Angleterre des semences améliorées, provenant de la maison Hallet et vendent comme blé de semence les grains obtenus de ce premier semis, sous le nom de *blés généalogiques, première génération.*

Toutes les variétés ci-dessus désignées produisent d'excellents résultats dans notre pays (excepté cependant en 1890-1891 et 1892) à la condition d'être semés dans un sol très riche, propre, bien fumé, exempt de mauvaises herbes; il est urgent aussi que les hivers ne soient pas trop rigoureux.

En 1890-1891 et 1892 toutes les variétés améliorées ont été détruites par les froids et les pertes supportées par quelques cultivateurs les détourneront, pour longtemps, de l'emploi de ces blés à grand rendement, et ce sera vraiment regrettable, car, pour nous, la culture rémunératrice du blé n'est guère possible qu'avec les variétés améliorées, parce qu'elles ne redoutent ni la richesse du sol, ni les abondantes fumures et sont rarement sujettes à la verse.

La production des semences de betteraves fourragères ou sucrières est aussi une source de revenu pour quelques agriculteurs meusiens.

Les betteraves choisies comme porte-graines, doivent être bien conformées et n'avoir qu'un pivot, être pourvues de peu de feuilles et avoir un développement moyen.

M. Léon Collet, de Lisle-en-Barrois, cultive en grand une variété de la jaune ovoïde des Barres : cette racine a peu de feuilles, elle a un seul pivot, elle pousse presque hors de terre et, par ce fait, elle est facile à arracher.

M. Contenot-Presson, de Stainville, tend à propager une betterave qui, selon lui, a une grande valeur : c'est la *rose châtillonnaise*.

MM. Millon étaient aussi arrivés à créer une nouvelle variété de la betterave sucrière, à la suite d'une sélection scrupuleuse et bien entendue.

Chaque racine devant servir à produire des graines était analysée par la liqueur de Violette. Toute betterave ne dosant pas 10 p. 0/0 de sucre était impitoyablement rejetée.

La culture des porte-graines a été commencée à la ferme des Merchines par M. Millon père en 1878.

M. A. Collet s'est aussi occupé des porte-graines de betteraves à sucre.

Dans les campagnes, quelques ménagères produisent aussi des semences de diverses plantes, entre autres de celles des betteraves, des carottes, des navets, des rutabagas et des choux; mais le peu de soin que l'on accorde au choix des porte-graines, à la préparation du sol, à sa fertilité, à l'entretien que nécessitent ces reproducteurs, au triage des graines, amène des produits défectueux; d'ailleurs les graines ainsi récoltées ne sont employées que pour les besoins de l'exploitation — rarement elles sont cédées aux grainiers ou aux revendeurs.

Viticulture meusienne.

HISTORIQUE. — La vigne est un arbrisseau sarmenteux dont la culture, dans le département de la Meuse, doit remonter à une époque très-reculée.

Vulfoade, maire du Palais, fondateur de l'abbaye de Saint-Mihiel, en 709, dota ce couvent, qu'il confia à des religieux de l'ordre de Saint-Benoît, en lui attribuant divers domaines situés à proximité, entre autres, celui qu'il possédait à Woinville avec les maisons, bâtiments, enclaves, fermes, champs, prés, *vignes,* bois, friches, cours d'eau et autres dépendances.

Par son testament daté de l'an 985, saint Vicfride, évêque de Verdun, donne à l'abbaye de Saint-Vanne ses *vignes* situées à Neuville-sur-Meuse (entre Forges et Charny), pour la consécration du sang à la sainte messe.

En 1064 le village de Savonnières-devant-Bar (*Saponarias*) fut cédé à l'abbaye de Saint-Mihiel par Walfride, son seigneur, sous la redevance annuelle, et jusqu'à sa mort, d'un chariot de *vin* et de 10 sols.

La ville de Bar-le-Duc, en 1067, se trouvait environnée de *vignes* et de terrains bien cultivés, tandis que le surplus était couvert de forêts.

A Longeville, les *vignes* situées aux lieux dits *Bonval* et *Grimoncoste* furent plantées en 1479.

Quelques historiens admettent que le nom du village de Vignot lui vient de *vinetum, vignoble*. Vignot existait déjà en 1186, la culture de la vigne y serait donc antérieure à cette date. Les habitants de Thillot, de Saint-Maurice et de Bassaucourt essayèrent, en 1596, de se soustraire à la dîme de leur vin, mais Firmin Latrompette, abbé de l'Etanche, les attaqua vivement et obtint un arrêt qui régla la dîme au 1/20ᵉ et condamna lesdits habitants à payer tous les frais du procès (Pagin).

Voici un arrêté pris par le seigneur de Commercy en 1636 au sujet de la dîme sur les vendanges récoltées à Vignot :

« Les habitants de Vignot seront obligés de ne divertir leurs vendanges pour les faire conduire par autre lieu, que les deux portes mentionnées en l'arrêt du 13 novembre 1624.

« On ajustera les mesures avec lesquelles on prendra la dîme
en présence desdits habitants comparans par les mayeurs et
gens de justice qui seront en office et ce avec un tandelin
plein de raisins, de mesure ordinaire, ni trop grand, ni trop
petit : et par réciproque les tandelins seront ajustés et mar-
qués de ladite marque, laquelle restera entre les mains desdits sieurs, vénérables chanoines et réguliers.

« Lesdites mesures ajustées et marquées seront mises entre
les mains des dîmeurs jurés qui seront au nombre de deux
ou plus, à chaque porte, à la discrétion desdits sieurs dîmeurs.
Lesdits dîmeurs prendront par leurs mains les raisins tant
ès ballons et tandelins qu'autres vaisseaux, au prorata du
vingt-cinquième, selon leur jurement et serment, sans qu'il
soit loisible à ceux de qui ils prendront la dîme d'y contredire
ou empêcher. Et au cas que quelqu'un contredise ou empêche lesdits dîmeurs par injures, paroles, voies de fait ou
autre façon, lesdits deux dîmeurs conjointement, en forme-
ront plainte au greffe pour en être punis selon leur délit et
satisfaire aux intérêts desdits sieurs vénérables prieurs et
religieux, laquelle plainte sera valable bien qu'il n'y eut aucun témoin.

« Il sera loisible à chacun des dîmeurs de regarder et éprou-
ver à la façon qui leur semblera bon, si les raisins qui seront
dedans les ballons et tandelins seraient rompus par malice ou
fraude : que s'il se trouve quelqu'un qui les ait rompu, lesdits deux dîmeurs conjointement en feront plainte au greffe
pour faire punir les délinquants comme dessus.

« Et d'autant qu'il écherra que les susdits sieurs vénérables
et religieux mettront aux occasions plusieurs dîmeurs, il leur
sera loisible d'en prendre toujours où bon leur semblera,
nonobstant qu'il soit dit dans l'arrêt qu'ils seront de Commercy. »

ÉTENDUE DU VIGNOBLE. — La culture de la vigne n'a pas
toujours été libre. En effet, des arrêtés, des ordonnances,
eurent pour conséquences d'en augmenter l'étendue ou de la
réduire.

Le duc René Iᵉʳ essaya de protéger les vins du Barrois en
faisant paraître une ordonnance par laquelle il défendait d'a-
mener des vins étrangers dans cette contrée; cette ordonnance est datée du 20 mars 1436.

Charles III, appelé le Grand Duc, voulant protéger les vignerons contre les marchés usuraires, défendit, le 8 septembre 1578, d'acheter de la vendange au cep.

Par une autre ordonnance, du 24 octobre 1600, il prescrivit de rétablir dans leur premier état les pâtis qui avaient été convertis en vignes et en terres labourables.

Les cultivateurs ayant planté beaucoup de vignes dans des terres fertiles, même situées en plaine, une ordonnance de François III de Lorraine, datée du 24 avril 1730, leur défendit de convertir aucune de leurs terres labourables en vignes, sous peine de les arracher et de payer une amende de 500 francs. Mais il leur fut cependant permis de rétablir les anciennes à la condition d'en avoir reçu l'autorisation des lieutenants-généraux.

« Voulons qu'en cas de nouvelles plantations, on ne puisse en planter que de bonne essence et qualité, que le vulgaire appelle pineau, et défendons d'y en planter de ceux que l'on nomme grosse race ou Gamets que nous nous réservons de faire arracher, même dans les anciens vignobles. »

Un arrêt de la cour de Lorraine et du Barrois, daté du 13 mars 1747, défend aux vignerons de couper des ceps même leur appartenant, pour être mis en vente, à moins d'avoir adressé une déclaration au greffe, encore fallait-il pour cela que le propriétaire de la vigne fût consentant. Cette loi visait principalement les maraudeurs de plants.

La vigne est cultivée dans la Meuse du Sud au Nord, les limites extrêmes au Nord sont les territoires de Pouilly et de Montmédy; dans les parages de cette dernière ville, la vigne n'est plus guère entretenue que par quelques amateurs.

Si à Pouilly et à Inor, le vignoble est plus important et donne des produits plus rémunérateurs qu'à Montmédy, point aussi avancé vers le Nord, c'est que, sous le rapport de l'altitude, Pouilly et Inor se trouvent à 250 mètres; tandis que Montmédy est à 321 mètres.

Quoique la vigne puisse prospérer sur tous les points du territoire du département, l'étendue consacrée à cette plante tend à diminuer de jour en jour. A quoi peut-on attribuer cette diminution? Pour d'aucuns, c'est l'abaissement de température de notre planète. Pour d'autres, ce serait le résultat de nombreuses causes dont voici les principales : affaiblissement du plant, épuisement du sol, années humides que nous venons de traverser, maladies et parasites qui atteignent les feuilles et les racines, influence néfaste des gelées printanières, provignage fait à contre temps et difficulté de trouver de bons vignerons, en nombre suffisant.

Surface occupée par la vigne à différentes époques.

Années.	Hectares.	Années.	Hectares.
1803	13,273	1862	13,729
1828	12,745	1866	13,178
1836	12,846	1879	11,867
1845	12,982	1884	10,890
1850	13,178	1889	10,389

Ainsi, jusqu'en 1862, la surface cultivée en vigne a été en augmentant : depuis cette époque jusqu'à ce jour, la diminution a été très-sensible puisqu'elle atteint 3,340 hectares.

D'après la statistique comparée de 1789 et de l'an IX, les étendues en vigne étaient les suivantes :

Arrondissements.	1789.		An IX.	
Bar-le-Duc	16,120 arpents.		16,098 arpents.	
Commercy	4,050	—	4,172	—
Montmédy.	2,641	—	2,679	—
Verdun	3,794	—	3,873	—
Totaux	26,605	—	26,822	—

La répartition des vignes entre les quatre arrondissements était de :

Arrondissements.	1840.		1852.		1887.	
Bar-le-Duc. . . .	6,252 hect.		6,011 hect.		4,697 hect.	
Commercy. . . .	2,953	—	3,264	—	3,444	—
Montmédy. . . .	1,523	—	1,695	—	910	—
Verdun	2,117	—	2,208	—	1,573	—
Totaux. . .	12,845		13,178		10,624	

Les arrondissements de Bar-le-Duc, Montmédy et Verdun ont donc perdu de leur importance, seul, l'arrondissement de Commercy a vu s'accroître sa surface cultivée en vignes.

A titre de renseignements, citons la quantité de vignes de chacun des 28 cantons du département, en 1887.

Arrondissement de Bar-le-Duc.

Cantons.	Hectares.
Ancerville.	755
Bar-le-Duc.	1,104
Ligny.	1,341
Montiers.	14
Revigny.	466
Triaucourt.	20
Vaubecourt	80
Vavincourt	917
Total	4,697

Arrondissement de Commercy.

Cantons.	Hectares.
Commercy.	678
Gondrecourt. . . .	158
Pierrefitte.	51
Saint-Mihiel. . . .	503
Vaucouleurs. . . .	549
Vigneulles.	1,037
Void.	468
Total	3,444

Arrondissement de Montmédy.

Cantons.	Hectares.
Damvillers	246
Dun	298
Montfaucon	137
Montmédy.	28
Spincourt.	3
Stenay	198
Total.	910

Arrondissement de Verdun.

Cantons.	Hectares.
Etain	224
Charny	274
Clermont	8
Fresnes	859
Souilly	32
Varennes	37
Verdun	166
Total	1,600

D'après la configuration du sol, le vignoble meusien était ainsi partagé, en 1881.

1° *Vignobles de la vallée de la Meuse.*

Arrondissement de Montmédy	1,438h,77
— Verdun	531h,17
— Commercy	1,151h,18
Total.	3,121h,12

2° *Vignobles des Côtes.*

Arrondissement de Verdun. . . . . 1,378^h,12
    —   Commercy . . . . . . 1,823^h,78

               Total . . . . 3,201^h,90

3° *Vignobles du bassin de l'Ornain.*

Arrondissement de Commercy . . . . . . 514^h,21
    —   Bar-le-Duc . . . . . . 3,586^h,93

               Total . . . . 4,101^h,14

4° *Vignobles du bassin de l'Aisne.*

Arrondissements de Bar, Commercy, Verdun. 181^h,19

5° *Vignobles du bassin de la Marne.*

Arrondissement de Bar-le-Duc . . . . 627 hect.

EXPOSITION ET TEMPÉRATURE. — La vigne, dans la Meuse, se rencontre à toutes les expositions. Les meilleurs vignobles regardent le Sud et le Sud-Est, ceux des Côtes ont leurs pentes dirigées vers l'Est et le Sud-Est; tandis que ceux du Barrois se trouvent à tous les points cardinaux.

Il est un fait qui devrait guider les planteurs de vignes : plus on s'éloigne de l'équateur, ou plus on s'élève au-dessus du niveau de la mer, moins la chaleur est considérable; de là, la nécessité de choisir une exposition se rapprochant autant que possible du Sud.

La chaleur joue un rôle capital au point de vue du développement de la vigne et de la maturité du raisin : malheureusement dans notre département la température varie d'une année à l'autre, voire même d'un jour à l'autre, ce qui fait que le rendement est souvent incertain et parfois compromis, à la suite des variations brusques de température.

Les bonnes années sont donc excessivement rares, tandis que les mauvaises se présentent fréquemment.

Notre vignoble a surtout à redouter les effets des gelées de printemps qui détruisent soit les yeux, soit les bourgeons naissants. C'est en vue de soustraire quelques vignobles à ces funestes conséquences que des syndicats de protection, par les nuages artificiels, se sont organisés sur différents points de la Meuse.

Les gelées d'automne portent aussi de temps en temps de grands préjudices à la récolte du raisin surtout lorsqu'elles apparaissent, comme en 1889, avant le 15 septembre.

Epoque de l'apparition des gelées printanières désastreuses survenues depuis le commencement de ce siècle.

1803. . . du 23 au 24 juin.	**1867.** . . 23 mai.
1811. . . le 11 avril.	**1869.** . . 20 avril.
1815. . . 16, 19, 26 avril.	**1870.** . . 29, 30 avril.
1818. . . 31 mai.	**1871.** . . 17, 18 mai.
1821. . . 21, 26 avril.	**1873.** . . 26, 27 avril.
1823. . . 21 avril.	**1874.** . . 6 mai.
1826. . . 1er, 20 mai.	**1876.** . . gelées inoffensi-
1831. . . 15 mai.	ves en avril et
1832. . . 13 mai.	mai.
1843. . . 15, 22, 23 avril.	**1877.** . . gelées inoffensi-
1846. . . 28 avril.	ves en avril.
1849. . . 18, 19 avril.	**1879.** . . gelées inoffensi-
1850. . . 11 mai.	ves.
1853. . . 9 mai.	**1880.** . . 12, 19 mai.
1854. . . 28 avril.	**1881.** . . 19, 28, 29 mai.
1855. . . 9 mai.	**1883.** . . 21 mai, tempéra-
1856. . . 4, 5 mai.	ture — 1°.
1858. . . 11 mai.	**1884.** . . 26 avril, tempé-
1859. . . 18 avril.	rature — 2°.
1862. . . 12, 13, 14, 15	**1885.** . . 12 mai, tempéra-
avril.	ture — 1°.
1863. . . 24 avril.	**1886.** . . 4 mai, tempéra-
1864. . . 23 avril, 24 mai.	ture — 1°.
1865. . . 23 avril.	**1893.** . . 13, 14 avril, 1er
1866. . . 3, 6 mai.	juin.

Indépendamment de l'orientation, il existe aussi d'autres causes qui modifient la température d'un lieu. Ainsi les vignes placées sur des coteaux élevés sont moins sujettes aux gelées que celles situées sur des côtes basses ou en plaine, l'exposition restant la même.

Le voisinage de grandes surfaces recouvertes d'étangs, de forêts, de sols argileux imperméables, de cours d'eau, la situation entre deux collines rapprochées, déterminent toujours un abaissement de température, qui se traduit, dans certains cas, par la formation de gelées blanches. Quelques vignobles des Côtes, ceux de Sorcy, Boncourt, Aulnois, Euville, Reffroy, Marson, Bovée, Méligny-le-Grand, Méligny-le-Petit se trouvent dans ces conditions.

ÉTUDE DU SOL. — La vigne est cultivée dans toutes les variétés de sols que l'on rencontre dans le département. Elle végète, en effet, dans les sols argileux de la Woëvre, dans l'argile ferrugineuse de l'Argonne orientale, dans les sols calcaires et pierreux du Barrois, dans les terres où l'on extrait le minerai de fer à Ancerville, dans les sables provenant de la désagrégation de la gaize à Beaulieu.

C'est principalement sur les pentes plus ou moins rapides que la vigne est plantée; ainsi les coteaux qui bordent les vallées de la Meuse, de l'Ornain, de la Saulx et la chaîne des côtes qui terminent la Woëvre sont couverts de vignes.

La composition physique et chimique de la terre où elle se développe a une importance majeure sur l'abondance et la qualité du vin : là où l'argile domine, le vin est produit en quantité, mais il manque de qualité : il est âpre, souvent acide et doué d'un parfum moins agréable que celui des vignes de sols siliceux ou calcaires. Ces derniers terrains donnent de faibles rendements, le vin possède, par contre, de très-grandes qualités; il est doux à boire, alcoolique, agrémenté d'un bouquet qui plaît, et qui est très-recherché des gourmets.

Au point de vue de la production des vins fins et délicats, il y aurait lieu de recommander la plantation de la vigne dans des sols légers et bien exposés. Mais, chose regrettable, ces natures de sols ne se trouvent pas partout; de plus, la quantité de vin produite ne serait pas suffisante pour la consommation, et par cela même la culture, dans ces conditions, ne serait pas rémunératrice. Aujourd'hui, coûte que coûte, tout le monde veut boire du vin et, comme il y a plus de consommateurs que de connaisseurs, on est conduit, par la force des choses, à produire le plus possible sans s'intéresser de la qualité; aussi le vigneron moderne a-t-il multiplié des variétés à grand rendement, dans les sols plutôt argileux que sableux ou pierreux, bien qu'il sache d'avance que les plants auront une durée moins longue.

Si d'un côté on obtient de grands avantages en créant des vignobles dans les sols compacts, humides en hiver, crevassés en été, de l'autre, il en résulte d'incontestables inconvénients; le raisin se fendille, pourrit sous l'influence des pluies prolongées, la chlorose et les maladies cryptogamiques se déclarent, désorganisent les racines et les feuilles au détriment de la durée du cep, de la quantité et de la qualité du vin.

En ce qui concerne la composition physique et chimique des terres de quelques vignes du département de la Meuse, nous empruntons à l'ouvrage de M. Neucourt intitulé : *La vigne dans le département de la Meuse,* le tableau ci-dessous.

Analyse des terres de différents vignobles.

	Liouville.	Buxerulles.	Thillot.	Eix.	Damloup.	Saint-Mihiel.	Les Rochettes.	Bar-le-Duc.
Lot pierreux......	14.550	16.250	21.830	18.090	10.768	4.900	26.	6.
Sable siliceux.....	52.004	40.	37.458	41.927	48.047	14.670	34.832	40.310
Argile..........	14.450	17.713	16.226	13.256	15.907	27.293	13.875	20.660
Carbonate de chaux.	10.750	11.440	13.982	20.008	15.400	19.198	12.500	7.500
Azote..........	0.200	0.700	0.300	1.	0.700	0.771	0.750	0.400
Acide nitrique.....	0.013	0.012	0.066	0.012	0.040	0.100	0.101	0.100
Potasse.........	0.979	0.150	0.144	0.180	0.203	0.110	0.112	0.090
Acide phosphorique.	0.190	0.704	0.320	0.131	0.366	0.244	0.718	0.260

Sous le rapport de leur composition physique, ces terres sont fortement sableuses, pauvres en argile, moyennement riches en calcaire et douées d'une cohésion relativement forte.

D'une manière générale, la composition chimique de ces terres est excellente et la proportion des éléments entre eux est dans un bon rapport.

Un hectare de terre de vigne dose donc, en moyenne :

    40,621 kilog. d'acide phosphorique.
    13,007   —   de potasse.
    236,200 —   de matières organiques.

Voilà, comme terme de comparaison, les chiffres extrêmes trouvés pour l'analyse de 24 sols, portant des vignes de la région lyonnaise.

	Quantités extrêmes.	Moyenne des 24 sols.
Azote	0,049 — 0,227	0,106
Acide phosphorique . . .	traces — 0,241	0,073
Potasse	0,043 — 0,347	0,121
Chaux.	0,028 — 28,610	5,844

La nature de la roche qui forme le sous-sol agit également d'une manière sensible sur le développement de la vigne et sur sa durée. Lorsque le sous-sol est argileux les racines se trouvant en contact de l'eau pourrissent, la végétation est languissante, les feuilles prennent une teinte jaune, les raisins coulent et la maturation s'effectue difficilement; si, au contraire, il est perméable, sableux, calcaire ou formé de roches fissurées, les racines s'implantent profondément, les ceps ont de la vigueur, les raisins ne souffrent pas dans les années humides : en un mot, les récoltes sont abondantes, de bonne qualité et la vigne ne disparaît que lorsque le sol est épuisé.

ENGRAIS. — Les engrais appliqués à la vigne d'une manière judicieuse et à dose convenable exercent une action favorable sur le rendement et la valeur du vin. Il est utile, nécessaire, de fumer les vignes tout comme on fume les autres plantes de la grande culture; ce n'est d'ailleurs que mettre en pratique la loi de restitution « rendre au sol les éléments que lui ont enlevés les récoltes. »

Si cette loi semble connue de la plupart des vignerons, elle n'est que rarement mise en pratique.

Dans la Meuse, les vignerons véritables amis du progrès, fument leurs vignes avec différentes matières fertilisantes.

Le fumier de ferme est le plus souvent employé : lors de son épandage sur le sol, il doit se trouver en voie de décomposition, attendu que le fumier frais ou celui qui a peu fermenté renferme une grande quantité de mauvaises graines dont le développement, à un moment donné, pourrait entraver la végétation. Il doit être enfoui par le labour de février; employé en couverture, il détermine, par les gaz et les émanations qui s'en échappent, la pourriture du raisin, ou communique à la vendange un mauvais goût. Cependant on le répand quelquefois sur le sol lors des chaleurs; on arrive ainsi à maintenir la terre en fraîcheur mais, dans ce cas, il est urgent de n'en faire usage que lorsqu'il est bien consommé.

Il ne convient pas, si on l'enterre par le premier labour, de le mettre en contact des racines et des souches, car il pourrait leur communiquer *le blanc*.

Le fumier long ou pailleux présente de graves inconvénients dans les sols légers; agissant comme élément diviseur, il soulève la terre et facilite la pénétration de l'air et de la chaleur dans les couches profondes du sous-sol; il dessèche donc par trop ces terres, déjà poreuses, et les prive de l'humidité qui leur serait si nécessaire pendant les fortes chaleurs.

Les engrais chimiques ont été expérimentés sur la vigne; les résultats qu'ils ont donnés n'ont pas dû être très-brillants puisque les expérimentateurs n'en ont pas continué l'emploi.

Pour faire bon usage des engrais chimiques il faut nécessairement posséder certaines connaissances, telles que : la composition chimique du sol, les éléments puisés dans le sol par les racines de la vigne, enfin le mode d'action de chacun des engrais employés. D'une manière générale, on peut admettre que les engrais azotés exercent une influence marquée sur le développement des feuilles et des bourgeons; tandis que les engrais phosphatés et ceux à base de potasse agissent sur le rendement en raisins.

Le compost est, selon nous, le meilleur engrais; on le forme en mélangeant pour couches, de la terre, des curures de fossés, des cendres, des marcs, du fumier de ferme, des

débris animaux et végétaux ; le tout est ensuite arrosé avec
du purin, des eaux de lessive, de l'eau pure même. La masse
est brassée à deux ou trois reprises et lorsque toutes les
matières sont bien décomposées et rendues homogènes, on
les transporte sur la vigne à fertiliser.

Le rédacteur de l'*Annuaire de l'an XII,* recommandait de
recharger les vignes en employant les marcs mêlés de boues
et de fumier de bergerie.

Les composts constituent un excellent engrais dont la durée
est très-longue; les éléments fertilisants qu'ils contiennent
étant retenus par les pores de la terre, ne sont cédés aux
racines qu'au fur et à mesure de leurs besoins; ils augmentent l'épaisseur de la couche arable; ils ne possèdent aucun
des inconvénients du fumier de ferme; enfin, ils peuvent être
appelés, suivant la nature du sol sur lequel ils sont répandus,
à diviser celui-ci, ou au contraire, à lui donner de la consistance.

C'est au moyen du fumier de ferme, de composts ou de
terre végétale prise sur les plateaux situés au-dessus des
vignes que M. Victor Petitjean de Loisey fume ses vignes.

M. Billon père, d'Hannonville-sous-les-Côtes, opère ainsi :
il fait répandre sur ses vignes une bonne couche de fumier,
qu'il enterre en mettant par dessus une épaisseur de $0^m,05$
à $0^m,07$ de terre, prise dans la vigne même ou dans une vigne
à proximité.

Les terres extraites des trous creusés dans les vignes de
M. Billon servent donc au rechargement.

Nous lisons dans l'Annuaire précité : « Il est bon d'observer
que l'on ne place pas de suite une forte couche de terre
pour ne pas étouffer les ceps et que tous les engrais en ajoutant à la quantité de récoltes, diminue leur qualité surtout
dans les premières années. »

LABOUR. — La première façon donnée à la vigne est un
labour. Celui-ci est effectué en février, mars et même en
avril, à la *bêche,* à la *fourche,* au *hoyau,* et au *ka* ou, dans
le Barrois, au *chavrot.*

Le *ka* est un instrument très-répandu dans les vignobles
des Côtes; il se compose d'une lame légèrement recourbée
et de deux dents opposés à la lame, séparés de celle-ci par
un œillet qui reçoit le manche.

Le *chavrot* est particulièrement employé dans les environs de Bar pour la culture des sols pierreux : c'est une lame triangulaire courbée dans les deux sens en dedans et pourvue, à la partie supérieure, d'un œillet pour y fixer le manche.

Autant que possible, la préférence doit être donnée aux instruments à dents, ceux à lame ayant pour inconvénient de couper une infinité de radicelles et de diminuer d'autant la force de végétation des ceps.

En vue de conserver aux plants de vigne toute leur vigueur, nous croyons devoir recommander les labours légers plutôt que les façons parfois données à $0^m,15$ et $0^m,18$ de profondeur, car nous admettons que ces derniers sont plutôt nuisibles qu'utiles. En cela nous sommes d'accord avec de nombreux viticulteurs meusiens et en désaccord avec la plupart des vignerons.

En même temps que l'on pratique le premier labour, on effectue, sur certains ceps, une opération nommée *ébarbage*, qui consiste dans l'enlèvement, à la serpette, de la couronne de racines la plus rapprochée de la surface du sol. On a remarqué que les ceps non ébarbés se brisent plus facilement à l'endroit de la formation de ces racines, lors du provignage. L'ébarbage a donc une grande importance, aussi est-il exécuté par tous les bons vignerons.

« On bêche la vigne dans le temps même du provignage et de la taille, on doit la labourer à $0^m,05$ (environ 2 pouces) de profondeur et même plus encore à l'entour de chaque cep qu'on nettoie des chevelus et racines situées à la superficie : on redresse ensuite le cep en serrant la terre avec le pied » (Rapport fait au conseil municipal de Bar, le 25 pluviôse de l'an IX).

Si la vigne est plantée en lignes suffisamment espacées, la première culture peut avoir lieu à la charrue, le travail est ainsi fait plus économiquement puisqu'il est donné dans un temps très-court.

BINAGES. — Depuis l'époque du premier labour jusqu'à la récolte des raisins, la vigne reçoit trois ou quatre binages destinés à la destruction des mauvaises herbes et à la conservation de la fraîcheur du sol. Le premier a lieu aussitôt l'ébourgeonnement; le deuxième après le liage; le troisième après le deuxième ébourgeonnement et le dernier quand les raisins commencent à noircir.

Règle générale : toutes ces façons doivent être données par le beau temps et lorsque le sol est complètement ressuyé. Les labours effectués par les gelées, par la neige ou par les pluies sont des plus nuisibles, ils laissent le sol motteux, pétri, imperméable à l'air, à l'eau et à la chaleur ; aussi n'est-il pas rare de voir les vignes travaillées à contre-temps devenir chlorotiques et donner des pousses chétives et dépourvues de raisins.

Les binages doivent aussi être pratiqués par la sécheresse, leur effet étant de rompre les tubes capillaires et par ce fait de maintenir la fraîcheur du sol et du sous-sol : c'est de là qu'est né le proverbe « qui bine, arrose »

MULTIPLICATION DE LA VIGNE. — La vigne est multipliée au moyen de divers procédés :

1° Le *semis* est plutôt usité pour la création de nouvelles variétés que comme moyen de multiplication : d'ailleurs ce procédé est très-long et il ne faut pas moins de 8 à 12 ans pour obtenir des produits d'un cep provenant de semis. C'est cependant, à notre humble avis, la meilleure méthode de régénération.

Les plants dérivant de semis ne sont pas tous propres à être élevés ; les uns, et ils sont assez rares, pourront être employés directement ; les autres, et ils sont les plus nombreux, devront, avant d'être mis en place, subir l'opération du greffage.

Des essais de semis ont été tentés en 1863 et en 1864 par M. Boinette ; les variétés nouvelles obtenues ne lui ont paru recommandables sous aucun rapport.

MM. Valentin, pépiniériste à Fresnes-en-Woëvre et Pagin, viticulteur à Thillot, entreprirent, eux aussi, des semis de vigne en 1875. Deux ans après, les sujets furent plantés à la distance de 0^m,70 en tous sens, mais le funeste hiver de 1879-1880 en détruisit la plus grande partie : ceux qui restèrent, donnèrent des fruits la sixième et la septième année de plantation. Aujourd'hui ces ceps sont multipliés et précieusement conservés par M. Pagin.

Malgré ces résultats, M. Pagin déclare que la multiplica-

tion par le semis est une opération dispendieuse, de longue
haleine et donnant des produits bien aléatoires.

2° Le *bouturage* est un excellent moyen de propagation à
la condition de suivre les indications suivantes : les boutures
seront choisies sur des ceps relativement jeunes, vigoureux,
productifs et dont le bois est bien mûr ; il faut prendre dans
un sarment la partie moyenne et faire la section inférieure à
$0^m,01$ au-dessus d'un œil opposé à une grappe ou à une
vrille ; comme la moëlle est interrompue à cet endroit, il s'ensuit que la décomposition de cette dernière ne pourra gagner
les boutons supérieurs, ce qui se produit si la section est faite
au-dessous d'un œil non opposé à une grappe ou à une vrille.

Les boutures, d'après M. Valentin, doivent être détachées
à l'arrière-saison, mises en stratification pour l'hiver et placées en demeure au printemps.

La bouture à talon, ou crossette, c'est-à-dire pourvue de
son empâtement ou de bois de deux ans, est de beaucoup
préférable à la bouture simple ou chapon. On fait aussi usage
de la bouture enracinée qui n'est autre chose qu'une bouture
simple ou une crossette élevée en pépinière et pourvue de
racines.

3° Le *provignage* ou *chavage*, selon les contrées, est malheureusement trop fréquent dans les vignobles de notre
département. Il serait bien plus avantageux, selon nous, de
créer des pépinières à l'aide de boutures simples ou de cros-
settes et de faire usage de ces plants, lorsqu'ils seront enracinés, au lieu de coucher en terre un cep plus ou moins
vigoureux, pourvu de deux ou trois mérins.

A l'aide de boutures de trois ou quatre ans de pépinière,
le résultat, au point de vue de la production, serait à peu
près identique, au bout de deux ans de plantation, à celui
que peut fournir le provignage. Quant au rajeunissement, il
est certain qu'une jeune bouture sera toujours plus vigoureuse et aura une durée bien plus longue qu'un cep qui a
déjà été provigné 4, 5, 8, 10 et 15 fois et dont les racines et
leurs bifurcations forment, dans la couche arable, un lacis
inextricable s'opposant à la circulation de la sève et à la pénétration des outils dans les profondeurs du sol.

Le provignage est pratiqué dans tous les vignobles de la

Meuse, il s'exécute de deux manières différentes, soit par ceps isolés, soit en couchant tous les ceps d'une vigne. Dans le premier cas, on ne couche en terre que les ceps âgés ou ceux destinés à garnir les vides. A cet effet, on commence par enlever les sarments inutiles et les chicots, on creuse une fosse en avant du cep, on dégage celui-ci de la terre qui l'entoure, on coupe les racines qui s'opposent à son pliage, puis on le rabat dans la jauge en ayant soin de relever les extrémités des sarments, on remplit la fosse de la terre extraite et on taille les provins à deux boutons au-dessus du sol.

S'il s'agit de combler un espace dépourvu de ceps, on choisit un plant pourvu de deux ou trois mérins, on creuse une fosse bifurquée à l'avant ou sur le côté; dans chaque fosse secondaire, on place un brin; si le cep porte trois mérins, le troisième est relevé sur place.

Le provignage est souvent usité dans les premières années de plantation, il a alors pour but de garnir tout le terrain.

Nous extrayons du rapport fait au conseil municipal de Bar par sa commission d'agriculture, en date du 25 pluviôse an IX, les données suivantes :

« Il n'est pas un vigneron qui ne sache que pour bien faire une fosse, il faut la tenir assez large et assez longue, la creuser jusque sur les lits, bien dégager les ceps à leur naissance, les nettoyer de leur chevelu afin qu'ils ne fassent ni saut, ni élévation, les placer avec précaution sans les croiser, ensuite remplir la fosse à deux fois; la première terre mise, on tient d'une main l'extrémité du cep, on le consolide en serrant la terre avec le pied, puis on en fait autant pour le second cep, et on termine la fosse en achevant de la remplir.

« Si c'est un remplacement, on met en avant le moins grand des deux bois, l'autre, s'il vient de droite, on le tourne en forme d'anse de panier à la gauche et on le conduit à l'endroit d'où il est parti : si c'est de la gauche, on le passe à la droite, en prenant toujours la précaution d'espacer les ceps de manière qu'ils soient autant que possible à une distance égale les uns des autres.

« Le mauvais ouvrier fait une fosse étroite, ne creuse pas à fond, place sans attention les ceps, emplit d'un seul temps la fosse, en sort précipitamment sans maintenir le bois qui se relève d'abord, il laisse ensuite clore les fosses par ses enfants trop jeunes encore pour un ouvrage de cette importance. » (Communiqué par M. A. Jacob, archiviste.)

Dans le cas d'un provignage complet, tous les ceps d'une vigne sont couchés en terre à la même époque. Dans ces conditions, l'opération tient lieu de béchage. Ce système est surtout appliqué dans les vignobles des Côtes, et à chaque période de 8 à 12 ans.

La profondeur à laquelle on enterre les ceps varie d'après la nature du sol. Elle est faible dans les terres compactes, à base d'argile, et plus grande dans les sols pierreux et secs.

Il ne faut mettre en terre que des ceps sains, portant des mérins de moyenne grosseur, pourvus de boutons bien constitués : on doit rejeter les brins de gros calibre, parce qu'ils ont souvent la moëlle noire, ainsi que ceux qui ne sont pas suffisamment aoûtés.

Le provignage se pratique en mars, avril ou mai, souvent on attend que les boutons soient gonflés, afin d'éviter de coucher en terre des brins secs ou peu vigoureux.

4° La *marcotte*, appelée aussi *sauterelle*, commence à se répandre dans la Meuse. Nous en avons vu de très-belles applications chez M. Berthélemy de Liouville. Ce procédé de multiplication consiste à coucher un brin en terre et à relever son extrémité supérieure : au bout d'un à deux ans, c'est-à-dire lorsque la reprise est assurée, on détache ce nouveau plant du pied-mère. Le marcottage est excellent, il présente sur le provignage le grand avantage de donner naissance à un cep libre et complètement indépendant. On fait quelquefois usage du marcottage renversé ou versadi, picotte, qui s'exécute en courbant un brin et en enfonçant sa partie effilée en terre, sans que pour cela il soit détaché du cep qui lui a donné naissance.

Depuis plus de huit ans ce moyen est employé par M. Contant de Saint-Mihiel pour peupler une de ses vignes situées près de Vigneulles.

Un brin ainsi recourbé donne naissance à de nouveaux mérins, lesquels peuvent à leur tour subir la même opération : on peut donc, avec le versadi, peupler une vigne à l'aide de quelques ceps.

Ce procédé, quoique très-original, ne s'est pas répandu; il

a été essayé par M. Pagin, mais sans grand succès; il est défectueux sous plus d'un rapport : les labours et les binages se font difficilement; la sève est contrariée dans son parcours, il s'ensuit que la reprise est assez peu assurée; enfin les brins sont trop rapprochés de la surface du sol, les grappes plus exposées à être salies lors des pluies battantes, sont sujettes à pourrir.

Le marcottage chinois et le marcottage en serpenteaux sont employés par M. Pagin depuis huit ans et par M. Boutte de Thillot depuis six ans pour obtenir rapidement de nombreux plants avec le même sarment.

On peut coucher à $0^m,05$ en terre, un brin pourvu de nombreux boutons, ou lui faire décrire plusieurs ondulations qui sont maintenues à l'aide de petits crochets en bois. Au printemps suivant, tous les boutons se développent et donnent des pousses; celles-ci s'élèvent au-dessus du sol et des racines se forment dans la couche arable; la deuxième année, on tronçonne le brin et on obtient autant de boutures enracinées que d'yeux enterrés.

Ces systèmes nous ont paru excellents et dignes d'être recommandés.

5° Depuis longtemps on patronne le *semis de boutures*, M. Pagin a expérimenté ce procédé et il dit s'en être bien trouvé. Le semis est surtout applicable chaque fois que l'on veut propager une nouvelle variété et que l'on n'a, à sa disposition, qu'un nombre très-restreint de sarments. En automne, on sectionne les brins en autant de parties qu'il y a de boutons bien constitués en réservant de chaque côté de ceux-ci $0^m,005$ de bois. Ces boutons sont mis en stratification dans du sable fin et placés dans une cave où ils passent l'hiver. Au printemps, on ouvre, dans un terrain bien préparé, des rigoles au fond desquelles on plante les boutons à la distance de $0^m,05$ à $0^m,10$; on remplit les rigoles de terreau fin, on plombe le sol et on l'arrose. Au bout de trois à cinq ans ces boutures forment des ceps.

6° Le *greffage* est utile pour le cas où l'on veut changer la nature d'un cépage : il est depuis dix ans l'objet d'essais suivis chez MM. Valentin et Pagin. Ces messieurs ont tenté l'opération sur de nombreux ceps, les résultats auxquels ils sont arrivés ont été très-satisfaisants. Nous avons vu, il y a trois ans, chez M. Pagin, de très-beaux sujets greffés, entr'autres des cépages de pays sur des plants américains obtenus de semis. Ce serait, à notre avis, un excellent moyen de combattre le pourridié, puisque cette maladie ne se développe que sur quelques variétés.

Dans l'arrondissement de Commercy, le Jacquemard passe pour un cépage très-résistant à cette maladie. Ne pourrait-on pas s'en servir comme porte-greffe sur lequel on placerait une variété de petite race moins résistante? Le système de greffe pratiqué par MM. Valentin et Pagin est celui dit en fente anglaise ; ils opèrent sur ceps enracinés ou sur boutures ; la greffe en fente ordinaire peut être employée pour les ceps âgés.

Dès 1867, M. Boinette s'occupait du greffage de la vigne. A cet effet, il se servait de l'Aramon et du Mourvède comme porte-greffe, et du pineau comme greffon.

M. Pagin fait usage, comme porte-greffe, dans ses essais, de la Madeleine noire, du Corbeau, des Gamais blancs, des Riparia, Viala, Solonis, Taylor, Jacquez et Canada.

PLANTATION. — La plantation d'une vigne devrait toujours se faire dans un terrain neuf, bien fumé, très-propre et défoncé à une profondeur de $0^m,35$ à $0^m,40$. Ce sont là les seules conditions de réussite, les seules qui puissent assurer la reprise de la vigne. Puisque c'est le terrain qui donne aux vins leur finesse, leur saveur, leur parfum, il est donc indispensable de bien choisir l'emplacement et d'y planter des cépages propres à y prospérer, tout en donnant de bons produits.

En général, les gamais se plaisent mieux en plaine et dans les sols fermes ; tandis que les cépages blancs, les cépages fins réussissent mieux en coteau et dans les sols secs et pierreux.

La plantation peut être faite avec des boutures ou des plants enracinés ; en lignes, en foule ; partiellement ou totalement.

Si on fait usage des boutures simples, on creuse une rigole de $0^m,15$ de largeur et de $0^m,20$ à $0^m,25$ de profondeur, puis on place verticalement, isolés ou par deux, les sarments coupés à 0^m,30 de longueur; enfin on remplit la jauge, on tasse la terre contre les boutures et on rabat celles-ci à un œil au-dessus du sol.

Quelques vignerons, avant de procéder à la plantation, font subir aux boutures une opération préalable; les uns tordent la base, d'autres enlèvent une lanière d'écorce, enfin certains font tremper les sarments pendant huit jours dans de l'eau pure ou dans un liquide pâteux contenant des matières fertilisantes en suspension ou en dissolution.

Si les plants sont enracinés, on ouvre une rigole, comme dans le premier cas, et on place les boutures après leur avoir fait préalablement subir l'opération de l'habillage, qui consiste à rafraîchir à la serpette toutes les racines brisées lors de l'arrachage; les sections doivent toujours être faites en dessous et de manière que la plaie repose directement sur la terre.

Ce mode de plantation présente, sur le précédent, l'avantage de donner des produits la deuxième ou la troisième année après la mise en place, tandis qu'il faut compter quatre à cinq ans pour que les boutures simples portent fruits.

Si l'on veut garnir les parties dépourvues de ceps et obtenir des raisins dans le plus bref délai, nous recommandons aux vignerons de créer une pépinière dans laquelle ils auront en tout temps des plants de 1, 2, 3, 4 et 5 ans de plantation.

C'est avec des plants enracinés et élevés en pépinière que M. Berthélemy, de Liouville, se propose de remplacer les ceps n'ayant pas réussi dans sa nouvelle plantation et ceux qui disparaissent dans ses anciennes vignes.

La plantation en lignes est pratiquée depuis longtemps dans la Meuse; on peut voir de nombreuses vignes en lignes en parcourant les vignobles des Côtes et particulièrement à Buxerulles, Buxières, Heudicourt et Loupmont; le seul reproche que nous croyons devoir adresser aux vignerons de ces localités c'est d'avoir conservé un trop faible écartement entre les lignes; cet écartement n'atteint guère que 0^m,45 à 0^m,50.

Les plus beaux spécimens de plantations en lignes que nous ayons vus, jusqu'à ce jour, dans notre département se trouvent à Thillot, chez M. Boutte, à l'École primaire d'agriculture de Ménil-la-Horgne, à Naives-devant-Bar, chez M. Guillaume; enfin à Bussy-la-Côte, chez M. Hussenot.

Dans ces différents endroits, les lignes sont espacées de $0^m,80$ à $1^m,10$ et tous les travaux de culture sont effectués, ou peuvent l'être, à la charrue et à la houe à cheval.

Les avantages que présente la disposition en lignes espacées sont les suivants : rapidité avec laquelle s'effectuent les cultures, économie de main-d'œuvre, surveillance rendue plus facile, aération plus complète, maturation avancée, entretien peu coûteux des tuteurs.

Les vignobles de Thillot et de Ménil-la-Horgne sont dépourvus d'échalas, deux et trois lignes de fil de fer, maintenues à égale distance par des poteaux en bois ou en fer, placés à 15 mètres les uns des autres, servent à fixer les rameaux et à les maintenir dans la position verticale.

La plantation en foule est, dans nos vignobles, la plus commune; cependant depuis une dizaine d'années une grande partie des vignes établies ont été placées en lignes.

A Thillot, depuis l'exemple donné par M. Boutte, exemple qui remonte à huit ans, de nombreux vignerons se sont décidés à planter en lignes.

La plantation en foule n'a aucun des avantages que nous venons de signaler dans la plantation en lignes.

Dans certains cas la plantation n'est que partielle, alors les ceps sont très-espacés et les vides sont ultérieurement comblés par le provignage. Ce système est bon lorsqu'on ne dispose que d'un petit nombre de plants, cependant il a le désavantage de ne donner un rendement moyen que lorsque la vigne est entièrement peuplée. Malgré ce grave reproche, la plantation partielle est encore pratiquée par les vignerons, pour le motif suivant : un cep, disent-ils, n'est susceptible de donner de bons produits et de bonne heure, s'il n'a été provigné au moins une fois. Cette raison nous paraît assez juste; par le provignage, en effet, on provoque sur la partie de la tige couchée en terre le développement de nouvelles radicelles, il s'ensuit que le cep et les bourgeons, recevant une plus grande quantité de sève, prennent plus d'extension et donnent des fruits plus abondants ou mieux nourris.

Le nombre de plants entretenus par hectare est excessivement variable.

Dans les plantations en foule ou en lignes très-rapprochées, on en compte de 30 à 35,000; sous les Côtes ce nombre atteint même 45 à 50,000 : dans les nouvelles plantations, effectuées en lignes, les plants ne dépassent pas 25,000.

Il nous est arrivé bien des fois de compter 4, 5 et même 6 ceps par mètre carré.

Il est certain que, dans ces conditions, le sol s'épuise très-vite, la végétation est peu vigoureuse, les raisins mûrissent difficilement faute d'air, de lumière et de chaleur.

A l'École primaire d'agriculture Descomtes et chez M. Guillaume, les plants sont espacés de un mètre en tous sens; chez M. Boutte, l'écartement entre les lignes est de 0^m,80 et les ceps sont à 0^m,35 ou 0^m,40 sur la ligne.

A l'École pratique d'agriculture des Merchines les ceps étaient à la distance de 1^m à 1^m,10 entre les lignes et de 0^m,40 sur la ligne.

Nous sommes persuadé que l'écartement d'un mètre en tous sens ne convient qu'aux vignes destinées à recevoir la taille longue, système Guyot ou à celles soumises à la méthode Trouillet.

Dans le rapport fait au conseil municipal de Bar-le-Duc, en 1801 par sa Commission d'agriculture, il est dit : « Les gens experts estiment qu'une vigne est bien peuplée, quand dans un jour, qui contient à la nouvelle mesure 34 ares, il y a 12,000 ceps, soit environ 36,000 plants par hectare. »

Durival le Jeune, dans son travail sur la vigne, couronné en 1776 par l'Académie royale des sciences et des arts de Metz, dit à propos de la plantation de la vigne : « Ils (les vignerons) pratiquent dans l'alignement du terrain, de bas en haut, des fossés de 15 à 18 pouces de largeur sur autant de profondeur, à la distance de quatre pieds, les uns des autres, dans lesquels ils placent un plant enraciné ou une ou plusieurs boutures. » (Communiqué par M. Jacob, archiviste). Quoi qu'il en soit, il est reconnu que les plantes rapprochées ou semées épaisses mûrissent plutôt que celles qui sont écartées ou peu drues, mais si la maturité se trouve ainsi avancée, c'est au détriment de la grosseur des produits. Un blé semé épais mûrira quelques jours plus tôt que celui qui est clair : ce fait est connu; en revanche, le blé dont les tiges sont espacées produira des grains plus ronds, mieux nourris, des épis plus longs, un rendement bien supérieur au froment

dont les plants seront trop serrés : il en est de même pour
la vigne.

En toute chose, il faut éviter les exagérations et nous pensons que le nombre de ceps que peut nourrir un hectare, ne
doit pas être supérieur à 30,000.

CÉPAGES. — François, duc de Lorraine et de Bar, exigea,
par sa déclaration du 24 avril 1730, qu'en cas de nouvelles
plantations de vignes, on ne pût employer qu'une bonne
essence et qualité vulgairement appelée *Pineau*, défendit
l'usage de la variété dite ou *Gamay,* grosse race, espèce qu'il
se réserva de pouvoir faire arracher, même dans les anciens
vignobles.

Ce ne fut que dans la seconde moitié du siècle dernier que
d'autres plants moins estimés que le pineau furent introduits
dans le Barrois. Ces nouveaux plants étaient le *Curel*, appelé
aussi *Gros Gamay,* et le *Bourguignon;* ils commencèrent
d'abord à être propagés dans les terrains bas ou dans quelques parties de coteaux laissés incultes; mais les vignerons,
séduits par leur grande production, arrachèrent en partie
l'ancien plant peu rémunérateur et lui substituèrent les deux
variétés ci-dessus.

L'*Annuaire de l'an XII*, cite comme cépages les plus cultivés : le pineau noir, le pineau blanc, le bourguignon et le
vert-plant.

Le 7 février 1846, M. le commandant Piérard donnait
lecture, à la Société d'agriculture de Verdun, d'un mémoire
qu'il avait rédigé sur les différentes variétés de vignes cultivées dans l'arrondissement et principalement à Verdun.

Nous extrayons de ce rapport la nomenclature suivante :

1° *Pineau noir* appelé aussi *Franc-noir*, le plus estimé par
la qualité de son vin. Il est bien moins cultivé qu'autrefois,
parce qu'il est peu rustique, sujet à la coulure et d'une faible
production. On en distingue deux variétés : celle appelée
vulgairement feuille de corre (de noisetier) à cause de sa
feuille presque ronde, très-peu lobée ou échancrée, légèrement cotonneuse, variété moins vigoureuse et plus productive
que celle à feuille d'israle (d'érable champêtre) pointue et
fortement lobée.

Nous détachons du rapport de la Commission d'agriculture du conseil municipal de Bar-le-Duc, le passage qui suit :

« Tout le monde sait que, de toutes les espèces de raisins qu'on cultive dans cet arrondissement, celui qu'on nomme pineau noir est le seul qui fait le bon vin ; lorsqu'il provient de côtes bien situées, qu'il a atteint un degré de maturité convenable et qu'il est surtout cueilli par un beau temps, il produit un vin d'une qualité excellente et d'un goût très-agréable : il est singulièrement ami de l'homme et a l'avantage de se transporter au loin, principalement dans le Nord.

« Dans les années de 1783, 1784 et 1785 il a été envoyé à Varsovie, dont on a été très-satisfait, la guerre et les mauvaises récoltes ont seules été cause qu'on a discontinué d'en expédier.

« Il serait donc avantageux pour l'arrondissement de Bar, d'encourager la culture de ce raisin pineau. Le gouvernement devrait accorder des prix à ceux qui donneront des principes de culture pour tirer de cette espèce de plant beaucoup de raisins. »

2° *Pineau gris*, désigné aussi sous les noms d'*Ossera*, de *Raisin gris, Affumé*. Dans le Barrois, c'est un cépage très-productif, peu sujet à la coulure, il donne un vin d'excellente qualité.

3° *Blanc de Champagne*, c'est le pineau blanc, espèce peu productive, peu délicate sur le terrain, raisin moyen, produisant un vin fin et spiritueux. Après la floraison, le grain est pourvu d'un duvet blanchâtre qui persiste assez longtemps. La peau est maculée de póints roux.

4° *Varenne*, appelée aussi *Hame*, on en distingue trois variétés :

La *Varenne noire ordinaire*, la *Varenne noire à petites feuilles* et la *Varenne blanche*. Ces cépages sont peu exposés à la coulure, mais la varenne noire ordinaire et la variété blanche sont fort sujettes à la pourriture et à la moisissure.

La Varenne noire à petites feuilles est la meilleure des trois variétés.

Le vin de Varenne noire est âpre, un peu dur et de meilleure qualité, mais il se conserve plus longtemps que celui de pineau.

5º *Saint-François blanc ;* il porte quelquefois les noms de *Marengo* et de *Gouat blanc à courte queue,* son raisin est presque toujours vert et donne un vin médiocre.

6º *Gouat* ou *Gouai,* on en distingue trois variétés : la *blanche,* la *violette* et la *rose.* Les fruits du gouat blanc et du gouat violet sont ronds, très-gros et peu exposés à la coulure et à la pourriture.

7º *Noire menue,* sorte de pineau très-productive qui ne coule jamais. La grappe, très-serrée, est formée de grains qui n'arrivent pas tous à la fois au même degré de maturité. Son vin, un peu ferme et âpre contribue, par son mélange avec le pineau, à la conservation de ce dernier.

8º *Blanc foireux.* Ce cépage est très-mauvais; il est heureusement fort rare ; son raisin, petit, obtus, d'un vert jaunâtre, est maculé de points roux ; il mûrit rarement.

9º *Teinturier* ou *teint noir ;* extrêmement rare et mûrissant d'une manière imparfaite lorsqu'il est cultivé en pleine terre.

10º *Meunier* ou *blanche feuille,* tire son nom d'un duvet blanc et cotonneux qui revêt la partie inférieure de ses feuilles : variété rustique de grand produit, précoce, coule peu souvent. Cette espèce est très-multipliée, on en plante chaque année des vignes entières.

11º *Hame* ou *Hème blanche,* porte aussi les noms de *gros blanc* et de *blanche ;* variété productive, raisins à gros grains, de couleur verdâtre, le fruit possède une saveur douce, la feuille est d'un noir verdâtre, tandis que les nervures et les pétioles sont rouges.

12º *Liverdun* ou *Ericé noir,* appelé vulgairement *grosse race, grosse nature ;* cépage des plus rustiques, repoussant des bourgeons fructifères, même après avoir subi plusieurs fois l'effet de la gelée en hiver et au printemps; raisin noir, obtus, peau un peu épaisse, ne se taille qu'en coursons pourvus de deux ou trois yeux, demande à être planté en plaine, dans des terres un peu argileuses. C'est la variété la plus productive; elle est cultivée pour ainsi dire à toutes les expositions des vignobles des Côtes : son vin est dur, d'une longue conservation, et n'acquiert de la qualité que par l'âge.

13º *Liverdun* ou *Ericé blanc,* cette variété est inférieure à la précédente sous tous les rapports.

14° *Fignolette* ou encore *mignonnette*, sorte de grosse race dont les raisins noirs, allongés, coulent beaucoup quand le temps n'est pas favorable à la floraison, mûrit très-mal, son vin est de mauvaise qualité.

15° *Cornelle* ou *Cougnelle*. Le fruit de ce cépage mûrit rarement dans le vignoble, même à la meilleure exposition.

Indépendamment de ces cépages qui sont cultivés dans la Meuse, il en est aussi d'autres dont les caractères sont encore à établir et n'ont pas été rattachés aux variétés ci-dessus dénommées. C'est ainsi que l'on trouve non classés différents *Gamay,* le *Jacquemard,* très-répandu dans l'arrondissement de Commercy; les *Bourguignons* et le *Verdunois,* que l'on rencontre dans celui de Bar. Depuis quelques années, un certain nombre de viticulteurs meusiens, toujours à la recherche de nouveaux cépages, ont introduit dans nos vignobles des plants jouissant d'une grande réputation.

Dans son opuscule sur les cépages de la Meuse, M. Boinette dit avoir planté, depuis 1863, environ 125 variétés. Une trentaine seulement peuvent donner de bons résultats dans notre région.

Voici la liste des cépages entretenus dans les différents vignobles meusiens d'après cet excellent viticulteur.

Raisins de cuve : pineau noir, pineau blanc, pineau gris, meunier, noire-menue, varenne noire, liverdun, enfariné, noir de Lorraine, dameron, gros gamay, gamay teinturier, gamay blanc, pétracine.

A propos des cépages à cultiver, il donne les renseignements suivants aux vignerons du Barrois :

« Pour obtenir des vins fins, il faut planter le pineau noir ou ses dérivés, pineau noir, blanc, gris, l'affumé, le meunier ou morillon taconné.

« Pour avoir des vins d'ordinaire, cultiver : le gamay noir et le blanc, le gamay du Beaujolais, le petit gamay noir, le bourguignon, le liverdun.

« Comme vigne à vin rouge : le gamay teinturier, le petit bouschet, le corbeau.

« Comme cépages précoces à raisins blancs : la madeleine angevine, le précoce de malingre, le corinthe blanc ou schiras.

« Enfin, le gamay de juillet, le pineau pomier, le portugais bleu, le Saint-Laurent noir sont des variétés précoces à raisins rouges. »

M. Pagin, de Thillot, entretient, dans une vigne qu'il a créée sous les auspices de la Société d'agriculture de Verdun, environ 60 cépages peu connus.

Les principaux sont : *Gamay Liverdun*, plant dominant du vignoble de Thillot, la *Gueuche*, le *Petit Baclan*, le *Melon du Jura*, le *Savanien* vert, jaune et noir, le *Pulsard* à grains rouges, le *Sulivan blanc*, l'*Aramon*, le *Petit Gamay*, le *Pineau noir*, la *Mondeuse*, le *Vert doré d'Ay*, la *Madeleine noire*, diverses variétés de pineaux, l'*Aubin*, la *Heime blanche*, le *Teinturier mâle*, le *Précoce de Malingre*, les *Mesliers*, le *Petit Bouschet*, le *Gamay noir hâtif des Vosges*, le *Sauvignon* et le *Petit noir de Lorraine*.

En plus de ces cépages, M. Pagin a obtenu, de semis, les vignes américaines suivantes : *Riparia, Viala, Solonis, Taylor, Jacquez, Othello, Canada*.

Les cépages de cette collection qui nous ont le plus frappé sont : le malingre, le gamay hâtif des Vosges, le portugais bleu, le teinturier, le petit bouschet, le sulivan et la madeleine angevine.

M. Boutte cultive aussi deux vignes à grains roses qui sont d'un grand rapport; ce sont le *Fulscher* et le *plant Daloup*.

Enfin, M. Valentin se propose, par la création de vignes situées dans différentes contrées du département, de répandre une espèce de cépage, appelée *Gamay précoce Dormois*, qui a l'avantage de fleurir à la même époque que nos variétés cultivées, tandis que sa maturité est avancée d'un mois environ sur ces dernières. Si ce plant réussit dans nos contrées, comme tout porte à le croire, M. Valentin aura rendu un réel service à nos populations vigneronnes et il aura, par ce fait, largement contribué à leur bien-être.

Pour terminer ce chapitre, nous allons donner un extrait de l'enquête préfectorale faite en 1881 et relative aux cépages cultivés dans notre département.

Les déclarations de culture des diverses variétés ont été faites par 236 vignobles, mais les variétés sont plus nombreuses que les vignobles, parce qu'il est rare qu'un seul se livre à la culture d'une race unique.

Dans la tribu des Pineaux, il a été fait les déclarations suivantes :

Pineau noir. 154
Pineau gris ou auxerrois. 3
Pineau blanc. 31
Noire menue. 1
Meunier ou blanche feuille. 62
Vert-noir. 8
Vert-plant 89
Aubin blanc 1

Total. 349

Tribu des Gamay, nombre de déclarations :

Gros Gamay 53
Petit Gamay ou gamelin 1
Jacquemard 36
Ericé-liverdun ou grosse race 57

Total. 147

Tribu des Tressots ou verrots.

Bourguignon noir 55
Bourguignon blanc. 2

Total. 57

Dans la tribu des Gros-lots il a été déclaré :

Gros noir de Lorraine 10

Parmi les cépages non classés, il a été fait les déclarations suivantes :

Gouai 2
Focand. 11
Français 9
Cépages divers. 17

Total. 39

L'arrondissement de Montmédy est complètement livré aux pineaux ; il en est de même de l'arrondissement de Verdun, sauf le vignoble des côtes de la Woëvre qui a complètement adopté la grosse race. Les arrondissements de Bar-le-Duc et de Commercy offrent un mélange bien plus accentué ; les cépages de *grande production* tendent à les envahir.

TAILLE. — La taille s'effectue au printemps, c'est-à-dire lorsque les fortes gelées ne sont plus à craindre, c'est ce qui arrive fin février, commencement de mars ; cependant dans quelques vignobles de la Meuse, la taille est pratiquée à l'arrière-saison. Cette opération est encore faite par les vieux vignerons à l'aide de la serpette. Ils reprochent au sécateur d'écraser les bois et de mettre à nu des plaies qui se cicatrisent avec difficulté. Quoi qu'il en soit, on peut dire que le sécateur est l'outil le plus répandu et le plus employé, dans la Meuse, il est plus expéditif que la serpette et ne donne pas, après la coupe, un biseau allongé comme ce dernier instrument.

Suivant les variétés, la taille est longue ou courte.

Pour les espèces délicates et particulièrement pour les pineaux ou leurs dérivés, on pratique la taille longue. Après avoir nettoyé, c'est-à-dire débarrassé les ceps des sarments grêles et de petite taille, on leur conserve deux longs bois ou mérins ; le plus élevé est rogné à 0ᵐ,80 environ, c'est la *ploie* ou *couronne,* il sert à former le cerceau ou pliant : on le recourbe de manière que l'extrémité supérieure du sarment soit ramenée à la partie inférieure et on le fixe à la souche au moyen d'une ligature en paille ou *liure;* l'autre brin est taillé en *courson* ou *broche* à deux boutons qui donneront l'année suivante la ploye ou rameau à fruits et la broche ou rameau à bois.

Pour faire la couronne, il faut avoir soin de ne pas prendre un mérin sortant du vieux bois de la souche, car les couronnes faites avec ces mérins ne donnent pas un seul raisin.

Dans le *Précis sur la culture de la vigne* à Bar-le-Duc par Gabriel Magot, nous lisons ce qui suit : « On taille la vigne dans le mois de ventôse jusqu'au 10 germinal (15 février jusqu'au 1ᵉʳ avril). Cet ouvrage consiste, si c'est un provin, à couper la broche à deux ou trois yeux et le bois à la hau-

teur de 6 décimètres (2 pieds) ou un peu plus ou un peu
moins suivant la force du bois. Si c'est un cep on ne laisse
sur la souche que la broche et le jeune bois qu'on a élevé
dans l'année précédente et qu'on coupe de la même manière
que les provins et si le bois se trouve trop faible, on le taille
encore en broche, c'est-à-dire à deux ou trois yeux.

Pour plier la vigne, il est urgent d'éviter la sécheresse et la
grande chaleur du jour; en formant le pliant, il faut le con-
tourner avec adresse pour ne pas le rompre ou l'étrangler
et lorsque la sève commence à monter, on doit ménager les
boutons pour ne pas les jeter bas. »

Des essais de taille à long bois, système J. Guyot, ont été
tentés dans nos vignobles.

Les quelques ceps, soumis à cette taille, que nous avons
eu occasion de voir, portaient de très-beaux raisins.

Une vigne récemment plantée sur le domaine de l'École
primaire d'agriculture Descomtes est soumise à ce genre de
taille : nous ne doutons nullement de la réussite.

Voici la manière de procéder : Tous les sarments, sauf les
deux plus vigoureux, sont coupés rez tronc; l'un de ceux
conservés et le plus élevé est abaissé horizontalement et fixé
le long d'un fil de fer tendu, c'est la branche fruitière,
l'autre est taillé à deux yeux, c'est la branche à bois. Cette
dernière doit être la plus rapprochée du sol, elle est destinée
à donner naissance aux deux brins, qui, l'année suivante
devront former, l'un le rameau à fruit, l'autre la branche à
bois.

Dans les contrées où les races fines ne sont pas cultivées,
tous les ceps sont soumis à la taille courte. Après avoir coupé
rez tronc tous les brins faibles ou ceux qui ont poussé sur le
vieux bois, on taille les sarments bien constitués, au nombre
de deux, trois et rarement quatre, à deux ou trois boutons;
ceux qui sont trop élevés au-dessus du sol et que l'on nomme
corbeaux, qui tendraient à vieillir la souche, sont rabattus
de manière à ne laisser au cep que deux ou trois coursons.
Si un cep est trop élevé au-dessus du sol et qu'une jeune
pousse se soit formée sur le vieux bois, à une faible hauteur,
on ravale la souche au-dessus de ce nouveau brin : celui-ci
ne donnera pas, il est vrai, de raisins l'année même, mais il
servira l'année suivante à former un cep, une nouvelle tête.

Les broches, dans ce mode de taille, dépassent rarement la hauteur de 0ᵐ,25 au-dessus du sol.

Système Trouillet. — La méthode Trouillet fut recommandée et expérimentée depuis 1863 par différents vignerons du département, mais sans grand succès, croyons-nous.

Le système consiste à élever le cep de 0ᵐ,15 à 0ᵐ,20, à supprimer tous les sarments jugés inutiles et peu vigoureux et à tailler les autres au nombre de cinq à huit suivant la force du sujet à deux yeux, non compris l'œil de la base.

Le cep taillé et en végétation a donc l'aspect d'une tête de saule nouvellement émondée, formant le gobelet.

En 1866, le R. P. Mariné, directeur de l'orphelinat de Ligny, donnait connaissance à la Société d'agriculture de Bar-le-Duc d'un rapport qu'il avait rédigé sur la culture de la vigne soumise à la méthode Trouillet. D'après les conclusions de ce rapport, la vigne ainsi traitée donnait des raisins plus mûrs, la pellicule du grain était moins épaisse et moins âpre et les produits plus abondants.

A la même époque, M. Boinette, de Bar-le-Duc, obtenait à l'Exposition générale et régionale, organisée par la Société horticole et vigneronne de Troyes, une médaille d'or pour la culture de ses vignes suivant le système Trouillet. Un troisième prix lui fut décerné par le Jury de l'Exposition internationale de Paris, 1867, pour la taille courte appliquée, c'est-à-dire pour la taille enseignée par Trouillet; enfin une médaille d'or lui fut accordée, en 1870, pour l'application, depuis 1860, de la méthode Trouillet, sur 5 hectares 15 ares[1].

En 1863, lors de la visite du vignoble meusien par M. Guyot, quelques vignerons expérimentaient déjà le mode de taille de Trouillet. A cette époque, M. Bar, propriétaire et viticulteur y soumettait aussi les siennes; seulement la tige comprise entre le gobelet et le sol était supprimée.

En parlant de ce nouveau procédé, M. Guyot écrivait en 1864 : « Ce mode de taille a pris une telle faveur dans l'ar-

---

[1] En 1871, le Jury de la Prime d'honneur de la Meuse, décernait à M. *Boinette* la médaille d'or spéciale « pour application de méthodes « perfectionnées à la culture de la vigne et introduction de cépages « étrangers. »

rondissement de Bar, que le prix des échalas, qu'il supprime, en a baissé. »

A la même époque, M. Catoire, propriétaire de Montgrignon, près de Verdun, grand partisan de M. Trouillet, transformait ses vignes; mais la mort mit fin à ses essais.

Il existe encore à Bussy-la-Côte une vigne, appartenant à M. Hussenot, soumise à la taille en gobelet depuis 1863. Cette vigne, quoique déjà âgée, produit encore de beaux et bons raisins.

Les avantages du système sont : la suppression des échalas et des fils de fer comme supports, l'aération des ceps plus complète, ceux-ci étant espacés d'un mètre en tous sens; les grappes assez élevées au-dessus du sol, sont moins sujettes à être salies ou altérées; les gelées sont moins à redouter, puisque les coursons sont plus éloignés du sol; le provignage, opération si coûteuse et si souvent mal faite, est supprimé.

Nous l'avons dit : dans certains cas, la partie du cep comprise entre le vase et le sol fait défaut; c'est le système appliqué par M. Bar; nous l'avons vu à l'étude sur une vigne appartenant à un viticulteur d'Hannonville dont le nom nous échappe. Cette nouvelle manière de tailler est excellente à divers points de vue, mais elle a l'inconvénient de donner des raisins salis par la terre et des grappes qui s'altèrent facilement lorsque les années sont humides; enfin, elle ne dispense pas de l'usage des échalas.

En résumé, il existe, pour la taille de la vigne, deux règles générales dont il ne faut s'écarter que le moins possible : 1° les grappes ne prennent naissance que sur les bourgeons qui poussent directement sur le bois de l'année précédente et jamais sur ceux qui se développent sur la souche même; 2° les boutons à fruits sont d'autant mieux conformés et aptes à donner des raisins qu'ils sont plus éloignés de la base du rameau, ce qui donne en partie raison à la méthode Guyot et à la taille pratiquée dans le Barrois.

Enfin on dit aussi « qui taille court obtient du bois, qui taille long cherche la grande production. »

L'époque de la taille ne doit pas être trop avancée, surtout dans les sols légers et dans les contrées où la vigne est sujette aux gelées de printemps; il y a aussi lieu de tenir compte de l'âge et de la vigueur des ceps.

En tout cas, il faut éviter de tailler lors des grands froids et par les vents desséchants.

Pour prévenir les dégâts occasionnés chaque année par les gelées de printemps, on a recommandé divers modes de taille : on peut, ou effectuer la taille tardive, ou tailler en deux fois. Dans le premier cas, la suppression des sarments se fait au moment de l'ascension de la sève ; celle-ci se portant toujours vers les extrémités, il en résulte que les boutons de la base ne sont pas développés au moment des gelées et sont épargnés. Ce procédé, de prime abord, paraît excellent, il a cependant l'inconvénient de retarder, de huit à dix jours, la végétation et de laisser échapper, par les plaies, une certaine quantité de sève qui pourrait être utilement employée au développement de la charpente et des fruits.

Dans le deuxième cas, on commence par pratiquer de bonne heure la toilette du cep, à tailler ensuite une partie des sarments inutiles ; l'autre portion est rognée à la distance convenable, lorsque les gelées intenses ne sont plus à redouter. C'est là un excellent système, mais peu économique, par suite de l'augmentation des frais de main-d'œuvre.

ÉCHALASSEMENT. — La taille et le labour étant effectués, on procède à l'échalassement.

Les échalas dont on fait usage dans la Meuse sont en bois de chêne et mesurent 1^m,30 de hauteur sur 0^m,03 au carré ; ils servent à fixer les rameaux les plus vigoureux. Ils sont fichés en terre avec les mains ou à l'aide d'un plastron en bois que le vigneron se fixe à la hauteur de la poitrine et dans lequel est creusée une cavité où se place l'extrémité supérieure de l'échalas.

Lorsque le bois de chêne fait défaut, on le remplace par du hêtre, du peuplier et parfois du bois blanc.

Afin de donner à ces tuteurs une plus longue durée, il serait bon de recourir à un des procédés suivants : 1° ou carboniser la partie qui doit être mise en terre ; 2° ou la tremper dans du goudron de houille ; 3° ou plonger les échalas en entier dans une dissolution de sulfate de cuivre renfermant deux kilogrammes de ce sel par hectolitre d'eau.

Les échalas trempés pendant vingt-quatre heures dans un bain d'eau vitriolée ont une durée double de ceux qui n'ont subi aucune préparation; ces supports présentent de plus l'avantage de protéger, au moins en partie, les vignes contre le mildiou.

Le prix du mille d'échalas en cœur de chêne et aubier est de 30 francs.

Lorsque les vignes sont plantées en lignes assez espacées, on peut remplacer les supports en bois par deux ou trois lignes de fil de fer galvanisé, contre lesquelles on palisse les jeunes pousses.

Déjà, en 1857, M. Hussenot avait établi une vigne en lignes et remplacé les échalas par deux lignes de fil de fer dont la plus élevée était à $0^m,60$ au-dessus du sol.

Depuis quelques années, M. Boutte, de Thillot, a également substitué le fil de fer aux tuteurs en bois : trois fils tendus par des raidisseurs et supportés de distance en distance par des pieux en fer à T servent au palissage.

A l'École d'agriculture de Ménil-la-Horgne, une vigne plantée par M. Doyen et conduite d'après la méthode Guyot, est palissée le long de deux lignes de fil de fer. Ce mode de support est aussi en application chez divers vignerons du Barrois.

ÉBOURGEONNEMENT. — Au moment du départ de la végétation, de nombreux bourgeons se développent, les uns sur le bois de l'année précédente, les autres sur la souche. Si on n'avait pas soin d'en diminuer le nombre, la plus grande partie de la sève serait employée en pure perte; de là, la nécessité d'ébourgeonner, c'est-à-dire de détacher tous les *bourgeons adventices*, ou *faux bourgeons* qui prennent naissance sur le cep.

Si cette opération était pratiquée de trop bonne heure, elle pourrait avoir pour conséquence l'enlèvement de bourgeons à fruits; cependant, il serait avantageux de l'effectuer dès le début de la végétation, mais on la pratique généralement un peu avant la fleur.

Voici ce que dit Durival à propos de l'ébourgeonnement :

« Ebourgeonner, c'est retrancher les bourgeons infructueux et ceux qui sont nuisibles ou inutiles, c'est ce que les vignerons appellent *chaoutrer, châtrer* la vigne. Lorsqu'au printemps, la sève a fait ouvrir les boutons de la vigne e développé ses bourgeons de manière à faire apercevoir et distinguer les raisins ordinairement placés au troisième ou quatrième œil, on commence l'ébourgeonnement ou chaou-trage.

« Les bourgeons produits par les boutons les plus bas et les plus rapprochés de la tige sont réservés, au nombre de deux ou trois au plus, pour être élevés. Les montants ou mérins sont destinés à renouveler la plante et ménagés pour asseoir la taille de l'année suivante. A l'égard des autres bourgeons, on supprime avec le pouce tous ceux qui n'ont point de fruits. Ceux qui en ont sont arrêtés en même temps et raccourcis jusqu'auprès des boutons ou de la feuille qui se trouve immédiatement au-dessus du raisin.

« On supprime tous les nouveaux jets poussés de terre ou sur la tige ainsi que ceux nés aux aisselles des feuilles des mérins, appelés, pour cette raison *entre-feuilles,* on supprime aussi avec les ongles les *tenons* ou *vrilles*, on attache ensuite les mérins à l'échalas; on nomme cette dernière opération, *relever la vigne*. Si les mérins dépassent la hauteur de l'échalas on les arrête ou on les raccourcit à cette hauteur près de l'une des entre-feuilles qu'on laisse à l'extrémité supérieure.

« La suppression des faux bourgeons, des entre-feuilles, des vrilles est ce qu'on nomme *éplucher la vigne* » (Communiqué par M. Jacob, archiviste).

M. Gabriel Magot conseillait « l'ébourgeonnement ou *esvoutrage* lorsque les bourgeons ou *avances* sont assez développés pour apercevoir les raisins; alors on nettoie la souche de tous les petits boutons naissants; on conserve toujours sur la broche ou sur le bas du plion, deux avances de belle venue, soit qu'elles aient des raisins ou non; on examine ensuite toutes les autres; on pince celles où il y a des raisins à $0^m,01$ (5 à 6 lignes) au-dessus du fruit et on jette bas toutes les autres qui n'en ont point.

« Quand on ébourgeonne trop tôt, on jette nécessairement bas des raisins et quand on diffère trop longtemps, la sève se perd dans les avances inutiles, ce qui retarde beaucoup le développement du raisin. »

PINCEMENT. — Quelque temps après l'ébourgeonnement, la vigne exige de nouveaux soins; c'est alors que l'on rogne

sur une longueur de 0ᵐ,30 les rameaux ne portant pas de
fruits et que l'on pratique le pincement, dans le but d'arrêter
la sève et de la faire refluer dans les parties inférieures,
aussi bien que dans les fruits. On se contente de supprimer,
au moyen des ongles du pouce et du doigt indicateur, les
sommets des rameaux terminaux, et pour les rameaux secondaires portant des fruits, on pince à deux feuilles au-dessus
de la dernière grappe.

M. Billon, d'Hannonville, recommande le pincement suc-
cessif. Chaque fois que les bourgeons placés à l'aisselle des
feuilles tendent à prendre trop d'extension, il les arrête.

D'après ce viticulteur trois pincements sont nécessaires : le
premier lors de l'épanouissement de la dernière feuille située
au-dessus du raisin, les rameaux infertiles ont tous leur
extrémité pincée; le deuxième quand les fleurs se montrent;
enfin, le troisième après la floraison complète de toutes les
grappes.

A la suite de ces pincements et rognages, la sève fait développer de nombreux bourgeons situés entre les feuilles et la
tige, on peut les détacher ou simplement en pincer la partie
supérieure; ce fait ne se produit guère que sur les ceps
vigoureux et placés, comme ceux des Côtes, dans des sols
fertiles et un peu compacts. Dans le Barrois et pour les pineaux, tous les pincements sont parfois inutiles.

Accolage. — L'accolage se fait souvent en deux fois,
d'abord lorsque les pousses ont atteint 0ᵐ,30 à 0ᵐ,50 et
ensuite quand les bourgeons terminaux ont dépassé l'échalas
ou la dernière ligne de fil de fer. Comme ligature, on emploie : la paille de seigle ou les joncs.

Depuis l'apparition du mildiou dans la Meuse, M. François
Lagravière, de Corniéville, fait usage de liens trempés dans
une dissolution de sulfate de cuivre. Afin de supprimer les
liens et pour gagner du temps, M. Boutte avait expérimenté,
en 1890, un procédé simple et commode, il consistait à tendre
une ficelle à la hauteur de chaque ligne de fil de fer et à la
rapprocher suffisamment de celle-ci, de manière à enserrer
les jeunes pousses entre le fil de fer et la ficelle. On reproche
à l'accolage contre les lignes de fil de fer de déterminer la
meurtrissure des pousses surtout lors des grands vents, mais

ceci ne se produit jamais que pour la partie de la pousse placée à la hauteur de la dernière ligne; cette partie en effet est la plus mobile. Pour obvier à cet inconvénient, d'ailleurs peu grave, M. Boutte conseille de donner un tour de ligature autour du fil de fer et d'embrasser ensuite le rameau avec le même lien; c'est placer ainsi un bourrelet entre le fer et la jeune pousse.

APPRÉCIATIONS DIVERSES SUR LA CULTURE DE LA VIGNE. — Avant de terminer ce qui a rapport à la culture de la vigne et aux façons à lui donner, nous croyons utile de mentionner quelques passages d'auteurs qui ont écrit sur la vigne meusienne.

« Le sol destiné à recevoir une vigne, dit M. Caurier, doit d'abord être ameubli, préparé non seulement par des défoncements et des labours, mais surtout par des cultures préparatoires.

Il est fort avantageux de le féconder par des engrais si cela est possible.

La plantation peut se faire pendant tout l'hiver un peu plus tôt dans les terrains secs, un peu plus tard dans ceux qui le sont moins; autant que possible, il faut planter avant les gelées.

Les bois et les eaux refroidissent la température de l'air, il faut donc autant que possible en éloigner les vignes.

Une terre plus sèche qu'humide convient à la vigne lorsqu'on tient à la qualité de ses produits.

Plus les coteaux sont inclinés, plus ils reçoivent directement les rayons du soleil : les pentes les plus rapides sont donc celles qui donneront le meilleur vin.

La chaleur s'accumulant dans le sol ou étant produite par la réverbération, plus les raisins seront près de terre, plus ils profiteront de cette chaleur.

Les terres qui jouissent davantage de la faculté d'absorber les rayons du soleil comme les terres noires, sont plus favorables à la culture de la vigne.

Les abris, l'âge du plant, la disposition des couches inférieures du sous-sol exercent aussi une influence qu'il n'est pas toujours possible d'apprécier.

La terre s'épuise à nourrir la vigne, comme à nourrir

tous les autres végétaux, objet d'une culture forcée, il est donc nécessaire de réparer, par des engrais, les sucs nutritifs qu'elle a perdus. Il est certain que les engrais animaux ôtent à la qualité du raisin, tout en augmentant son abondance ; ils produisent partout cet effet, quand ils sont nouveaux encore, il ne faut les employer que parfaitement consommés.

C'est donc aux engrais végétaux qu'il faut demander un utile secours, et l'on peut employer aussi les curures de fossés, de rivières et des étangs, la boue des routes et des cours, les nouvelles terres prises dans les champs cultivés ou dans les bois ; enfin les composts faits avec de la terre de vigne et des feuilles, des herbes, des gazons, etc...

Les cépages cultivés à Louppy-le-Petit sont : le pineau noir, qui est le plant dominant, le pineau blanc, le bourguignon et le vert-plant ; mais malheureusement, depuis quelques années, les propriétaires, séduits par une abondance trompeuse, et visant toujours plus à la quantité qu'à la qualité, introduisent journellement sur notre territoire d'autres natures de plants beaucoup moins estimés par la bonté des crus, mais produisant des récoltes infiniment plus abondantes » (*Statistique de la commune de Louppy-le-Petit*, par Caurier, clerc à Bar-le-Duc, 1841).

« Veuillez repeupler vos vignes, bouturez de préférence le bois de l'année et le haut du marrain.

« Ne provignez pas, mais ne laissez pas non plus trop vieillir vos vignes.

« Conservez vos échalas, ils valent du fumier.

« Vous cultivez les races fines et par là vous vous trouvez conduits à adopter la taille longue à ployons. Cette méthode est rationnelle et repose sur ce fait exact : que le fruit vient sur le bois de l'année précédente et que chaque année ce bois doit être renouvelé.

« Vous n'accordez que trop peu de développement à vos sujets et vous vous exposez à les rendre infertiles.

« Augmentez l'expansion de la vigne et vous augmentez son énergie. Taillez à deux marrains, pincez et ébourgeonnez à douze yeux, tenez droit la première année : à la taille sèche de la deuxième, rabattez à deux yeux le marrain inférieur destiné à produire les deux coursons que vous élevez pour l'année suivante : ployez le second comme vous avez l'habitude de le faire et si vous avez pu en élever un troisième, conservez-le, celui-ci sera le courson de sûreté.

« Pour produire des cicatrisations rapides, laissez au-dessus du dernier œil tout le bois qui le sépare de l'œil supérieur que vous retrancherez; faites des incisions nettes » (Résumé d'une causerie faite à Saint-Michel près Verdun, en 1863, par M. J. Guyot).

« Vous plantez mal la vigne, vous continuez à faire des chapons et supprimez cette cloison qui porte obstacle à la pénétration de l'eau dans le cœur de la plante. Ne provignez pas, taillez court, arrêtez vos sujets à 0^m,75, vous trouverez là le maximum de végétation » (Résumé d'une causerie faite à Verdun par M. Trouillet, en 1864).

Enfin mentionnons l'ouvrage de M. Boinette *sur les parasites de la vigne,* les *cépages cultivés dans la Meuse,* le manuscrit de M. A. Pagin, de Thillot, intitulé : *Traité de la culture de la vigne,* enfin la *Viticulture du Nord-Est de la France,* par le docteur J. Guyot.

Maladies de la vigne. — Notre vignoble est, depuis quelques années, cruellement ravagé par les maladies cryptogamiques, les insectes et les gelées : dans beaucoup d'endroits, malheureusement, la vigne a disparu, et les flancs de coteaux, jadis si gais, surtout à l'époque des vendanges, n'offrent plus aujourd'hui, que des surfaces dénudées servant de refuge aux petits animaux et aux insectes de toutes sortes.

La lande, la bruyère, les broussailles, les bois même remplacent la vigne au grand détriment des vignerons, car ces terres, autrefois d'un prix très-élevé et d'un produit fort avantageux, n'ont plus, à l'heure qu'il est, qu'une valeur insignifiante. Deux exemples frappants prouvent surabondamment combien la culture de la vigne a diminué depuis un siècle.

En 1752, le vignoble de la ville de Bar comprenait 725 hectares.

1806	—	—	905 —
1828	—	—	900 —
1887	—	—	560 —

Celui de Louppy-le-Petit comptait en :

1790. . . . . 75 hectares.
1841. 60   —
1887. 10   —

OÏDIUM. — L'oïdium se rencontre rarement dans la Meuse, sur les vignes cultivées en plein champ ; par contre, il attaque assez souvent les vignes en treille.

Cette maladie, caractérisée par un champignon à filaments fructifères simples, du nom d'*Erysiphe Tuckéri,* apparaît sous forme de taches d'un blanc grisâtre, ayant l'odeur de moisi : les feuilles, les rameaux, les raisins peuvent être atteints.

Les feuilles malades se flétrissent et tombent; les raisins ne mûrissent pas, ils restent verts, se gercent et finalement se dessèchent; quant aux bourgeons, ils conservent des empreintes de la maladie. Lorsque celle-ci est intense, ils paraissent carbonisés. Le meilleur remède réside dans l'emploi du soufre finement pulvérisé ou de la fleur de soufre, répandus le matin par la rosée à l'aide d'appareils spéciaux.

Trois soufrages sont nécessaires : le premier est donné quand les rameaux ont une longueur d'environ $0^m,10$; le second, au moment de la fleur et le troisième quelques jours avant la *véraison.*

MILDIOU. — Le mildiou n'est connu des vignerons meusiens que depuis 1885, époque de sa première apparition. En 1886, il ne s'est pas manifesté. En 1887, nous ne l'avons constaté que sur quelques points. Dans les années 1888, 1889, 1890, il s'est montré d'une manière particulièrement intense sur presque tous les vignobles de la Meuse, à tel point que dans le Barrois et en plusieurs autres endroits des Côtes, la vendange a été en partie anéantie, la maturité du raisin n'ayant pu se faire faute de feuilles.

Le mildiou est dû au développement d'un champignon du nom de *Peronospora viticola* qui se fixe sur toutes les parties vertes de la plante : feuilles, bourgeons, raisins.

Les spores ou semences de ce parasite étant très-nombreuses et excessivement légères peuvent être emportées par le vent à de très-grandes distances : tombant sur les feuilles de la vigne encore couvertes de gouttelettes de rosée ou de pluie, elles germent de suite; le mycélium pénètre dans le parenchyme de la feuille où il végète, tandis que les filaments fructifères traversent l'orifice des stomates et se montrent à la face inférieure chargées de conidies.

A l'automne, il se forme, dans l'épaisseur des feuilles, des organes reproducteurs; quand arrive la chute des feuilles, celles-ci se dessèchent, se décomposent et mettent à nu les œufs ou spores d'hiver, qui au printemps, donnent les nouvelles semences.

Le mildiou se reconnaît aux caractères suivants : les feuilles mildiousées sont décolorées, elles prennent d'abord une teinte jaune avec des taches rougeâtres; elles passent au brun clair et finalement elles acquièrent la teinte caractéristique des feuilles mortes, c'est alors que ne pouvant plus recevoir de sève, elles tombent sur le sol.

La feuille attaquée a toujours la face supérieure plane; la face inférieure présente des taches d'un blanc laiteux occupant de préférence les bords, ou l'intersection des nervures. Ces taches, examinées à la loupe, laissent voir des filaments ramifiés portant de petits corps ronds qui ne sont autres que les conidies : si on vient à gratter légèrement ces plaques, elles disparaissent.

Le mildiou n'apparaît pas à époque fixe; c'est ainsi qu'en 1885 il s'est montré fin de juillet, en 1890 et 1891 en août, en 1889, fin de juin. Il se produit à la suite de fortes rosées, de brouillards ou de faibles pluies suivis d'une température élevée. Si les vents doux et chauds favorisent son développement; les vents froids, par contre, le retarde ou l'enraye, aussi n'est-il pas rare de voir ce fléau rester quelque temps stationnaire, puis reprendre à nouveau, avec plus de violence.

Dès 1885, M. Prillieux, qui s'était rendu dans les vignobles du département par ordre de M. Develle, ministre de l'Agriculture, indiquait les moyens de combattre ce parasite; mais la saison trop avancée, ne permettait déjà plus d'appliquer aucun traitement.

En 1886 et en 1887 quelques vignes ont été arrosées deux fois, ces années-là le mildiou ne s'est pas déclaré. En 1888, bon nombre de vignerons s'étaient décidés à combattre le fléau; mais les traitements ayant eu lieu un peu tard, la réussite fut incomplète sauf chez quelques vignerons parmi lesquels nous citerons : M. Floze, de Void, et M. Lagravière, de Corniéville.

En 1889, la partie des vignes arrosées avec les dissolutions de sulfate de cuivre pouvait être évaluée au quart de la superficie totale de notre vignoble; les traitements bien appliqués ont donné d'excellents résultats, et c'est ce qui a déterminé presque tous les propriétaires de vignes à pratiquer l'arrosage en 1890.

Les semences du mildiou germant à la face supérieure de la feuille, c'est sur cette face qu'il importe de faire tomber les gouttelettes du liquide.

Dans la Meuse, tous les traitements ont, jusqu'à ce jour, été faits avec le sulfate de cuivre en dissolution dans l'eau; le liquide cuprique est ensuite additionné d'ammoniaque, de chaux, ou de carbonate de soude.

Au début de la maladie, quelques vignes furent arrosées avec une simple dissolution de sulfate de cuivre, mais sur notre recommandation, on a vite renoncé à ce liquide et on l'a remplacé par l'eau céleste, la bouillie bordelaise et la bouillie bourguignonne.

La formule employée pour la préparation de l'eau céleste est la suivante :

> 1 kilog. sulfate de cuivre.
> 1 litre 1/2 d'ammoniaque à 22°.
> 100 litres d'eau.

La quantité de liquide pour l'aspersion d'un hectare est de 400 litres, préparés comme il suit : on pèse 1 kilog. de sulfate de cuivre que l'on pulvérise; on fait dissoudre cette quantité dans 3 litres d'eau chaude; lorsque la dissolution est complète et le liquide refroidi, on verse, par petite portion, un litre et demi d'ammoniaque, en ayant soin d'agiter le mélange à chaque addition. On verse ensuite trois cinquièmes de litre du liquide dans le pulvérisateur, dont la contenance est de 15 litres, on remplit celui-ci d'eau et on remue activement. L'eau céleste est facile à préparer, à transporter et à répandre;

il n'y a jamais d'obstruction du jet; on lui reproche seulement de brûler quelque peu les feuilles et de rendre le contrôle de l'arrosage difficile.

La bouillie bordelaise ne présente pas ces inconvénients, mais elle est d'un épandage peu commode, surtout si l'eau de chaux a été mal filtrée, mais elle forme vite un dépôt au fond des récipients; elle nécessite donc l'emploi de pulvérisateurs avec agitateur.

On la compose de la manière suivante :

On prépare une dissolution de sulfate de cuivre en prenant 3 kilog. de cette matière et en les traitant par 10 litres d'eau chaude; d'un autre côté on forme un lait de chaux en mélangeant 2 kilog. de chaux vive et grasse ou 4 kilog. de chaux éteinte à 10 litres d'eau.

On verse la dissolution de sulfate de cuivre dans un tonneau, puis le lait de chaux et on complète les 100 litres en ajoutant 80 litres d'eau.

Quelquefois on prépare les deux dissolutions à part; on les met chacune dans un récipient et on n'opère le mélange à la vigne qu'au fur et à mesure des besoins. Dans ce cas, il est urgent d'être à proximité d'un filet d'eau claire.

Depuis quatre ans, beaucoup de vignerons ont remplacé la chaux par le carbonate de soude; le liquide est ainsi composé :

> 1 kilog. de sulfate de cuivre.
> 1 kilog. de carbonate de soude.
> 100 litres d'eau.

Cette bouillie est plus facile à répandre que la précédente, mais elle ne doit être préparée qu'au moment de son emploi attendu qu'il se forme vite un dépôt cristallisé au fond du vase qui contient le mélange.

En 1890 nous nous sommes servi de l'hydrocarbonate de cuivre gélatineux; le résultat a été peu satisfaisant.

On patronne aujourd'hui la bouillie sucrée, formule de M. Michel Perret (page 208).

Si l'on veut combattre efficacement le mildiou, il est indispensable que toutes les feuilles soient entièrement couvertes de gouttelettes de liquide sur la surface supérieure; en second lieu, il faut que le premier traitement soit préventif, c'est-à-dire exécuté avant l'apparition de la maladie.

Dans la Meuse, le premier traitement doit être donné pour le 15 ou le 20 juin, un deuxième est nécessaire un mois ou un mois et demi après, enfin un troisième doit être pratiqué fin août.

Les vignes arrosées en 1889, ont, d'après notre évaluation, produit une récolte supérieure d'un quart et même d'un tiers en qualité et en quantité, sur les vignes non traitées.

L'arrosage complet d'un hectare de vigne est estimé de 30 à 50 francs tous frais compris.

Les meilleurs pulvérisateurs, ceux que nous recommandons particulièrement, sont : l'*Éclair*, construit par M. Vermorel, et le type **D** de la maison Japy.

Avant de clore l'étude du mildiou et de son traitement, nous nous permettons de donner aux vignerons le conseil de préparer eux-mêmes les dissolutions cupriques au lieu de les acheter toutes fabriquées; car il peut en être de ces préparations, comme jadis des engrais vendus sans garantie.

POURRIDIÉ. — Le pourridié est malheureusement très-répandu dans certains vignobles meusiens : on le rencontre aussi bien dans les vignes du Barrois que dans celles des Côtes et des vallées de la Meuse, de la Saulx et de l'Ornain. Nous l'avons constaté à Loisey, Culey, Salmagne, Ligny, Ancerville, comme à Boncourt, Jouy-sous-les-Côtes, Saint-Julien, Buxerulles, Vigneulles, Saint-Maurice, Thillot, Lissey et Écurey. Il s'attaque aux jeunes plants dérivant du bouturage ou du marcottage, aussi bien qu'aux ceps âgés.

La maladie du vignoble des Côtes ne paraît pas remonter au delà de l'année 1874 : depuis elle a éclaté simultanément sur un grand nombre de points.

En 1875, à la suite d'un rapport adressé par M. le Maire de Thillot à la Société d'agriculture de Verdun, celle-ci nomma une commission spéciale chargée de visiter le vignoble.

Plus tard, M. Tisserand, alors inspecteur général de l'Agriculture, vint lui-même se rendre compte des progrès de la maladie.

Dans le Barrois et dans les environs de Boncourt et de Vigneulles, la maladie était à son paroxysme aigu en 1878.

L'enquête de 1880 n'aboutit à aucun résultat; quelques vignerons attribuèrent le mal aux insectes, d'autres à une cause inconnue. Ce n'est que depuis quelques années seulement que l'on est fixé sur la nature du fléau que l'on qualifiait de *Cottis* et qui n'est autre que le pourridié dû au développement de champignons divers, désignés sous les noms de *Dematophora necatrix, Dematophora glomerata, Agaricus melleus, Vibrissea hypogœa* et *fibrillaria*.

Les caractères du pourridié sont les suivants : deux ou trois ans avant la désorganisation complète du cep, la végétation est luxuriante, les pousses sont fortes, elles ont la moëlle noire; l'année suivante, les jets sont nombreux et courts, le cep a l'apparence d'une tête de saule nouvellement émondée; les feuilles sont petites et fortement découpées, les grappes sont peu développées, elles font souvent défaut. Au moment de la floraison, les fleurs coulent, les grains restent petits, ne mûrissent pas, se dessèchent et généralement tombent avant l'époque de la récolte; un an ou deux ans après, le sujet n'a plus de vigueur, il meurt.

La souche présente extérieurement une fente longitudinale dont les bords sont en voie de décomposition : si on pratique une section nette de la partie atteinte, on aperçoit, en divers points, des taches d'un jaune brunâtre; enfin à l'arrière-saison, en septembre et en octobre, on remarque sur la souche un lacis de filaments blancs et de petits champignons dont la hauteur est d'environ $0^m,005$.

Cette maladie est constatée dans toutes les natures de sols; elle est plus fréquente dans les terres grasses, compactes, argileuses, ou dans les sols légers, mais à sous-sols glaiseux.

Le pourridié se remarque surtout dans les vignes en pente ou à plat, rarement au sommet des coteaux.

A notre avis, le pourridié est dû à un excès d'humidité, soit de la couche arable, soit des couches du sous-sol. M. Adam, de Creüe, nous a cependant fait visiter des vignes attaquées dans des sols secs et nous n'avons constaté aucune trace de maladie dans des terres humides où l'eau dort à la surface du sol quelque temps après les pluies.

Ce qui nous confirme dans notre manière de voir, c'est que les champignons n'apparaissent que dans les endroits humides.

A la suite d'une succession d'années sèches, la maladie est enrayée, et alors les parties nues de la vigne peuvent se regarnir vite par des provignages réitérés.

Le provignage est surtout un moyen de propagation du pourridié; on couche, en effet, un cep sain dans un terrain infesté de semences; par le mouvement de terre qui résulte de l'opération, on dissémine à la surface du sol, dans les parties restées indemnes, la terre ensemencée de champignons, puisque toute terre qui n'est pas utilisée au remplissage des fosses est ensuite répandue autour des ceps non provignés.

A ce jour on ne connaît aucun moyen de combattre le pourridié; cependant s'il est le résultat d'un excès d'humidité, comme tout porte à le croire, il y a lieu de recommander, en principe, le drainage.

Un autre moyen, qui nous paraît également excellent et que nous ne saurions trop préconiser, consiste à déterrer la souche jusqu'à l'endroit où le bois est sain et à couper la partie malade. Les nouvelles pousses qui sortiront, reconstitueront un cep neuf, vigoureux et sans altération.

M. Floze, de Void, dit avoir débarrassé ses vignes de cette maladie en mélangeant au sol, dans les endroits malades et lors du premier labour, une forte proportion de chaux vive et de cendres de four à chaux.

Tous les cépages ne sont pas attaqués par le pourridié avec la même intensité; dans l'arrondissement de Commercy, le Jacquemard reste pour ainsi dire réfractaire; à Hattonchâtel un cépage blanc se trouve dans le même cas : peut-être aurait-on avantage à propager ces vignes et à s'en servir comme porte-greffes ?

ANTRACHNOSE. — L'antrachnose est peu commune dans nos vignobles, on la rencontre de temps à autre sur quelques vignes; mais elle ne produit pas de bien grands ravages.

En 1880 elle était signalée à Montmédy par M. Lagosse; en 1885, nous l'avons constatée à Montsec, lors de la visite que nous avons faite de ce vignoble avec M. Prilleux, inspecteur de l'enseignement agricole.

L'antrachnose, connue aussi sous les noms de *charbon, rouille noire*, est produite par un champignon du nom de

Sphaceloma ampelium qui détermine des lésions diverses suivant qu'il apparaît sur les rameaux, les feuilles ou les fruits.

Sur les feuilles, la maladie est caractérisée par de petites taches noires très-apparentes, parfois fort nombreuses et très-rapprochées; les feuilles sont, dans la suite, criblées de petits trous entourés d'une auréole noire.

Elle apparaît sur les rameaux sous forme de points isolés qui se creusent et donnent naissance à des chancres dont les bords sont surélevés et le fond rougeâtre.

Sur les fruits, elle se montre en points noirs, de un à trois millimètres de diamètre : si les lésions sont nombreuses, le grain se déforme, se dessèche et tombe.

On combat l'antrachnose en pratiquant au début de son apparition, des soufrages répétés; le mélange de soufre et de chaux a également donné de bons résultats : enfin le sulfate de fer, additionné d'acide sulfurique, a été employé avec succès par M. Viala. Ce mélange est établi dans les proportions suivantes :

> 50 kilog. sulfate de fer.
> 1 litre d'acide sulfurique à 53°.
> 100 litres d'eau chaude.

Il est ensuite, dans les premiers jours de février, étendu avec un pinceau sur le bois de la taille et sur celui de l'année précédente; une seule opération suffit.

Brûlure. — La brûlure est produite par des variations brusques de température : à la suite de fortes chaleurs succédant à un froid vif, à des pluies continues ou à des brouillards intenses.

La brûlure se produit aussi après une longue sécheresse.

La feuille brûlée présente des taches d'une teinte rougeâtre uniforme, parfois elle est attaquée sur toute sa surface et tombe au moindre vent. Cette altération a produit de grands dégâts en 1890 et en 1891. Nous l'avons observée à Ancerville où elle a sévi avec intensité.

Chlorose. — La chlorose ou jaunisse est, depuis plusieurs années, très-fréquente sur les vignes de quelques contrées de

la Meuse. En 1890 nous l'avons remarquée à Nançois-le-
Grand, Willeroncourt, Euville, Vertuzey, Aulnois-sous-Ver-
tuzey, Marson, où elle couvrait de grandes étendues.

Quoique encore mal définie, la chlorose peut être attribuée
à diverses causes, dont nous citerons les principales : un
grand excès d'humidité dans les couches où végètent les
racines de la vigne; une forte température se prolongeant
pendant plusieurs semaines; des pluies continuelles et froides,
comme en 1890; la pauvreté du sol en éléments fertilisants
ou en fer; enfin les insectes ou les larves de hannetons qui
coupent l'extrémité des radicelles.

Cette maladie se reconnaît par la teinte jaunâtre que prennent les feuilles et les bourgeons et par un ralentissement
dans la végétation.

Lorsque la jaunisse sévit pendant des mois entiers, le
limbe des feuilles se détériore et se dessèche sous l'action ou
l'influence de la température, puis le pétiole se détache des
rameaux; quant aux grappes, elles coulent fréquemment au
moment de la fleur, ou donnent de petits raisins qui n'arri-
veront pas à maturité.

Les causes de la chlorose étant multiples, il est évident
que les traitements de la maladie doivent être divers.

Si le mal est dû à une trop grande humidité, il est nécessaire de pratiquer un drainage pour soutirer les eaux du
sous-sol; s'il vient à la suite des grandes chaleurs, il est pour
ainsi dire impossible de l'enrayer; s'il est provoqué par le
manque de matières fertilisantes ou de fer, on ramène la
teinte verte des feuilles par une bonne fumure ou par l'arrosage de celles-ci avec une dissolution de sulfate de fer à la
dose de 2 grammes par litre d'eau, ou encore par l'épandage
à la surface du sol de 300 kilog. de sulfate de fer par hectare; enfin, si la décoloration est produite par des insectes
ou des larves de hannetons on peut recourir soit au sulfure
de carbone soit à l'ensemencement du *Botritis tenella,* champignon qui vit en parasite sur la larve des hannetons et la
momifie.

Consulté à plusieurs reprises sur les moyens de combattre
la chlorose, nous avons conseillé de répandre au printemps
et avant le premier labour de 300 à 400 kilog. de sulfate de
fer par hectare.

Coulure. — La coulure du raisin est provoquée par le froid ou les grandes pluies qui surviennent à l'apparition de la fleur.

Comme remède à la coulure on indique l'incision annulaire : cette opération paraît excellente à divers points de vue, mais elle n'est pas sans avoir quelques inconvénients, tels que : l'achat d'une pince spéciale, la dépense supplémentaire de main-d'œuvre qu'elle nécessite, la difficulté de pratiquer l'incision qui ne peut être exécutée que par des ouvriers habiles; enfin la rupture de la partie incisée qui se produit quelquefois avant la maturité des raisins, etc.

L'incision annulaire a été appliquée en 1887 par M. Boutte, de Thillot, l'opération a été appréciée de la manière suivante par MM. Laurent et Valentin : « Dans cette vigne, M. Boutte avait opéré l'incision annulaire sur un bon nombre de ceps, les raisins portés par les sarments incisés étaient généralement plus gros, plus fermes et d'une maturité plus hâtive, au moins de huit jours; quant à l'effet de la coulure, on ne pouvait rien y voir cette année en raison du temps favorable qu'il a fait au moment de la fleur. »

Insectes. — Les insectes qui s'attaquent à nos vignes ne sont pas nombreux et n'occasionnent que peu de ravages; seule, la larve de la cochylis cause parfois des dommages appréciables.

Erineum. — L'érineum ou érinose est une maladie connue depuis longtemps; on la remarque tout aussi bien sur les vignes cultivées en plein champ que sur les vignes en treille. C'est seulement depuis que l'on a signalé le mildiou dans notre département, que les vignerons, plus attentifs, ont constaté l'érinose et l'ont souvent confondu avec le mildiou dont les caractères sont cependant bien différents.

En 1875, une commission de la Société d'agriculture de Verdun, chargée d'étudier les maladies des vignes de Thillot, l'avait reconnue.

L'érineum est produit par un insecte, le *Phytocoptes vitis,* qui, en piquant la face inférieure de la feuille, fait développer à la face supérieure une boursoufflure. A la suite de cette piqûre, les cellules du parenchyme s'allongent démesurément, s'entrelacent, tapissent la cavité de la galle et forment des taches d'un brun roussâtre au début; ces taches prennent plus tard la teinte blanc mat.

L'érineum apparaît presque en même temps que la feuille, tandis que le mildiou ne se montre que quand celle-ci est bien développée; si on gratte légèrement les taches blanches, elles ne disparaissent pas s'il s'agit de l'érinose; elles s'effacent si l'on est en présence du mildiou; enfin la feuille érinosée ne tombe pas avant la maturité du raisin, elle reste même après la cueillette de celui-ci : ce fait ne se produit pas si la feuille est mildiousée.

L'érineum est donc une maladie bénigne : le mildiou, au contraire, occasionne parfois des ravages considérables.

En 1888, l'érineum était tellement répandu, que les vignerons, pris de frayeur, crurent un instant leur récolte compromise; ils en furent heureusement quittes pour la peur.

On ne connaît aucun traitement pour prévenir ou guérir ce mal. Les soufrages répétés ont donné de bons résultats, sans cependant anéantir la cause de la maladie.

Comme l'insecte, qui est microscopique, se trouve logé dans l'épaisseur de la feuille et qu'il est recouvert en dessus par les cellules du parenchyme et en dessous par les poils enchevêtrés, il est difficile, on le comprend, de l'atteindre avec le soufre, avec une dissolution de sulfate de cuivre ou toute autre matière liquide.

Nous sommes persuadé qu'il n'y a pas lieu de s'alarmer outre mesure lors du grand développement de l'érinose : nous avons vu, en 1888, des vignes fortement atteintes dès les premières pousses, qui se sont très-bien remises durant le cours de la végétation.

EUMOLPE. — L'eumolpe est aussi désigné dans la Meuse sous les noms de baotte, gribouri, écrivain : c'est un coléoptère, qui ressemble à un petit hanneton, ne mesurant seulement que 0ᵐ,004 de longueur.

A l'état d'insecte parfait, il trace sur les feuilles des sillons ressemblant à des caractères peu différents de ceux de l'alphabet, c'est de là que lui est venu son nom d'*écrivain*.

En 1725, les vignes de Velaines furent bien endommagées

et rongées par de petites bestioles vulgairement appelées hurbelles; la production du bois fut presque nulle, les grappes étaient petites et les grains de la grosseur des grains de chènevis seulement (Archives de Velaines, communiqué par M. Leprêtre).

Cet insecte se montre sur les feuilles de vigne à partir du mois de juillet, il s'attaque aussi aux raisins; il creuse les grains qui se fendent, se dessèchent et tombent.

En général, on ne redoute guère l'écrivain, car les dommages dont il est la cause sont peu importants.

Si on vient à toucher légèrement le cep sur lequel vit le gribouri, celui-ci se laisse tomber à terre et fait le mort, aussi a-t-on conseillé, pour le détruire, de placer sous les ceps un entonnoir très-évasé, de secouer les bourgeons, de ramasser les insectes tombés dans le fond de l'appareil et de les écraser.

Pour la destruction des larves, on a conseillé l'épandage de tourteaux de graines oléagineuses et les injections de sulfure de carbone dans le sol.

PYRALE. — La pyrale est un des papillons les plus nuisibles à la vigne, car il cause des ravages sous ses trois formes : papillon, chrysalide, chenille.

Le papillon est entièrement jaune, plus ou moins doré. la chrysalide est d'un brun marron, quant à la chenille adulte, elle est d'un vert jaunâtre avec des bandes longitudinales d'un vert obscur; elle est aussi connue sous le nom de ver à tête noire.

Le papillon est nocturne; il apparaît dans le courant du mois de juillet; la femelle dépose des œufs verdâtres sur la face inférieure de la feuille; vingt jours après, les chenilles apparaissent, elles roulent les feuilles afin de se créer un abri où elles se réfugieront lorsqu'elles auront dévoré les grappes, les feuilles et les bourgeons à leur proximité.

A l'automne elles se logent, pour y passer l'hiver, sous les vieilles écorces, dans les fentes des échalas, c'est là qu'on a proposé de les détruire par le procédé à l'eau chaude ou ébouillantage.

Dans la Meuse on n'a recours à aucun moyen de destruction de la pyrale, quel que soit l'état où on la trouve; il est

vrai que jusqu'à ce jour aucun procédé, réellement pratique
et économique n'a été trouvé et, ce qui peut être avantageux
dans le sud de la France ne l'est pas dans notre contrée, où
on compte de 30 à 50,000 ceps par hectare.

COCHYLIS. — La cochylis est encore un papillon dont la
chenille porte aussi les noms de ver à tête rouge, ver de la
grappe. C'est surtout à cet état que la cochylis produit des
ravages extraordinaires et peut diminuer la récolte dans une
notable proportion.

La chenille adulte mesure $0^m,008$ de longueur, elle a la
tête d'un brun rougeâtre foncé; aussitôt son éclosion, comme
elle est microscopique, elle perce un bouton à fruit et se loge
à l'intérieur. Lorsque la fleur commence à apparaître, ce qui
arrive dans notre pays fin de juin, la cochylis réunit en
paquet plusieurs fleurs à l'aide de fils, forme une sorte de
coque qui lui sert à la fois d'abri et de nourriture; à mesure
de son grossissement, elle rassemble en une masse la plus
grande partie des fleurs d'une même grappe.

Cette chenille se transforme ensuite en chrysalide, puis en
papillon, lequel pond à son tour des œufs qui éclosent un
peu avant la récolte des raisins; la cochylis produit donc
deux générations par an; c'est pour ce motif que les vignobles
sont parfois si endommagés.

En 1887, la perte occasionnée par la chenille de la cochylis
pouvait être évaluée au cinquième de la récolte à Corniéville,
Jouy-sous-les-Côtes, Boncourt et Saint-Julien. Cette même
année les désastres causés par le ver de la grappe ont été
très-grands dans tous les vignobles des Côtes et du Barrois.

On a remarqué que si la pluie prend quelques jours après
la floraison de la vigne, les chenilles sont moins nombreuses
et produisent relativement peu de dégâts; cela tient à ce que
les organes floraux étant entraînés par la pluie, les chenilles
parviennent difficilement à se créer des repaires. Il en est de
même lorsque la vigne fleurit par les chaleurs, dans ce cas,
la fleur reste peu de temps adhérente au pédoncule et le ver
de la grappe ne parvient qu'avec peine à se former un refuge.

La destruction de la chenille de la cochylis offre de sérieux
inconvénients, puisque la chenille se trouve logée dans un
amas de débris de fleurs et que le papillon se tient caché le

jour. Si on est arrivé à anéantir les chenilles qui ravagent les choux et les groseilliers, par l'emploi d'un mélange d'eau, de savon gras et de pétrole; le même liquide peut aussi servir pour le ver de la grappe; mais la grande difficulté qui se présente aux expérimentateurs, c'est de le faire arriver jusqu'à la chenille.

M. Dufour conseille la préparation suivante : faire dissoudre 3 kilog. de savon noir dans 10 litres d'eau chaude, ajouter 1 kilog. 500 de poudre de pyrètre pure, brasser le tout, ajouter 90 litres d'eau et répandre le liquide à l'aide d'un pulvérisateur.

Quelques vignerons font chaque année la chasse au ver de la grappe, tous ceux qu'ils trouvent sont écrasés entre le pouce et l'index; ce procédé ne peut être appliqué que sur de petites étendues, car il arrive souvent que chaque cep abrite de 10 à 15 chenilles.

Comme les chrysalides passent l'hiver sous les écorces et dans les fentes des échalas, il serait prudent, croyons-nous, d'enlever les débris de sarments coupés lors de la taille, ainsi que les parties d'échalas ne pouvant plus être utilisées et de brûler le tout sur-le-champ.

CIGAREUR. — Le cigareur est un coléoptère de la famille des charançons, son nom est *Rhynchites Betuleti*, il est d'un vert doré très-brillant avec le dessous bleu ou vert, sa taille varie entre $0^m,005$ et $0^m,007$.

La femelle commence par enrouler la feuille en forme de cigare, puis elle coupe le pétiole à moitié, perce le rouleau en divers endroits et dépose un œuf dans chaque trou; la larve quitte sa demeure et se réfugie en terre où elle passe l'hiver.

Cet insecte est relativement peu à redouter dans la Meuse; pour le détruire on doit enlever les feuilles roulées et les brûler.

COUPE-BOURGEONS. — Les coupe-bourgeons ou otiorynches appartiennent aussi à la famille des charançons; ils sont de taille moyenne, d'une couleur sombre et incapables de voler; leurs ailes soudées ensemble ne peuvent s'ouvrir; ils sont assez rares dans nos contrées.

HANNETON. — La larve du hanneton attaque parfois les racines de la vigne et arrête ainsi le développement du cep

et des pampres. Un moyen de destruction indiqué par
M. Vermorel consiste à injecter du sulfure de carbone dans
le sol à l'aide d'un pal injecteur. M. Le Moult propose,
depuis quelques années, l'ensemencement du botritis tenella.

HÉLICE VIGNERONNE. — Ce petit escargot se remarque fréquemment dans nos vignes lors des années pluvieuses : on en
peut compter de 7 à 10 par cep.

Il ronge les feuilles, les jeunes pousses et par ce fait,
diminue le degré de végétation des bourgeons. On peut le
faire ramasser par des enfants pour l'écraser ensuite : certaines personnes le font cuire et en forment, disent-elles, un
mets succulent.

M. Boinette dit avoir employé avec succès le procédé
suivant pour capturer les hélices. Il plaçait en divers endroits
de ses vignes de petites bottes de rameaux verts de cytise ;
les escargots, recherchant les abris au moment des fortes
chaleurs, viennent se réfugier sous ces brindilles, il est alors
facile de s'en emparer.

RÉFLEXIONS À PROPOS DES MALADIES ET DES INSECTES QUI
S'ATTAQUENT À LA VIGNE. — Nos ancêtres ont constaté, et
nous le constatons après eux, que la vigne tend de plus en
plus à disparaître. C'est afin d'en maintenir la culture qu'ils
cherchaient à planter cet arbrisseau dans des terrains neufs
situés, soit à flanc de coteau, soit en plaine. Aujourd'hui que
nos campagnes manquent de bras et que la main-d'œuvre est
de plus en plus chère et exigeante, nos vignerons commencent
à comprendre qu'il ne suffit pas de cultiver de grandes surfaces pour produire beaucoup de récoltes; ils reconnaissent
la nécessité de ne pas étendre la culture de la vigne, mais de
lui donner plus de soins, plus d'engrais et d'y consacrer plus
de temps.

Si la vigne disparaît, il y a nécessairement une cause,
nous dirons même qu'il y en a plusieurs et nous placerons
en premier lieu, l'épuisement du sol, ensuite la vieillesse des
plants, les cultures intercalaires, les maladies, les intempéries et les travaux donnés en temps inopportun.

Un sol, quel qu'il soit, ne peut rester indéfiniment fécond
si on n'a pas soin de lui rendre largement les matériaux qui
lui ont été enlevés par les récoltes; c'est pour avoir méconnu

ce principe élémentaire que nous trouvons tant de vignerons
en possession de vignes abandonnées, chétives, à ceps ra-
bougris, à faibles pousses, à raisins coulés, ou envahies par
toutes sortes de maladies et d'insectes, quand il aurait été
si facile, avec des engrais bien appliqués, et en quantité suffisante, de conserver à ces vignes leur ancienne vigueur.

Si le fumier est, à juste titre, considéré comme un excellent
engrais, nous croyons que son effet serait encore rendu plus
efficace par l'adjonction d'engrais chimiques, car nous admettons que le fumier est relativement pauvre en acide phosphorique et en potasse.

Les vignes en coteau sont les moins favorisées, le sol y
est en général très-léger, il s'ensuit que les engrais s'infil-
trent avec facilité dans les couches inférieures, de plus les
eaux ravinent ces coteaux et entraînent dans les bas-fonds la
bonne terre avec les éléments fertilisants qu'elle contient : de
là, la nécessité de recharger de terre neuve ces parties; mais
hélas! les bras sont *moins vigoureux et l'épine dorsale plus
rigide qu'autrefois,* aussi les porteurs de terre deviennent-ils
de moins en moins nombreux.

A notre humble avis, la vieillesse de la vigne est aussi
une cause de son affaiblissement et de sa disparition. En ce
monde tout a une fin et la vigne pas plus que l'homme, les
animaux et les autres végétaux n'échappe à cette loi commune; il ne faut pas croire que le provignage, le bouturage,
le marcottage, rajeunissent la vigne, assurément non! Ces
opérations n'ont d'autre but que de reculer la date de son
anéantissement. Pour nous, le seul moyen de régénérer la
vigne, c'est de la produire au moyen des semis de pépins.
Par ce mode, on obtient un nouveau plant, un plant neuf
qui doit être bien plus vigoureux, bien plus résistant que
celui qui dérive du bouturage ou de tout autre procédé de
multiplication, attendu que ce dernier a toujours pris naissance sur un cep dont l'âge est inconnu.

Les cultures de haricots, de pommes de terre, de betteraves, d'asperges, d'échalottes, les groseilliers et les arbres
nuisent considérablement à la vigne en épuisant le sol et en
mettant à l'abri de la lumière et de la chaleur les ceps situés
dans leur voisinage.

Cette funeste habitude des cultures intercalaires loin de

disparaître, tend, au contraire, à prendre de jour en jour plus d'extension, au détriment de la vigueur des ceps et de la qualité des produits.

Chose curieuse, les habitants de Thillot obtinrent, en 1777, du roi de France, duc de Lorraine et de Bar, l'autorisation de planter, dans leurs vignes, où il existait des endroits dégarnis de ceps, des fèves et autres légumes (Pagin).

Les maladies contribuent aussi à diminuer la force de végétation de la vigne, elles amèneraient certainement la . disparition de ce précieux arbuste si on n'y prenait garde, si à l'exemple de certains vignerons entêtés, on ne faisait pas usage des remèdes prescrits et dont l'efficacité a été bien prouvée. Quelques maladies ont leur source dans un excès d'humidité du sol; le drainage en aura raison; d'autres, et ce sont les plus nombreuses, nous viennent des importations de cépages étrangers ou de leurs produits. C'est là, à vrai dire, un malheureux moyen de guérir une maladie que de propager des plants sur lesquels vit une autre maladie souvent plus dangereuse que la première.

Soyons donc plus prudents et n'allons pas chercher au dehors ce que nous pouvons obtenir sans déplacement avec un peu de travail, de l'observation et l'application des règles de la physiologie végétale que nous devons connaître.

Enfin, parmi les nombreux motifs qui déterminent la caducité des vignes, nous citerons en dernier lieu les différentes façons données à la vigne à contre-temps.

Il est vraiment déplorable de voir les ouvriers et les vignerons même, tailler, bêcher et provigner la vigne par les gelées, la neige ou la pluie et effectuer les binages au moment où la terre est encore gorgée d'eau; tandis que, toutes les opérations concernant la culture du cep ne devraient être pratiquées que lorsque la terre est bien ressuyée, et que la chaleur a dissipé toute trace de rosée ou d'humidité.

C'est en appliquant strictement ces règles que l'on arrivera à conserver à la vigne toute sa force de végétation. On sera également assuré de récolter en grande quantité des produits de bonne qualité.

INFLUENCES ATMOSPHÉRIQUES. — Les intempéries causent annuellement, dans nos vignobles, des dégâts très-préjudiciables aux viticulteurs, et à telle enseigne qu'en différents endroits la vigne a disparu des coteaux où jadis elle était florissante.

Les gelées agissent toujours d'une manière désastreuse, soit qu'elles sévissent tardivement au printemps, soit qu'elles apparaissent de bonne heure à l'automne.

Les gelées d'hiver sont également à redouter; lorsqu'elles sont intenses, elles peuvent déterminer la désorganisation des yeux ou boutons.

La neige a une action bienfaisante sur la vigne, car elle garantit les souches et les yeux de la base des sarments. Cet effet préservateur s'est surtout manifesté lors du mémorable hiver de 1879-1880.

Les gelées d'hiver ont quelquefois pour résultat la production de *broussins* dans les parties basses des vignobles : ils sont dûs à une extravasion de sève. Celle-ci ne trouvant pas d'issue, par suite de la destruction des boutons, forme à l'extrémité des coursons une protubérance spongieuse.

En 1887, nous avons rencontré de nombreux broussins dans les vignes basses de Boncourt et d'Apremont. Il est rare que nous n'en remarquions pas chaque année, mais en moins grande abondance qu'en 1887.

Les gelées d'automne, c'est-à-dire celles qui se produisent en septembre et en octobre, nuisent singulièrement à la bonne maturation du raisin; elles déterminent la chute prématurée des feuilles, attaquent le raisin, le ramollissent et forcent ainsi le vigneron à hâter la vendange; c'est ce que nous avons vu en 1889.

Quant aux gelées printanières elles sont, dans la Meuse, les plus redoutables, attendu qu'en une nuit elles peuvent anéantir radicalement la récolte et par suite les espérances de plusieurs milliers de vignerons.

Elles sont surtout très-funestes lorsqu'elles apparaissent au moment où les bourgeons ont déjà une hauteur de quelques décimètres.

Pour parer aux désastres causés par les gelées, les vignerons meusiens se sont ingéniés à trouver différents moyens propres à en garantir leurs vignes.

Les procédés jusqu'ici en usage dans notre département,

sont fort nombreux, nous nous bornerons à signaler les plus importants.

1° Le buttage des ceps lors du premier labour et surtout lors du provignage est mis en application à Ancerville. Ce procédé avait déjà été tenté en 1863, mais sans succès, par un vigneron de Bonzée.

2° L'emploi de tuiles creuses et de planchettes placées au Nord est encore usité à Contrisson et dans quelques vignobles de peu d'étendue.

3° Les capuchons ou abris en paille de blé ou, mieux, d'avoine, étaient expérimentés en 1863 à Bonzée; depuis quelques années cette méthode de préservation s'est répandue; nous l'avons vu appliquer dans de nombreuses vignes du Barrois et chez M. Boutte de Thillot.

4° Les paragelées en papier goudronné de M. Degré-Liouville, n'ont pas encore donné, jusqu'à ce jour, les résultats qu'on en attendait; ils sont toujours l'objet de perfectionnement de la part de l'inventeur.

5° Les paillassons coniques de M. Margin ont été abandonnés ainsi que les capuchons fabriqués avec des copeaux de bois.

6° Les paillassons plats pour abriter les pineaux, imaginés par M. Bastien de Stainville, sont toujours expérimentés par ce viticulteur.

7° Enfin les nuages artificiels, très en vogue depuis 1887, sont de jour en jour abandonnés. Cependant ce système d'abri est le plus simple et le plus économique, lorsque l'accord règne parmi les habitants d'un vignoble à protéger.

L'idée de garantir la vigne des gelées de printemps n'est pas nouvelle dans la Meuse, voici ce qu'écrivait M. Caurier dans sa statistique de Louppy-le-Petit parue en 1841 : « Rien ne peut préserver de ce fléau (les gelées). On a cependant remarqué avec raison que la gelée n'était fatale que lorsque les rayons du soleil venant frapper les bourgeons avant qu'ils ne fussent dégelés et l'on a conclu que l'on pourrait les mouiller à l'aide d'une pompe avant le lever du soleil; soit les voiler en quelque sorte contre la vivacité de ces rayons à l'aide de fumées épaisses déterminées par des feux placés dans la direction du vent. On conçoit les difficultés d'employer de tels remèdes. »

C'est à dater de l'année 1887 que des syndicats de protection des vignes par les nuages artificiels se sont organisés dans notre département. Le Syndicat des vignerons de Sorcy est le plus ancien, il fut créé le 27 mars 1887, et a cessé d'exister en 1889. Parmi les autres syndicats, qui ont fonctionné en divers points, citons celui de Bar-le-Duc qui n'a duré qu'un an, de Reffroy, créé le 28 février 1886, d'Hannonville-sous-les-Côtes, de Saint-Maurice, de Thillot, de Saint-Julien; le plus récent est celui de Liouville, il date de l'année 1892.

Les vignerons d'une commune, qui veulent protéger leurs vignes, commencent par se constituer en syndicat. Les achats de récipients, de combustibles sont faits en commun ; quant à la main-d'œuvre, elle est presque toujours fournie gratuitement.

Le territoire cultivé en vignes est d'abord divisé en lignes de feux et chaque ligne porte un numéro, une lettre ou un nom de contrée; les feux formant la ligne ont un numéro d'ordre.

Le personnel est partagé en escouades et sections et chacune de celles-ci est commandée par un caporal et un sergent. Tous les gradés doivent recevoir et attendre les ordres du directeur des feux.

Deux hommes de confiance, relevés chaque jour, veillent toute la nuit et vont constater, à différentes reprises, le degré de température que marquent des thermomètres placés en des points choisis d'avance. Si la température est à 3° au-dessus de zéro, les veilleurs rentrent à leur poste si, au contraire, ils marquent 3°, ces hommes vont prévenir le directeur : celui-ci, après avoir visité à nouveau les thermomètres et examiné l'état de l'atmosphère, envoie, s'il y a lieu, éveiller le clairon ou le tambour ou le sonneur de cloches chargé de donner l'éveil.

Les hommes de corvée, réunis en un point indiqué auparavant, sont conduits par leurs chefs aux endroits qui leur sont assignés et qu'ils ont dû visiter de jour : là, ils attendent l'ordre qui leur sera donné. Au premier coup de clairon ou de tambour, chaque manœuvre allume les feux qui lui sont confiés, parcoure la ligne qu'il doit surveiller afin de se rendre compte de l'intensité de la fumée produite par chaque

foyer, active ceux qui rendraient peu de fumée, en remuant
le combustible, et remplace la matière inflammable lorsqu'elle est sur le point de faire défaut.

Le principal combustible employé est le goudron auquel
on associe de la sciure de bois, de l'herbe verte, du foin
moisi, de la paille humide, de la mousse, etc.

Les copeaux goudronnés, les sacs goudronnés, le brai, la
naphtaline sont aussi utilisés.

Le goudron est quelquefois placé dans des bacs spéciaux
munis de couvercles; d'autres fois, il est versé dans un trou
pratiqué en terre et dont la paroi a été bien battue.

Le prix de revient d'un hectare ainsi protégé dépasse rarement 25 francs.

Le syndicat constitue le procédé le plus pratique et le plus
économique de préservation des vignes contre les gelées de
printemps, mais la désunion produite par la jalousie ou autres
motifs, enraye l'organisation de ces utiles associations, ou
n'assure qu'une durée éphémère à celles qui ont pu se créer.

Cette sage devise « l'union fait la force, » est donc encore
loin d'être appréciée et mise en pratique par nos cultivateurs
et vignerons meusiens. Nous le regrettons amèrement car,
à notre avis, l'association est, pour l'avenir, le plus sûr moyen
de conduire au bien-être et à l'aisance.

Vendange. — L'époque de la récolte du raisin dans la
Meuse est fort variable, ainsi que l'on peut s'en rendre
compte par l'examen du tableau ci-dessous.

Dates des vendanges dans la Meuse.

Années.	Dates.	Localités.	Années.	Dates.	Localités.
1540.	fin août.	»	1690.	9 oct.	Bar-le-Duc.
1555.	5 nov.	»	1692.	22 oct.	id.
1627.	fin oct.	»	1693.	12 oct.	id.
1628.	fin oct.	»	1694.	4 oct.	id.
1629.	fin sept.	»	1695.	17 oct.	id.
1673.	16 oct.	Bar-le-Duc.	1696.	15 oct.	id.
1681.	26 sept.	id.	1698.	27 oct.	id.
1688.	7 sept.	id.	1699.	12 oct.	id.

Années.	Dates.	Localités.	Années.	Dates.	Localités.
1714.	8 oct.	Bar-le-Duc.	1795.	27 sept.	Bar-le-Duc.
1715.	7 oct.	id.	1796.	14 oct.	id.
1716.	19 oct.	id.	1797.	4 oct.	id.
1717.	4 oct.	id.	1798.	24 sept.	id.
1718.	7 sept.	id.	1799.	21 oct.	id.
1719.	12 sept.	id.	1800.	28 sept.	id.
1720.	1er oct.	id.	1801.	8 oct.	id.
1722.	22 oct.	id.	1802.	24 sept.	id.
1723.	29 sept.	id.	1803.	6 oct.	id.
1726.	13 sept.	id.	1804.	29 sept.	id.
1727.	22 sept.	Velaines.	1805.	23 oct.	id.
1728.	29 sept.	Bar-le-Duc.	1806.	25 sept.	id.
1729.	6 oct.	Velaines.	1807.	24 sept.	id.
1731.	2 oct.	id.	1808.	3 oct.	id.
1761.	29 sept.	id.	1809.	11 oct.	id.
1762.	27 sept.	id.	1810.	4 oct.	id.
1765.	9 oct.	id.	1811.	11 sept.	id.
1767.	18 oct.	id.	1812.	6 oct.	id.
1771.	15 oct.	id.	1813.	12 oct.	id.
1772.	5 oct.	id.	1814.	4 oct.	id.
1774.	fin sept.	id.	1815.	13 sept.	id.
1778.	30 sept.	id.	1816.	30 oct.	id.
1779.	27 sept.	id.	1817.	14 oct.	id.
1780.	fin sept.	id.	1818.	17 sept.	id.
1781.	15 sept.	Bar-le-Duc.	1819.	25 sept.	id.
1782.	16 oct.	id.	1820.	6 oct.	id.
1783.	20 sept.	id.	1821.	20 oct.	id.
1784.	29 sept.	id.	1822.	27 août.	id.
1785.	7 oct.	id.	1823.	11 oct.	id.
1786.	7 oct.	id.	1824.	16 oct.	id.
1787.	12 oct.	id.	1825.	17 sept.	id.
1788.	16 sept.	id.	1826.	26 sept.	id.
1789.	13 oct.	id.	1827.	19 sept.	id.
1790.	28 sept.	id.	1828.	2 oct.	id.
1791.	4 oct.	id.	1829.	8 oct.	id.
1792.	5 oct.	id.	1830.	5 oct.	id.
1793.	28 sept.	id.	1834.	22 sept.	Velaines.
1794.	15 sept.	id.	1835.	5 oct.	id.

Années.	Dates.	Localités.	Années.	Dates.	Localités.
1836.	5 oct.	Bar-le-Duc.	1858.	25 sept.	Bar-le-Duc.
1837.	16 oct.	id.	1859.	22 sept.	id.
1838.	16 oct.	id.	1861.	30 sept.	id.
1839.	2 oct.	id.	1865.	1er sept.	id.
1840.	7 oct.	id.	1869.	14 oct.	id.
1841.	7 oct.	id.	1883.	30 sept.	id.
1844.	1er oct.	id.	1884.	4 oct.	id.
1845.	18 oct.	id.	1885.	1er oct.	id.
1846.	14 sept.	id.	1886.	10 oct.	id.
1848.	9 oct.	id.	1887.	26 sept.	id.
1849.	8 oct.	id.	1888.	10 oct.	id.
1850.	14 oct.	id.	1889.	25 sept.	id.
1851.	18 oct.	id.	1890.	5 oct.	id.
1852.	9 oct.	id.	1891.	20 oct.	id.
1855.	8 oct.	id.	1892.	30 sept.	id.
1856.	18 oct.	id.	1893.	7 sept.	id.
1857.	29 sept.	id.			

De nos jours, comme au temps des seigneurs, les bans de vendange sont encore observés dans bon nombre de vignobles : c'est là une pratique défectueuse qu'il serait temps de supprimer puisqu'elle est une atteinte au droit de propriété.

RÉCOLTE. — Les vendanges, dans le Barrois, commencent presque toujours huit ou dix jours plus tôt que Sous-les-Côtes.

Il serait désirable de n'entrer dans les vignes que lorsque le terrain est bien ressuyé et que le soleil a enlevé les dernières traces d'humidité dont les grains de raisins sont recouverts, mais par suite de contre-temps souvent fâcheux et de l'époque tardive à laquelle s'effectue la cueillette des grappes, les vignerons sont souvent contraints de vendanger par bon ou mauvais temps.

Les femmes, les enfants, les vieillards, chargés de cette opération, sont armés de ciseaux ou de serpettes et munis d'un panier ou d'une charpagne.

Les raisins, détachés des pampres, sont placés dans les paniers et lorsque ceux-ci sont remplis, leur contenu est versé dans les hottes ou hotterets, récipients fabriqués avec de l'osier, ou dans des tandelins, sorte de hotte construite entièrement en bois et affectant la forme d'un long tronc de cône à base ovale.

Des hommes nommés hottiers, sont chargés de transporter de la vigne au bellon la vendange renfermée dans ces outils. Le bellon est une sorte de petite cuve ovale placé sur un véhicule que l'on amène le plus près possible de la vigne à récolter.

CUVAGE. — Les vins rouges ordinaires sont seuls soumis au cuvage qui s'opère dans des cuves de 20 à 40 hectolitres, suivant l'importance du vendangeoire (c'est-à-dire de la surface cultivée en vigne).

Selon la qualité du raisin, la température, le cépage, la nature du vin que l'on veut obtenir, le cuvage, ou temps de fermentation, dure de 12 heures à 10 jours.

Dans le Barrois, on procède de la manière suivante :

Lorsque le bellon est rempli de raisins, on le transporte près de la cave ou du cellier, et on en vide le contenu dans la cuve, les fruits sont étendus et piétinés ensuite jusqu'au moment où le vin affleure à la partie supérieure de la masse ; les bellons suivants sont traités de la même manière, jusqu'à ce que l'on ait une quantité de raisins suffisante pour faire une cuvée de 15 à 20 pièces.

Lorsqu'on veut fabriquer du vin gris, on donne quelques coups de fouloir jusqu'au fond de la cuve en sept ou huit endroits différents ; on met la masse à l'uni et on tire au moment où le liquide possède encore un goût sucré allié à une saveur vineuse, ce qui arrive après un cuvage de 12 à 48 heures : le vin est mis dans des tonneaux où s'achève la fermentation. Le trou de bonde est recouvert de quelques feuilles de vigne.

Pour obtenir du vin rouge, on attend que la cuvée entre en fermentation, on la foule partout tous les jours, une, deux ou trois fois, si cela est nécessaire, on a soin aussi d'arroser le chapeau avec du vin pris dans la cuve même ; lorsque la masse cesse de s'élever (ce qui arrive 12, 18 ou 24 heures après) on tire le vin.

Le moment du décuvage est du reste annoncé par les carac-

tères suivants : la fermentation est faible, le chapeau baigne
en partie dans le liquide, ce dernier n'a plus la saveur sucrée
du moût, mais possède l'odeur vineuse caractéristique des
liqueurs fermentées.

Le décuvage donne les deux tiers environ du vin, l'autre
tiers est obtenu par le pressurage.

Lorsque la vendange s'opère lentement, hottée par hottée,
il faut avoir soin d'étendre les raisins à chaque addition et de
faire piétiner la masse assez souvent de façon que les grappes
soient constamment en contact avec le jus; sitôt la récolte
terminée, on foule de nouveau la vendange et on tire 12 ou
15 heures après afin d'éviter qu'une fermentation trop prolongée amène un excès de couleur et de dureté, ce qui nui-
rait beaucoup à la qualité du vin, sans le rendre pour cela
plus de garde.

Dans les années précoces et lorsque les raisins sont échauf-
fés par un soleil ardent, on obtient sans aucun foulage telle
couleur que l'on veut; dans les années tardives ou pluvieuses,
au contraire, ou lorsque le raisin n'a pas un degré de maturité suffisant, on le laisse plus longtemps dans la cuve et on
obtient, de la sorte, un vin plus coloré avec moins de ver-
deur.

Quand les raisins sont atteints de la pourriture ou qu'ils
sont moisis, le cuvage doit être de courte durée; une fermentation trop prolongée communiquerait au vin un goût de
pourri ou une amertume désagréable.

Dans la région dite Sous-les-Côtes, on obtient les vins
blancs en mettant les raisins, avant de les écraser, sur la table
du pressoir; on les soumet aussitôt à une forte pression. Le
liquide qui s'écoule est versé dans des tonneaux préparés à
l'avance et qui restent débouchés, la fermentation se fait donc
au contact de l'air; lorsque la fermentation tumultueuse est
achevée, on se contente de fermer l'orifice du trou de bonde
avec quelques feuilles de vignes.

M. Florentin, instituteur à Burey-en-Vaux, conseille pour
avoir des vins blancs capiteux, d'égrapper les raisins, de
presser les grains et de placer le jus dans un fût à douves et
à fonds très-solides, de fermer le tonneau avec sa bonde et
de maintenir celle-ci au moyen d'une pièce de bois tenue
verticalement entre elle et la voûte de la cave; dans ces

conditions la fermentation s'établit lentement, il n'y a aucune perte d'acool et de gaz puisque ces derniers sont maintenus dans le liquide.

Cinq ou six mois après, M. Florentin adapte un robinet à l'un des fonds et met en bouteilles le vin ainsi obtenu, qui porte le nom vulgaire de *vin enragé*.

Dans la Meuse la fermentation a presque toujours lieu dans des cuves ouvertes, c'est là une pratique défectueuse qui pourrait être avantageusement remplacée par le cuvage en foudre, en vases fermés, ou par l'emploi de cuves à étages et à faux fonds qui divisent le chapeau par couches ou le maintiennent sous le liquide. L'*égrappage* consiste dans la séparation de la rafle des raisins, des autres parties du fruit, il est loin d'être généralisé dont notre département; il en est de même du *foulage* dont le but est d'écraser le raisin avant le cuvage à l'aide d'instruments spéciaux appelés fouloirs.

PRESSURAGE. — Le décuvage terminé les marcs sont portés sur le pressoir de façon à en extraire le jus qu'ils renferment encore.

Les modèles de pressoirs utilisés dans la Meuse sont peu nombreux. Les plus anciens et les plus rares ont pour pièce principale une forte poutre en chêne maintenue horizontalement, cette poutre est descendue ou élevée à l'aide de deux vis placées à chaque extrémité.

On peut encore voir à Montigny-devant-Sassey un pressoir communal, autrefois banal, construit d'après ce principe; il en existe aussi un de ce genre, mais de plus petite dimension, chez M. Féry, maire de Villers-aux-Vents.

Les types les plus récents sont montés sur roues et peuvent être transportés d'un endroit à un autre.

Le vin que l'on obtient du pressurage porte le nom de *vin de presse* ou de *pressoir,* pour le distinguer de celui recueilli au décuvage et que l'on appelle *vin de cuve, vin de goutte* ou *mère goutte.*

Ces vins ne possédant pas les mêmes qualités, il convient donc ou de les mettre à part ou de les mélanger dans une certaine proportion. Le vin de pressoir, en général plus acide et plus coloré, sera utilement mélangé au vin de cuve, lorsqu'on désirera faire du vin de garde : si on tient à livrer

le vin de goutte immédiatement à la consommation, on pourra
s'abstenir d'effectuer ce mélange.

Toutes les fois qu'il y aura lieu de recourir à l'égrappage,
on devra diminuer la quantité de vin de presse.

SOUTIRAGE. — Sous l'influence de la fermentation, le vin,
logé dans les tonneaux, diminue de volume. Pour maintenir
ceux-ci constamment pleins et éviter l'introduction de l'air
qui pourrait déterminer l'acidification du liquide, on procède
à l'*ouillage,* en remplissant les tonneaux jusqu'à l'orifice du
trou de bonde avec du vin de goutte ou du vin de pressoir
bien clair. Cette opération, d'abord effectuée tous les deux
jours, ne l'est plus que chaque quinze jours, ou tous les mois
lorsque la fermentation est terminée.

Le vin sortant de la cuve ou du pressoir est chargé de
matières en suspension, au bout de quelque temps, il se
dépouille, devient limpide et les corps qui empêchaient sa
limpidité tombent au fond des tonneaux où ils forment un
dépôt qui doit être séparé le plus tôt possible du vin ; c'est
là le but du soutirage.

Le moment de procéder à ce travail n'est pas indifférent,
il faut choisir un temps clair et sec, mais on doit s'abstenir
lorsque la vigne entre en végétation, quand les fleurs commencent à apparaître ou que le raisin mûrit.

Le premier soutirage se fait, dans la Meuse, en mars ou
avril, si un deuxième est nécessaire, il est pratiqué en septembre.

CONSERVATION DU VIN. — Il ne suffit pas de savoir faire le
vin, il faut encore pouvoir lui conserver toutes ses qualités.

Le vin demande d'abord d'être conservé en tonneaux pendant quelque temps avant d'être mis en bouteilles. Il faut
attacher une grande importance au choix des vases vinaires
qui doivent servir à la confection et à la conservation du vin.

Les cuves sont lavées à grande eau du haut en bas et la rai-
nure qui se trouve entre la paroi et le fond doit être l'objet de
soins spéciaux. Il est d'usage de placer à l'arrière de l'ouverture de vidange une toile métallique ou un balais en bois neuf
afin d'écarter du trou de la fontaine (gros robinet en bois ou
en cuivre) les grains de raisin qui se trouvent libres.

Dans aucun cas, il ne convient d'employer des futailles, seraient-elles tout récemment vides, sans les avoir bien rincées, d'abord à l'eau chaude, puis à la chaîne, enfin à l'eau froide. On accordera la préférence aux fûts neufs ou à ceux qui sont, bien entendu, exempts de mauvaises odeurs.

Le vin, logé en tonneaux, doit être bien scellé il faut éviter de placer entre la bonde et l'ouverture qui la reçoit des chiffons sales et d'une trop grande épaisseur, ils pourraient communiquer au liquide un mauvais goût ou provoquer son acidification. Les vins légers se mettent en bouteilles dans la pleine lune de mars; les rosés avant ou après la fleur du raisin, les rouges avant ou après les vendanges, ou bien dans la pleine lune de février de l'année suivante.

Sous les Côtes, les vins sont plus teintés, plus acides, plus astringents que ceux du Barrois, aussi ne sont-ils souvent mis en bouteilles que deux ou trois ans après leur fabrication, et lorsqu'ils ont subi un collage ou un ou deux soutirages.

Le vin bon à mettre en bouteilles, doit avoir accompli la fermentation alcoolique, être débarrassé de l'excès de matières albuminoïdes et muscilagineuses qui constituent le dépôt pendant les premières années, ne renfermer que de faibles quantités de tartre et d'acide, posséder une limpidité parfaite et un parfum rappelant le vin vieux.

Les bouchons seront choisis exempts de mauvais goût et les bouteilles, qu'elles soient neuves ou qu'elles aient déjà servi, seront passées au rince-bouteilles puis égouttées en maintenant le col renversé. On ne les emploiera que lorsqu'elles seront entièrement sèches.

Les bouteilles pleines sont placées de façon que le liquide touche le bouchon : si le vin doit rester longtemps en cet état, il est prudent de revêtir de cire la partie supérieure du goulot.

Les vins du Barrois, étant légers, ne sont pas de longue conservation; ils demandent à être bus l'année même ou l'année suivante. Cependant certains crûs et les pineaux quand ils sont bien mûris, peuvent se garder plusieurs années; il en est de même des vins récoltés à Belleville et dans la vallée de la Meuse.

Quant aux vins des Côtes, ils restent parfois deux ou trois ans en fût, après quoi ils sont seulement mis en bouteilles et peuvent être conservés en cet état de 15 à 20 ans et plus. Comme vins blancs renommés, nous citerons : les crûs de Creuë, de Loupmont, d'Hattonchâtel et les pineaux blancs de Bar-le-Duc.

Parmi les vins rouges ceux de Bar, de Bazincourt, de Bussy-la-Côte (pineaux), de Loupmont, d'Heudicourt, de Buxières, de Saint-Maurice, de Montsec, de Saint-Julien, d'Hannonville, de Thillot, de Behonne, de Loisey, de Lissey, d'Inor.

DEGRÉ ALCOOLIQUE. — Nous empruntons à l'ouvrage de M. Neucourt (*La vigne dans le département de la Meuse*), les renseignements suivants qui se rapportent au dosage en alcool de quelques vins de notre pays :

Années.	Provenances.	Dosage en alcool.
1859. . .	Fains	7°
1865. . .	Naives-devant-Bar	9°
1857. . .	Côte Saint-Michel (Verdun). . . .	11°
1865. . .	id.	10°
1865. . .	Côte de Regret	10°
1874. . .	Côte de Belleville	8°,1
1878. . .	Côte Saint-Michel.	7°,5
1859. . .	Hattonchâtel	7°
1862. . .	Thillot.	9°
— . . .	Viéville	8°
1862. . .	Varennes	8°,5
— . . .	Vigneulles.	9°
— . . .	Loupmont.	7°
— . . .	Trésauvaux	8°,5
— . . .	Hannonville.	8°,5
1878. . .	Heudicourt	7°,5
1878. . .	Creuë (blanc)	7°,5

D'après les nombreux dosages exécutés par M. Neucourt, la composition moyenne de nos vins serait :

Intensité colorante (rouge). 508
Alcool p. 0/0, moyenne de 198 dosages . . . 7°,33
Extrait par litre . . . . 20 ,73
Tartre . . . . 1 ,928

Tannin.	1 ,276
Glycérine.	6 ,968
Matières azotées.	2 ,210
Cendres	1 ,712

UTILISATION DU MARC. — Le résidu solide qui reste après avoir soutiré le vin de goutte ou après le pressurage peut donner, en y ajoutant de l'eau, une nouvelle boisson, c'est la *piquette*. Si on fait dissoudre dans l'eau une certaine quantité de sucre de betterave cristallisé ou raffiné, dans la proportion de 1,700 grammes par hectolitre d'eau et par degré alcoolique à obtenir, et qu'on ajoute le tout au marc, on retire après fermentation, un jus auquel on donne le nom de *vin de marc* ou *vin de deuxième cuvée*.

Le vin produit en remplaçant le sucre cristallisé ou raffiné par du glucose est moins bon, et il acquiert un goût spécial qui ne plaît pas à beaucoup de personnes.

Enfin, dans certains cas, au sucre et au glucose on substitue les raisins secs.

Après le pressurage ou la fabrication des piquette et vin de seconde cuvée, le marc est emmagasiné dans des tonneaux ou dans des cuves ; la masse étant bien piétinée, on la recouvre d'une couche de terre de 0ᵐ,10 d'épaisseur, la surface supérieure est bien polie de manière à éviter la pénétration de l'air. Au bout de quelque temps, la fermentation qui s'est produite au sein du marc a donné naissance à de l'alcool que l'on recueille par la distillation et que l'on qualifie d'*eau-de-vie de marc* ou simplement *marc*.

La production en eau-de-vie est, en moyenne, de 3 litres d'alcool à 22° par pièce de vin (200 litres) si les marcs n'ont pas servi à la fabrication de vin de deuxième cuvée et de 4 litres si les marcs ont été additionnés de sucre ou de raisins secs pour la préparation d'un second vin.

Les résidus de la fabrication de l'eau-de-vie peuvent être employés à l'alimentation des bœufs et surtout à celle des moutons et de la volaille ; il est possible également de les convertir en engrais en les mettant en stratification avec de la terre, du fumier, de la chaux, etc.

Rendement. — Le produit moyen d'un hectare de vigne, dans la Meuse, est excessivement variable, il dépend d'une foule de circonstances parmi lesquelles on peut citer : la nature du sol, son degré de fertilité, son exposition, le cépage cultivé, les influences atmosphériques et les soins accordés à la plante.

En 1358, l'été fut excessivement chaud et dans le Barrois la récolte fut nulle car les raisins desséchèrent sur pied (Servais, *Annales du Barrois*).

En 1360, des accidents de température détruisirent la récolte des vignes de Longeville, Tannois, Savonnières. Il n'y eut rien à *treuiller* (pressurer). Plusieurs pièces de terre et une vigne, appartenant au domaine ducal à Longeville, près de Ligny, ne purent être affermées et cessèrent d'être cultivées (Compte de Jean de Longeville, cellerier de Bar, 1360-1361).

En 1361, la récolte fut abondante. La levée (dîme) des vins pour le duc de Bar, à Longeville, à l'époque des vendanges, dura 16 jours. Le cellerier de Bar (Jean de Longeville) y procéda avec six valets. A Bar, il fallut employer avec ces derniers, trois autres agents. A Tannois, elle se fit par les soins du maire, à l'aide de deux valets. A Savonnières, le maire, le doyen et trois valets y concoururent (Servais, *op. cit.*).

1369. Récolte abondante. En avril 1370, le feu prit au château de Bar et pour l'éteindre, le puits étant extrêmement profond, on employa au lieu d'eau, le vin pineau qui se trouvait dans les caves. Il ne fallut pas moins de 62 muids ou 25 queues (90 hectolitres), pour arrêter les progrès des flammes (Compte de Perrin de Lamothe, cellerier de Bar, 1364-1372).

De 1400 à 1402, la récolte des vignes du Barrois fut très-satisfaisante. Du 1er octobre 1400 au 14 décembre 1402, on descendit dans les celliers du château de Bar, 710 queues de vin (2,556 hectolitres) *provenant de plusieurs lieux et celiers des bourgeoix de Bar* (Compte de Jennet Asselin, gruier de Bar, 1399-1403).

D'après M. Gabriel Magot, le rendement d'un hectare de pineau a été de 20 hectolitres en moyenne, de 1781 à 1830.

Pour la période de 1781 à 1790, il a été de 24^h,30 en pineau.

—	1791 à 1800,	—	14^h,60	—
—	1801 à 1810,	—	22^h,10	—
—	1811 à 1820,	—	15^h,20	—
—	1821 à 1830,	—	24^h,80	—

La plus grande production de 1781 à 1830 s'est élevée à 72 hectolitres en 1804.

De 1843 à 1865, la récolte moyenne d'un hectare a atteint à Thillot 90 hectolitres.

De 1863 à 1880, elle a été évaluée pour l'ensemble du département à 32 hect. 74.

D'après les renseignements recueillis par M. Pagin, il résulte qu'à Thillot, la production du vin peut être estimée à 59 hect. 69, en moyenne par hectare, pour la période comprise entre 1867 et 1890, soit 22 ans.

Les plus hauts rendements, qui ont dépassé 100 hectolitres à l'hectare, ont été fournis par les années 1868 (130 hectolitres) et 1875 (115 hectolitres).

PRIX DU VIN. — Le prix du vin est loin d'être resté stationnaire ainsi qu'on peut s'en rendre compte par les chiffres ci-dessous, puisés à différentes sources et que nous mentionnons à titre de curiosité.

De 1781 à 1830, le prix moyen de la pièce (180 litres) de pineau a été de 77 fr. 80.

Le maximum a atteint 200 francs en 1815; le minimum n'était que de 31 francs en 1805, 1826, 1828, 1829.

Le vin produit par le vert-plant, cépage introduit dans le Barrois vers 1815, s'est vendu 72 francs la pièce (180 litres) en 1818, et seulement 15 francs en 1821, 1829, 1830.

D'après M. Pagin, le vin de Thillot s'est vendu, en moyenne, 22 francs l'hectolitre de 1843 à 1865; 25 fr. 30 de 1865 à 1879 (14 ans), et 30 fr. 25 de 1880 à 1890 (10 ans.)

M. Pierre, d'Heudicourt, estimait que le prix de vente du vin avait été, en moyenne, de 20 francs l'hectolitre de 1856 à 1866.

Prix du vin à diverses époques.

1611.	15ᶠ la queue dans le Barrois.
1617.	30ᶠ — ; 40ᶠ après la vendange.
1621.	80ᶠ — ; 120 à 130ᶠ le vin vieux.
1622.	46ᶠ le gardier à Neuville-sur-Orne.
1623.	80ᶠ —
1624.	40ᶠ — ; 60 à 65ᶠ la queue à Et ain
1626.	100 à 120ᶠ la queue.
1628.	32ᶠ le gardier à Neuville-sur-Orne; 160 la queue au Barrois.
1630.	13ᶠ — 80 et plus la queue.
1631.	10 à 30ᶠ — 14 la queue au Barrois.
1632.	35ᶠ — 40 —
1633.	58ᶠ — 100 —
1634.	27ᶠ —
1635.	34 à 36ᶠ —
1638.	32ᶠ —
1639.	7ᶠ le gardier à Neuville-sur-Orne, à la vendange.
	200ᶠ la queue à Verdun.
1641.	1ᶠ le pot à Etain.
1643.	16 à 18 gros et même 1ᶠ le pot.
1645.	20ᶠ la queue au Barrois.
1646.	40 et 50ᶠ —
1647.	22ᶠ la pièce à Etain.
1648.	126ᶠ la queue à Etain.
1650.	63ᶠ la pièce; le pot 14 à 16 gros à Etain.
1653.	60ᶠ la queue.
1654.	6 gros le pot; 1ᶠ le pot de vin vieux à Etain.
1655.	10 gros et 1ᶠ le pot à Etain.
1659.	16, 18 et 20 gros le pot, avant les vendanges, à Etain.
1660.	64 et 65ᶠ la queue à Etain.
1663.	18, 20 et 22 gros le pot à Etain.
1681.	96, 97 et 98ᶠ la queue au Barrois.
1688.	7 à 11 écus la queue. (L'écu valant 7ᶠ Barrois.)
1690.	71ᶠ la queue, le vieux 125 à 160ᶠ (Barrois).
1694.	13 à 17ᶠ — — 16 à 20ᶠ (Barrois).
1696.	33 et 36 écus la queue au Barrois.
1698.	26 à 32 écus — — ; 32 à 35 écus le vieux.
1699.	24 à 32 écus au Barrois.
1717.	18 à 40 » —
1718.	18 à 20 » —
1723.	20 à 45 » —
1724.	40 à 50 » —

1725. 18 à 20 écus au Barrois.
1726. 70 à 80 » — ; 16 à 17 livres le tonneau à Velaines.
1729. 14 à 24 livres les deux tonneaux à Velaines.
1730. 18 à 20 » — ; (vin absinté).
1731. 12 à 13 » —
1781. 39ᶠ la pièce (180 litres) à Bar, en pineau.
1782. 39ᶠ la pièce (180 litres) à Bar, en pineau.
1783. 54ᶠ » —
1784. 54ᶠ » —
1785. 48ᶠ » —
1786. 60ᶠ » —
1787. 84ᶠ » —
1788. 84ᶠ » —
1789. 48ᶠ » —
1790. 102ᶠ » —
1791. 144ᶠ » —
1792. 130ᶠ » —
1793. 150ᶠ » —
1794. 110ᶠ » — ; 50ᶠ l'hectolitre à Verdun.
1795. 100ᶠ » —
1796. 120ᶠ » —
1797. 108ᶠ » —
1798. 100ᶠ » —
1799. 66ᶠ » —
1800. 100ᶠ » —
1801. 120ᶠ » —
1802. 168ᶠ » —
1803. 132ᶠ » —
1804. 60ᶠ » — ; 10 à 12ᶠ l'hectolitre à Verdun.
1805. 30ᶠ » —
1806. 96ᶠ » — ; 21ᶠ l'hectolitre à Verdun.
1807. 90ᶠ » —
1808. 72ᶠ » —
1809. 80ᶠ » —
1810. 120ᶠ » —
1811. 130ᶠ » —
1812. 72ᶠ » —
1813. 84ᶠ » —
1814. 140ᶠ » —
1815. 200ᶠ » —
1816. »ᶠ » — ; 60ᶠ l'hectolitre à Verdun.
1817. »ᶠ » — ; 1ᶠ la bouteille à Verdun.
1818. 150ᶠ la pièce (180 litres) à Bar, en pineau.
    30ᶠ l'hectolitre à Verdun, 15 à 16ᶠ Sous-les-Côtes.

1819. 100ᶠ la pièce (180 litres) à Bar, en pineau.

8 à 20ᶠ l'hectolitre à Verdun , 5 Sous-les-Côtes.

1820. 90ᶠ la pièce (180 litres) à Bar, en pineau.

15 à 30ᶠ l'hectolitre à Verdun, 48 la pièce de vert-plant (Bar).

1821. 35ᶠ la pièce (180 litres) à Bar, en pineau.

30ᶠ l'hectolitre à Verdun , 15 la pièce de vert-plant (Bar).

1822. 120ᶠ la pièce (180 litres) à Bar, en pineau.

25 à 50ᶠ l'hectolitre à Verdun, 50 la pièce de vert-plant (Bar).

1823. 72ᶠ la pièce (180 litres) à Bar, en pineau.

25ᶠ l'hectolitre à Verdun , 30 la pièce de vert-plant (Bar).

1824. 72ᶠ la pièce (180 litres) à Bar, en pineau.

15 à 20ᶠ l'hectolitre à Verdun, 30 la pièce de vert-plant (Bar).

1825. 130ᶠ la pièce (180 litres) à Bar, en pineau.

25 à 100ᶠ l'hectolitre à Verdun, 60 la pièce de vert-plant (Bar).

1826. 30ᶠ la pièce (180 litres) à Bar, en pineau.

8 à 9ᶠ à Verdun, 18 la pièce de vert-plant (Bar).

1827. 60ᶠ la pièce (180 litres) à Bar, en pineau.

8 à 40ᶠ l'hectolitre à Verdun, 18 la pièce de vert-plant (Bar).

1828. 30ᶠ la pièce (180 litres) à Bar, en pineau.

15 à 50ᶠ l'hectolitre à Verdun, 20 la pièce de vert-plant (Bar).

1829. 30ᶠ la pièce (180 litres) à Bar, en pineau.

8 à 10ᶠ l'hectolitre à Verdun, 15 la pièce de vert-plant (Bar).

1830. 40ᶠ la pièce (180 litres) à Bar, en pineau ;

récolte nulle à Verdun.

1831. Récolte presque nulle à Verdun.

1832. 25 à 30ᶠ l'hectolitre à Verdun.

1833.	8ᶠ —	—	; 10 à 15ᵃ à Ville-en-Woëvre.
1834.	20 à 60ᶠ —	—	; 6,50 à 7,50 Sous-les-Côtes.
1835.	—	—	; 20 à 25 —
1839.	66ᶠ —	—	
1842.	25 à 40ᶠ —	—	; 20 à 25 à Ville-en-Woëvre.
1844.	30 à 44ᶠ —	—	
1845.	20 à 22ᶠ —	—	; 20 à 25 à Ville-en-Woëvre.
1846.	30 à 46ᶠ —	—	; 22 à 37 —
1847.	15ᶠ —	—	; 10 —
1848.	25ᶠ —	—	; 10 à 12,50 —
1849.	25ᶠ —	—	
1850.	18ᶠ —	—	
1851.	15 à 18ᶠ —	—	
1852.	30ᶠ —	—	; 15 à Ville-en-Woëvre.
1853.	25ᶠ —	—	
1854.	50ᶠ —	—	; 37,50 à 40 à Ville-en-Woëvre.
1855.	50ᶠ —	—	
1856.	45ᶠ —	—	

1857.	35 à 50ᶠ l'hectolitre à Verdun.		
1858.	20 à 25ᶠ	—	— ; 10 dans le Barrois.
1859.	25 à 40ᶠ	—	— ; 20 à Ville-en-Woëvre.
1860.	25 à 30ᶠ	—	— ; 20 à 25 Sous les Côtes.
1861.	34 à 50ᶠ	–	— ; 35 à Ville-en-Woëvre.
1862.	30ᶠ	—	—
1863.	30ᶠ	—	—
1864.	25ᶠ	—	— ; 22 Sous les Côtes.
1865.	25 à 40ᶠ	—	— ; 25 Sous les Côtes ; 30 à Thillot.
1866.	17ᶠ,50	—	— ; 12,50 Sous les Côtes ;
	12ᶠ,50	—	à Thillot.
1867.	30ᶠ	—	à Verdun ; 20 à 24 Sous les Côtes ;
	23ᶠ	—	à Thillot.
1868.	27 à 30ᶠ	—	à Verdun ; 35 dans le Barrois ;
	27ᶠ,50	—	à Thillot.
1869.	25ᶠ	—	à Verdun ; 25 à Creüe ; 27 à Thillot.
1870.	27ᶠ,50	—	à Thillot ; 25 à Ville-en-Woëvre.
1871.	30ᶠ	—	à Verdun ; 20 à Thillot.
1872.	40ᶠ	—	à Verdun ; 30 dans le Barrois ; 26 à Thillot.
1873.	50ᶠ	—	à Verdun ; 43 à Thillot.
1874.	18 à 20ᶠ	—	à Verdun ; 20 à 30 à Belleville ;
	33ᶠ	—	à Thillot.
1875.	40ᶠ	—	à Verdun ; 36 à Herbeuville ; 17 à Thillot.
1876.	35ᶠ	—	à Glorieux ; 25 à Thillot.
1877.	53ᶠ	—	à Bayonville ; 22,50 à Thillot.
1878.	55ᶠ	—	à Bayonville ; 27 à 30 à Bar ; 20 à Thillot.
1879.	52 à 55ᶠ	—	à Bar-le-Duc ; nul à Thillot.
1880.	50ᶠ	—	à Bar-le-Duc ; 42,50 à Thillot.
1881.	32ᶠ,50	—	à Thillot.
1882.	25ᶠ	—	—
1883.	27ᶠ,50	—	—
1884.	45ᶠ	—	—
1885.	32ᶠ,50	—	—
1886.	35ᶠ	—	—
1887.	32ᶠ,50	—	—
1888.	25ᶠ	—	—
1889.	27ᶠ,50	—	—
1890.	35ᶠ	—	—

FRAIS ANNUELS DE PRODUCTION. — Les frais de produc-ion étaient estimés, d'après Gabriel Magot, ainsi qu'il suit, pour Bar-le-Duc :

	1781.	1810.	1830.
Provignage	54ᶠ »	66ᶠ »	72ᶠ »
Façons.	75 45	98 »	120 »
Échalas	27 »	54 30	54 »
Liure.	12 30	13 50	13 50
Coups à boire	6 »	7 50	9 »
Frais de vendange et de tonneaux.	189 »	180 »	7 20
Report de terre	70 50	78 »	90 »
Contributions	» »	23 40	19 50
Totaux	444ᶠ 25	520ᶠ 90	385ᶠ 20

L'*Annuaire* de l'an XII indique que 34 ares de vignes coû-
tent annuellement, pour fourniture d'échalas et de paille, culture, frais de vendange, intérêts de fonds : 120 francs; report
de terre et engrais, 30 francs; total 150 francs ou 450 francs
à l'hectare.

En 1866, les frais annuels étaient évalués à 600 francs par
M. Pierre, maire d'Heudicourt; ces dépenses se décompo-
saient comme il suit :

Culture ordinaire.	400ᶠ
Échalas.	60
Provignage.	40
Engrais.	60
Vendange, etc...	140
Total	600ᶠ

Frais de culture, à Ancerville, en 1890 :

Bêchage et provignage	240ᶠ
Trois binages	135
Taille.	30
Déchalassage et épluchage	45
Échalassage.	30
Épamprement, liage	75
Vendange.	75
Total.	630ᶠ

A Thillot, par une délibération du Conseil municipal de 1,793,
le prix à façon d'un hectare de vigne fut porté de 144 livres

à 180. En 1854, il était de 240 francs, et aujourd'hui il atteint 360 francs, non compris les dépenses de vendange, d'échalas et de liure (A. Pagin).

En 1889, nous avons donné 130 francs, pour la façon d'une vigne de 34 ares, soit 390 francs à l'hectare, non compris les frais d'échalas, de liure, de provignage, de vendange, de contributions, etc...

PRODUIT NET. — Nous empruntons au mémoire sur la culture de la vigne de M. Magot les données ci-dessous :

Un hectare de vigne planté en pineaux dans un sol moyennement fertile, peu terré, peu fumé, bien cultivé, a produit dans l'espace de 50 ans (1781 à 1830) en moyenne dix pièces et demie, par année, compensation faite des années heureuses avec les mauvaises.

Le prix de vente de la pièce (180 litres) a été pour la même période de 77 fr. 80; il en résulte que le produit brut moyen s'est élevé à 10 pièces 50 × 77 fr. 80 = 816 fr. 90.

Mais de cette somme, il faut déduire, les dépenses de provignage, façons, échalas, liure, coups à boire, vendange, report de terres, fumier, contributions se montant par an à 441 francs.

Cette somme (441 francs) retranchée de 816 fr. 90 donne pour produit net moyen de chacune des 50 années, le chiffre de 375 fr. 90.

Si on fait, pour 50 ans, le calcul des intérêts des capitaux successivement croissants et décroissants qui représentent la valeur immobilière de cet hectare de vigne dans le même intervalle, on trouve la somme de 485 fr. 70.

Soit une différence de 485 fr. 70 — 375 fr. 90 = 109 fr. 80.

D'après M. Magot, le capital immobilier du même hectare de vigne n'a pas tout à fait produit 4 p. 0/0 d'intérêts.

*Produit d'un hectare de vigne en plein rapport,
lors d'une année moyenne.*

50 hectolitres de vin à 25 francs l'un. . 1,250ᶠ   ci. . . 1,250ᶠ
Valeur foncière de cet hectare 5,000
Rente de cette somme à 5 p. 0/0. . . .   250 } ci. . .   920
Frais annuels et contributions . . . . .   670 }

Bénéfice net. 330ᶠ

Malheureusement il n'en n'est pas toujours ainsi, les bonnes années sont fort rares, les mauvaises, au contraire, sont plus fréquentes, de telle sorte que les bénéfices réalisés dans les années de grande production sont vite absorbés pendant les mauvaises.

Arboriculture.

ARBRES FRUITIERS. — La culture des arbres fruitiers tend de jour en jour à se répandre dans notre département. Quelques coteaux, autrefois couverts de vignobles, sont aujourd'hui plantés en pommiers, cerisiers et pruniers.

Depuis longtemps déjà les fruits sont l'objet d'un grand commerce à Brillon, Ancerville, Hattonchâtel, Buxières, Beaulieu, Ronvaux, Watronville, Halles, etc.

Les énormes peupliers qui bordaient certaines routes ou chemins et dont les effets sont si préjudiciables aux cultivateurs, sont remplacés par des arbres à fruits à couteau et à cidre.

Une des premières plantations de ce genre est celle qui a été faite, en cerisiers, vers 1872, sur le chemin de Montmédy à la frontière belge.

Depuis cette époque de nombreux arbres fruitiers ont été plantés sur les routes côtoyant l'Argonne orientale.

Production des fruits dans le département de la Meuse.

	1885.	1887.	1889.
Noix (en quintaux) . . .	146	63	181
Prunes (*id.*)	19,207	6,779	3,439

En 1882, la récolte des fruits était ainsi évaluée :

Pommes et poires	29,620	hectolitres.
Pêches et abricots	10	—
Prunes et cerises.	10,798	—

Lors de la cueillette, une grande partie des fruits est expédiée dans les villes ; le reste est utilisé dans la consommation sous forme d'huile, de cidre, de piquette, d'eau-de-vie, de conserves.

A Ancerville, Brillon, Gironville et Girauvoisin, les cerises font l'objet d'un grand commerce; dans les années abondantes, les fruits non vendus servent à la fabrication du kirsch.

D'après M. Davenne, de Brillon, 200 kilog. de cerises rendent, à la distillation, 20 litres d'eau-de-vie. Le kilogramme de cerises vaut de 0 fr. 20 à 0 fr. 30. Le litre de kirsch se vend 3 fr. 50.

Vers 1840, la ferme de la Suisserie, près d'Autrécourt, produisait par année jusque 2,700 litres de kirsch livré à 1 franc le litre.

Dans les jardins de l'ancien couvent de Sainte-Lucie-du-Mont, près Sampigny, et dans les bois voisins, croît le merisier dont le fruit, une petite cerise, est noire et amère. Le bois de cet arbrisseau dégage une odeur agréable; il sert à la fabrication de divers petits objets et en particulier de porte-cigares et de porte-cigarettes.

A Buxières, Buxerulles, Hattonchâtel, Vigneulles, Watronville, les mirabelles sont en grande partie expédiées à Paris. Le prix du kilog. est de 0 fr. 30 au détail et de 0 fr. 11 à 0 fr. 15 en gros.

A Halles, on cultive beaucoup de pruniers. On estime que 200 litres de fruits produisent de 15 à 18 litres d'eau-de-vie, et on évalue la production totale, dans les bonnes années, à 12,000 litres.

Les noix de Gironville et de Frémeréville se vendent de 44 à 60 francs les 100 kilog. suivant abondance ou rareté.

Les pommes et les poires à couteau sont livrées à Ancerville, Clermont, Triaucourt, à raison de 1 fr. 50 à 2 francs les 20 litres.

Enfin les arbres fruitiers forment de nombreux vergers ou ombragent les cultures maraîchères des communes de Rupt-aux-Nonains, Lisle-en-Rigault, Blercourt, Rampont, Haironville, Montfaucon, Laneuville-au-Rupt, etc.

Les confitures fabriquées avec les fruits du groseiller, particulièrement avec les variétés blanches, font la renommée de la ville de Bar-le-Duc et, depuis quelques années, celle de Ligny.

Avant la Révolution, on fabriquait à Bar-le-Duc de 40 à 50,000 pots de confitures par an, vendus de 7 à 8 francs la douzaine. Après 1789, et pendant plusieurs années, cette industrie perdit de son importance par suite de la chèreté du sucre. Depuis, la fabrication des confitures de groseilles épépinées a pris un nouvel essor, et la quantité de pots livrée au commerce dépasse certainement le chiffre de 100,000.

C'est vers 1888 que, MM. Simonnet, d'Euville, et Floze, de Void, se sont livrés à la culture de la groseille à cassis.

En 1806, M. Piérard créait, dans sa ferme de Monjoy, située entre Senoncourt et Ancemont, une pépinière d'arbres à cidre; malheureusement en 1816, un ouragan, accompagné de grêle, détruisit la majeure partie de sa plantation; les arbres qui restèrent ne firent que languir et durent être arrachés.

Malgré cet échec inattendu, M. Piérard faisait, en 1820, paraître une petite brochure dans laquelle il recommandait la plantation des arbres à fruits à cidre.

M. Jules Colson, président de la Société d'agriculture de l'arrondissement de Commercy, entreprit, en 1868, la plantation de pommiers à cidre à Saint-Aubin.

La réussite de ses premiers essais l'engagea à continuer, et aujourd'hui M. Colson a, sur sa ferme, 234 pommiers à cidre et 5 poiriers qui pourront, d'ici trois ou quatre ans, fournir plus de 24 hectolitres de cidre.

M. George-Lemaire, de Triaucourt, planta, en 1881, de nombreux pommiers et poiriers à cidre.

Avant le mémorable hiver de 1879-1880, on comptait à Triaucourt plus 3,000 pieds d'arbres à cidre et à couteau. Les poiriers, les pruniers et les cerisiers ont assez bien résisté, mais les autres essences ont été détruites.

On a beaucoup replanté depuis et on plante encore tous les jours surtout des espèces à cidre.

Parmi les variétés de pommes qui servent à la préparation du cidre, il y a : la Belle à l'œil, très-estimée du commerce à cause de sa taille et de sa belle couleur rouge foncé; les pommes de Fond — fond blanc, fond rouge, gros fond, petit fond —, la pomme Louiton; les poiriers à cidre sont représentés par les Carisets, gros et petits et les poires Saint-Rouin d'hiver et d'été.

La quantité de cidre produite annuellement à Triaucourt est d'environ 200 hectolitres. La surface plantée en arbres divers est évaluée à 30 hectares.

Les arbres à cidre occupent aussi de grandes étendues de terrain aux Islettes, à Clermont, à Rarécourt. Dans cette dernière commune on trouve les variétés de pommes suivantes : de Réau, de Seigneur, de Fond, et comme poires : le Cariset, le Saint-Rouin.

Depuis 1884, M. Aubriot, instituteur à Void, s'occupe de la propagation des arbres à cidre ; il possédait, en 1891, 35 pieds tant de Locard gros et petits que de Gérandel et de Fille normande.

Citons, à titre de renseignement, quelques planteurs d'arbres à cidre.

MM. George-Lemaire, Joyeux, Bernard frères, Pérard, de Triaucourt.

Chaudorge, de Brillon ; Boyer, instituteur à Vadonville ; Petit, percepteur à Ecurey ; Thirion fils, de Halles.

Les propriétaires des fermes de Beauregard et des Merchines.

En 1892, nous avons présenté, à la Société d'agriculture de Commercy, un rapport dans lequel nous demandions la nomination d'une commission pomologique chargée d'étudier sur place la nature du sol qui convient le mieux aux arbres à cidre, les meilleures espèces pouvant réussir sous notre climat ; enfin la méthode à suivre pour fabriquer de bon cidre.

Dans sa séance du 28 mai 1893, ladite Société a voté un crédit de 400 francs destiné à allouer une remise de 20 p. 0/0 aux acquéreurs d'arbres à cidre.

Actuellement les vignerons meusiens ont une grande tendance à propager les arbres fruitiers dans leurs terrains plantés en vigne. Plusieurs fois déjà M. Billon, d'Hannonville, s'est élevé contre cette funeste habitude et a demandé à la Société d'agriculture de Verdun de vouloir bien émettre un vœu pour que des mesures fussent prises en vue d'empêcher, dans les vignes, les plantations d'arbres fruitiers, qui vont toujours en se multipliant.

A la suite de cette plainte, le président de la Société d'agriculture proposa à l'assemblée d'émettre le vœu suivant : « Le législateur, en revisant la partie du Code rural, relative aux plantations, devra examiner s'il ne conviendrait pas d'augmenter la distance à laquelle les plantations peuvent être faites par rapport aux propriétés voisines. » — Ce vœu fut adopté par l'assemblée.

Les arbres nuisent, en effet, aux propriétés voisines par leurs racines en entravant la culture des terres et en épuisant le sol; par leurs feuilles, en produisant de l'ombrage et en formant un couvert épais qui empêche le développement des plantes abritées.

Une demande identique a également été formulée par les vignerons de Behonne dans une réunion de la Société d'agriculture de Bar-le-Duc, tenue en 1886. Si les vignerons veulent s'occuper de l'élevage des arbres, il serait certainement plus avantageux pour eux de créer des vergers plutôt que de planter des arbres, isolés ou en lignes, dans leurs terres livrées à la culture arable ou couvertes de vignes.

ARBRES FORESTIERS. — Dans les temps reculés, la surface consacrée aux arbres forestiers était bien plus grande qu'aujourd'hui; malgré les défrichements effectués aux xvi°, xvii° et xviii° siècles, les forêts occupaient encore, dans la Meuse, en 1886, une surface de 176,466 hectares, soit 28 p. 0/0 de l'étendue totale. Aujourd'hui, la Meuse tient le troisième rang des départements les plus boisés de la France, avec 128,171 hectares, tant domaniaux que communaux.

Voici d'après un auteur anonyme, qui écrivait en l'an IX, les causes du dépérissement des forêts.

« Le pâturage dans les bois, les défrichements considérables effectués jusqu'en 1724 et reproduits, avec excès, après la disette de grains de 1773, l'accroissement de la population, la plantation démesurée des vignes nécessitant échalas, merrains, cercles, tonneaux, la multiplication des usines à feu, le luxe. (Autrefois il n'était fait qu'un feu par ménage, aujourd'hui il n'est pas rare d'en voir deux ou trois). L'emploi des bois pour lambris et meubles qui deviennent plus nombreux, les délits, les coupes extraordinaires de l'an II, la permission donnée, à diverses époques, d'introduire les bestiaux dans les forêts nationales, etc., les bois coupés aussi trop jeunes. »

Depuis 1789, est survenue la loi du 23 septembre 1814, qui permit la vente des bois de l'État et celle du 25 mars 1817, qui ordonna la vente de 150,000 hectares de forêts.

Les principales forêts du département appartiennent à l'État et se trouvent dans les arrondissements de Commercy, de Bar-le-Duc et de Verdun. Leur surface occupe 11 p. 0/0 du sol boisé.

Étendue des forêts appartenant à l'État, à diverses époques.

An XII.	39,837	hectares.
1820	44,666	—
1840	39,426	—
1860	32,894	—
1880	32,045	—
1886	31,749	—

La répartition de ces forêts, entre les quatre arrondissements, était la suivante :

Arrondissements.	**An XII.** hectares.	**1840.** hectares.	**1872.** hectares.
Bar-le-Duc. . .	14,040,60	12,892,73	12,834,15
Commercy. . .	9,967,20	8,624,54	8,039,95
Montmédy. . .	5,483,80	9,271,48	6,364,31
Verdun	10,345,50	8,637,59	4,847,07
Totaux. . .	39,837,10	39,426,34	32,085,48

Les bois et forêts, possédés par les communes et les établissements publics, représentent 23 p. 0/0, ceux qui appartiennent aux particuliers 66 p. 0/0 ; leur étendue était de :

An XII.	76,164	hectares.
1840	90,310	—
1860	94,400	—
1880	95,950	—

Les forêts de l'Etat sont traitées de manière à donner des produits de grande valeur; les révolutions sont donc longues et le balivage serré; celles des propriétaires sont soumises à des révolutions courtes et il s'y trouve peu de vieux arbres.

Depuis quelques années, les cultivateurs meusiens plantent beaucoup de bois; les terres incultes, les mauvaises terres seront sous peu couvertes de végétaux forestiers. Mais bien que par le boisement on ait déjà utilisé de grandes étendues de sols improductifs, il s'écoulera encore de nombreuses années avant que les plateaux stériles, les pentes abruptes des coteaux, les crêtes desséchées soient complétement plantées.

On peut évaluer à plus de 8,000 hectares, la surface des friches susceptibles d'être boisées.

De 1826 à 1844, M. Hémelot, président du Tribunal de Saint-Mihiel, est parvenu à planter plus de 18 hectares de terrains friches dont moitié en arbres résineux; ces derniers étaient représentés par des pins sylvestres, des épicéas, des mélèzes et quelques autres plants de même nature.

Voici, relativement aux arbres résineux, les principales conclusions du rapport qu'adressait, en 1845, M. Hémelot, à la Société d'agriculture de Commercy.

« Ces arbres exigent impérieusement une terre légère, sablonneuse ou pierreuse, l'exposition nord est préférable.

Le semis doit être abrité; la terre peu piochée, peu remuée pour éviter l'influence des gelées.

La semence doit être peu couverte de terre.

Il convient de mêler avec la semence de l'avoine qui protège le jeune plant contre l'ardeur du soleil, ou de semer dans les clairières des taillis.

Les racines des plants résineux supportent difficilement l'air.

Les meilleurs plants sont ceux de deux ou de trois ans, arrachés tout récemment au printemps, mis de suite en pépinière assez rapprochés; au bout de deux à trois ans, ces plants arrachés avec soin, en motte, reprennent facilement.

L'épicéa exige une bien meilleure terre que le pin sylvestre et le mélèze.

Quand le semis réussit il est plus avantageux que le plant, mais le succès fort douteux du semis doit faire préférer le plant.

Lorsque le plant est fort, la plantation en automne, même en hiver, faite avec soin, un peu profonde, est meilleure que celle de printemps. »

En 1851, la commune de Senoncourt plantait en bouleau, hêtre et charme 8 hectares 32 ares de terres incultes.

La commune de Sommedieue obtenait, en 1864, une médaille d'or de la Société d'agriculture de Verdun pour avoir effectué, en 1862 et 1863, des semis d'arbres résineux sur 19 hectares 72 ares de terres incultes.

Depuis 1881, M. Audinot, président de la Société d'agriculture de Gondrecourt, est parvenu, à l'aide de semis de pins, épicéas et mélèzes, à planter, sur le territoire de la commune de Saint-Joire, une surface de 17 hectares 50 de terrains abandonnés. Ce travail lui valut, en 1891, une médaille d'or.

Actuellement M. Bazoche, trésorier honoraire de la Société d'agriculture de Commercy, transforme une partie de ses propriétés de Ménil-aux-Bois en plantations d'arbres résineux et feuillus. Plus de 50 hectares sont déjà couverts de plants forestiers.

M. Chénot, de Loxéville, possède aussi des plantations nouvelles.

40 hectares de sols médiocres ont été boisés en ces dernières années.

Il a été reboisé dans la Meuse, de 1867 à 1876, environ 1,120 hectares, et 1,747 hectares de 1877 à 1886, soit, pendant ces vingt années, 2,867 hectares.

Les essences dominantes, dans les bois et forêts de la Meuse sont : le chêne qui occupe 19 p. 0/0 de la surface totale; le hêtre, couvre un peu moins d'étendue que le chêne (18 p. 0/0), le charme représente 38 p. 0/0 du sol forestier; puis viennent le frêne, le bouleau, l'aune, l'érable, le peuplier-tremble, le saule; — le sorbier et l'alisier sont peu communs; l'orme se rencontre plutôt sur le bord des routes que dans les bois; l'accacia tend de plus en plus à se répandre.

Les arbres résineux, d'introduction assez récente, commencent à se propager dans les plantations nouvelles, soit seuls, soit associés par bandes avec les feuillus.

On peut déjà voir des résineux de belles dimensions à Sommedieue, Hannonville, Herbeuville, à la ferme de l'Étanche et dans les environs de Saint-Mihiel.

Parmi les arbustes qui tiennent parfois une place assez grande dans les bois, nous citerons : l'airelle myrtille, l'aubépine, le cornouiller, le coudrier, la bourdaine, les daphnés, les genêts, etc.

Les forêts les plus importantes du département sont :

La forêt de Lisle-en-Barrois qui comprend 2,701 hectares.

La forêt de Beaulieu, qui faisait autrefois partie de la forêt de l'Argonne, a une étendue de 2,616 hectares.

La forêt des Argonnes occupe une surface considérable, répartie sur plusieurs communes; elle est formée par la réunion de quelques forêts appartenant aux départements de la Meuse, de la Marne et des Ardennes, et elle comprend, entre autres, celle de Lachalade qui couvre 1,744 hectares.

La forêt de Dieulet, commune de Stenay, autrefois très-importante, n'a plus qu'une étendue très-restreinte.

Les forêts de Hesse et de Souilly ont été séparées de la précédente à la suite de grands défrichements.

La forêt de Meuse s'étend sur les territoires des communes de Bouquemont, Thillombois, etc.; celle de Void, aussi désignée sous le nom de forêt de Vaucouleurs, est très-vaste; celle de Sommedieue comprenant 2,142 hectares est constituée par la réunion de différents bois dont l'ensemble forme un massif presque plein.

La forêt de Commercy embrasse 1,669 hectares; celle de Ligny 1,903.

La forêt de Mangiennes (1,161 hectares) est une fraction de l'ancienne forêt de l'Ardennes.

Citons enfin : la forêt de Montiers-sur-Saulx, 1,682 hectares; le Haut-Juré, 1,121 hectares; la forêt d'Haudronville, 989 hectares et celle de Duvau, 871 hectares.

Ces forêts étaient autrefois soumises au régime du taillis; depuis 35 ans, l'Administration a entrepris, pour quelques bois seulement, le régime de la futaie.

Au point de vue du régime, on compte dans la Meuse :

23,449 hectares de taillis sous futaie soumis à des aménagements ayant pour but de les convertir en futaie;

147,215 hectares traités au régime du taillis sous futaie;

5,802 hectares de plantations ou boqueteaux exploités sans régime défini.

Les forêts domaniales en conversion sont soumises à des révolutions variant de 120 à 160 ans; les autres sont mises en exploitation dans un temps qui varie de 20 à 36 ans. Pour les bois des communes, la révolution varie aussi de 20 à 36 ans; quant aux forêts et bois des particuliers, qui sont pour la plupart sans régime défini, l'exploitation se fait à 20 ans et au-dessus ou même à un âge inférieur à 20 ans (*Les forêts de la Meuse*).

La production moyenne en argent est évaluée à 29 fr. 64 par hectare et par an.

Légumes. — La culture des légumes n'est entreprise en grand, dans la Meuse, qu'aux environs des villes et principalement de celles de Bar-le-Duc, Verdun, Commercy et Saint-Mihiel.

Les légumes produits sont rarement exportés, tous sont consommés dans le département.

Les cultures les plus importantes sont celles des pommes de terre qui occupent d'un quart à un tiers de la surface des jardins; les légumineuses (pois, haricots), que l'on consomme sèches ou vertes, embrassent un cinquième de la contenance du potager; enfin, dans la partie restante on plante des oignons, des échalottes, des laitues, des chicorées, des choux; quelques planches sont garnies de salsifis, de scorsonère, de fraisiers, d'artichauts; enfin les asperges, les cornichons, les melons, etc., couvrent de petites surfaces.

En 1890, M. Gillot, maire de Tannois, s'est livré à la culture de l'échalotte. En vendant le kilogramme 0 fr. 40, il est arrivé à obtenir un produit brut de 54 francs par are.

Les cultivateurs de Contrisson, de Remennecourt et, depuis quelques années, M. Collet, de la ferme de Vaudoncourt, exploitent, assez en grand, la culture de l'oignon. En général, les produits ont été suffisamment rémunérateurs.

Les membres du Jury chargés de visiter les exploitations des concurrents pour la prime d'honneur de l'horticulture décernèrent, en 1891, à M. Charles Mangin, de Varney, une médaille d'or, grand module, pour ses belles plantations d'asperges.

M. Mangin cultive en asperges une surface d'environ 2 hectares.

La culture est faite en lignes espacées de 1^m,30. Cet écartement facilite les travaux, qui sont effectués à la charrue et à la houe à cheval.

Les soins constants, les fortes fumures et les nombreuses

façons peuvent seules amener une récolte avantageuse; aussi
M. Mangin, qui ne recule devant aucune dépense, est-il
arrivé à produire, en 1890, 6,264 kilogs d'asperges qui ont
donné 6,609 fr.

M. Floze, de Void, se livre également à la culture de ce
précieux légume; les résultats qu'il obtient sont aussi très-
satisfaisants.

Dès 1816, M. d'Olincourt père cultivait à Bar-le-Duc le
chou de Bruxelles, encore désigné sous le nom de *spruyten*.
Son fils, M. F. d'Olincourt, en recommandait la culture en
1840, et faisait connaître les soins que réclame cette plante.
A diverses reprises, les Sociétés d'agriculture du département
ont encouragé la culture maraîchère en distribuant, à
leurs membres, des graines potagères. En 1843, la Société
de Bar mettait à la disposition de ses membres des semences
de pois ridé de Knigt, de chou d'Yorck, de chou pain de
sucre, de chou Milan, de laitue, etc.

NEUVIÈME PARTIE.

ANIMAUX DOMESTIQUES.

Le département de la Meuse est un de ceux qui, par rapport au nombre des cultivateurs, entretiennent en animaux le plus fort poids vif. En effet, chaque cultivateur nourrit, en moyenne, 1,862 kilog. de poids vif de bétail. Si on considère ce poids par rapport à l'étendue du territoire agricole, notre département est de beaucoup dépassé, car on ne compte plus que 107 kilog. 74 de poids vif par hectare, tandis que d'autres départements atteignent les chiffres de 250 et 280 kilog. pour la même surface.

Pour 100 hectares du territoire il est entretenu 8,79 chevaux, 15,06 bœufs ou vaches, 16,76 moutons et 1,877 kilog. de porcs.

A diverses périodes, le nombre des animaux entretenus dans la Meuse était :

Années.	Chevaux.	Bœufs.	Moutons.
An IX	52,850	68,319	126,188
1840.	63,432	96,196	216,547
1852.	59,645	83,586	219,484
1862.	60,871	101,615	203,041
1872.	51,272	73,482	161,681
1882.	54,794	93,735	104,292
1890.	50,956	106,657	100,449

Années.	Mulets.	Anes.	Chèvres.	Porcs.
An IX	»	875	4,796	37,905
1840.	348	481	7,115	98,916
1852.	45	337	7,429	102,571
1862.	155	354	10,075	118,174
1872.	253	626	17,177	85,387
1882.	159	486	11,702	115,589
1890.	65	357	8,998	83,821

Chaque arrondissement comptait :

Pour les bœufs :

Arrondissements.	An IX.	1840.	1888.
Bar-le-Duc.	500	562	1,591
Commercy	1,375	711	844
Montmédy	7,098	6.649	2,686
Verdun.	4,214	3,182	1,195

Pour les vaches :

Bar-le-Duc.	14,383	14,711	13,860
Commercy	16,296	16,623	16,197
Montmédy	12,598	14,484	13,608
Verdun.	11,859	14,788	15,517

Pour les jeunes animaux de l'espèce bovine :

Bar-le-Duc.	1,918	3,973	8,222
Commercy	2,653	4,483	7,941
Montmédy	3,199	9,262	11,906
Verdun.	2,639	6,256	9,180

Pour l'espèce chevaline :

Bar-le-Duc.	11,287	12,032	11,004
Commercy	17,472	19,592	13,484
Montmédy	11,799	16,541	14,600
Verdun.	11,552	15,267	13,580

Pour l'espèce ovine :

Bar-le-Duc.	32,090	62,952	39,445
Commercy	36,173	54,055	27,104
Montmédy	32,943	47,314	22,093
Verdun.	24,982	49,236	25,611

Pour l'espèce porcine :

Bar-le-Duc.	8,805	20,688	14,939
Commercy	11,048	30,423	24,508
Montmédy.	8,655	20,672	20,764
Verdun.	9,397	27,133	22,160

Pour l'espèce caprine :

Arrondissements.	An IX.	1840.	1888.
Bar-le-Duc	825	727	1,546
Commercy	1,729	2,241	1,943
Montmédy	1,300	2,428	4,284
Verdun.	942	1,819	2,273

Il est à remarquer que le nombre d'animaux des espèces chevaline et bovine tend à augmenter d'année en année; tandis que celui des moutons a subi une notable diminution depuis 1852.

Quant au nombre d'animaux de l'espèce porcine, il se maintient dans un état stationnaire.

ESPÈCE CHEVALINE. — Les chevaux que l'on rencontre dans le département de la Meuse sont loin de posséder les mêmes caractères, aussi ne font-ils partie d'aucune race; on doit dire cependant qu'un certain nombre dérive de l'ancienne race lorraine. Leur conformation laisse à désirer sous plus d'un rapport et leur taille est un peu petite. Les causes de cette dégénérescence sont ainsi définies par l'auteur de l'*Annuaire du département de la Meuse* pour l'an XII :

« 1° Les nombreuses réquisitions dont le département a été frappé pour le service des armées et des transports militaires ont enlevé ce qu'il y avait de meilleur dans l'espèce.

« 2° Les chevaux entiers qui sont restés sont d'une mauvaise conformation. Au lieu de faire choix de ceux qui seraient jugés les plus propres à la propagation, on porte l'imprévoyance à un tel degré que dans la plupart des villages éloignés des deux points sur lesquels le gouvernement envoie des étalons, dans le temps de la monte (Commercy et Troyon), les juments reçoivent le premier cheval entier qu'elles rencontrent.

« 3° On fatigue trop les chevaux et on ne laisse pas développer suffisamment leurs forces avant de les faire travailler.

« Il serait nécessaire que l'on se persuadât bien que l'entretien d'un cheval faible est presque aussi coûteux que celui d'un cheval fort et qu'il n'y a aucune comparaison entre les services de l'un et de l'autre.

« Alors on chercherait des étalons vigoureux pour féconder

les juments et on prodiguerait à ces animaux utiles tous les
soins qu'exige leur conservation. Ces soins seraient d'autant
plus fructueux que le département de la Meuse, est sous le
rapport de ses nombreuses prairies, de sa température, et de
la qualité des eaux qui l'arrosent, un de ceux où l'on peut
élever le plus facilement de bons chevaux.

« Les hommes de l'art pensent que les espèces qui conviennent davantage aux localités sont les étalons de la plaine du
Béarn, d'une taille moyenne et les Bretons. On leur associerait
des juments ardennaises et le petit nombre de belles juments
qui restent dans le département. »

Le haras de Rozières (Meurthe-et-Moselle) fut créé en
1767, pour améliorer l'espèce chevaline. Précédemment et
du temps des princes, il n'y avait, en Lorraine ainsi qu'en
France, que des haras particuliers entretenus par ces mêmes
princes ou par les seigneurs jaloux d'avoir à leur service de
beaux et bons chevaux.

Vers 1770, un haras de l'État fut établi à Harville, canton
de Fresnes-en-Woëvre. Les étalons qui s'y trouvaient étaient
proportionnés à la nature et à la taille des juments poulinières. Il en résulta de grands avantages pour le pays, et la
présence de ces étalons eut pour conséquence une amélioration sensible des chevaux de la Woëvre, auparavant si petits.

Quelques années plus tard, le gouvernement établit un
véritable haras, composé d'étalons et de juments poulinières,
à la ferme des Sous-Loges, commune de Watronville, canton
de Fresnes; mais l'emplacement n'ayant pas paru convenable,
on transféra, en 1788, ce haras à Hannoncelles, commune de
Ville-en-Woëvre ; les étalons seuls, au nombre de 40, y
furent conservés.

En 1790, les haras furent supprimés.

Dans le procès-verbal de l'assemblée du département de la
Meuse en 1791, il est dit, à propos des haras :

« Les haras n'ayant pas, à beaucoup près, le succès qu'on
s'était promis en les établissant, et il est constant que la
dispersion des étalons chez les gardes particuliers, dans les
villages, n'est pas une bonne méthode; le Conseil général
vous propose d'arrêter que ni l'établissement d'un haras, ni
celui de garde-étalons n'aura lieu dans le département, mais
qu'il sera réparti une somme pour encourager les cultivateurs

qui auront élevé les meilleurs chevaux ou qui auront procuré les meilleurs étalons.

« Cette proposition ayant été mise aux voix est adoptée. »

A l'article 11 des dépenses de l'exercice 1791, il est porté une somme de 3,840 livres pour gratification aux belles espèces de chevaux.

Le décret du 4 juillet 1806 rétablit les haras sur une grande échelle.

Une station d'étalons fut installée à Troyon, point central du département.

Des reproducteurs furent aussi envoyés à Commercy ainsi que l'indique la note suivante que nous extrayons de l'*Annuaire* de l'an XII :

« Depuis quelques années le gouvernement envoie à Commercy, pour le temps de la monte, des étalons du haras de Rozières. Cet acte, d'une sage prévoyance, ne procure pas dans l'espèce de chevaux l'amélioration que l'on devait en espérer parce que l'on fatigue trop les juments et que l'on ne conserve pas assez longtemps les poulains sans les faire travailler. »

Dans une délibération du Conseil général de l'époque et relative à l'amélioration de la race des chevaux, nous lisons le paragraphe suivant :

« L'amélioration de la race des chevaux en France a fixé depuis longtemps l'attention du gouvernement et la Chambre des députés a manifesté, dans sa dernière session, le désir de voir le ministre de la Guerre user de toutes les ressources qui existent dans les départements.

« Le département de la Meuse est un de ceux qui peut en offrir le plus à cause de l'étendue de ses prairies, de la qualité de ses fourrages ; il serait facile d'obtenir des résultats avantageux en s'occupant d'une manière particulière de l'amélioration de la race des chevaux existants dans le pays. Ces chevaux habitués à pâturer une grande partie de l'année, dans d'immenses prairies, sans être l'objet d'aucuns soins sont nerveux, robustes et seraient excellents pour la cavalerie légère si on parvenait à leur élever la taille et à donner plus d'élégance à leurs formes.

« Ce résultat peut être facilement obtenu en multipliant les dépôts d'étalons, car les habitants des campagnes qui ont l'habitude de faire beaucoup d'élèves s'empresseraient de faire féconder leurs juments par les chevaux du gouvernement, leur émulation ayant été excitée par les primes que l'on accorde depuis deux ans aux possesseurs des plus beaux poulains.

« On a observé que les étalons normands étaient ceux qui convenaient le mieux, et M. le Directeur des haras de Rozières a eu occasion de remarquer dans ses visites des produits satisfaisants.

« Mais les stations sont en trop petit nombre et il est très-essentiel de n'envoyer que des étalons qui puissent produire, rien n'éloignant et ne dégoûtant l'habitant des campagnes comme des sacrifices infructueux.

« Une partie des chevaux de ce pays provient encore de la race qui a été introduite par le roi Stanislas et tirée de Pologne; l'autre de l'Ardennes où les cultivateurs vont chaque année acheter un grand nombre de poulains. Les deux races sont généralement atteintes des mêmes défauts de conformation consistant en : des membres trop minces, l'encolure trop courte, la tête trop grosse, la ganache fort chargée et la tête mal attachée. »

L'*Annuaire* de l'an XII nous fait connaître qu'il existait à Vaucouleurs un haras appartenant au citoyen J.-B. Saincère.

Cet établissement, formé depuis 12 ans, contient : 8 étalons en état de servir; 21 juments poulinières et 26 poulains âgés de 1, 2 et 3 ans.

Quelques-uns de ces chevaux sont de race arabe, les autres sont des meilleures races anglaises et normandes croisées.

En 1815, le service des haras fut réorganisé.

Les arrondissements de Verdun et de Montmédy furent rattachés au dépôt de Grandpré, et ceux de Bar et de Commercy continuèrent à faire partie de la circonscription de Rozières.

En 1819, le département appartenait tout entier à la circonscription de Rozières. A cette époque on reprochait aux haras :

1° Le grand éloignement des stations des centres d'élevage;

2° La finesse, en général, des étalons qui n'étaient point en rapport avec les juments du pays;

3° Leur trop petit nombre comparé à celui des juments;

4° La grande fréquence des saillies; les propriétaires voisins de la station, pouvant laisser reposer les étalons, obtenaient seuls des produits.

Le 2 septembre 1821, les 1,500 francs votés par le Conseil général furent distribués en primes aux poulinières et aux poulains de 3 ans les mieux conformés.

Ce premier concours eut lieu à Troyon.

En 1822, quatre stations furent établies dans la Meuse. Elles comprenaient : deux étalons, de Rozières, à Commercy; quatre à Troyon; deux à Sivry-sur-Meuse et trois de Montier-en-Der, à Revigny.

De 1838 à 1843, il n'y eut que deux stations, dans la Meuse : Saint-Mihiel et Revigny, composées, toutes deux, de trois étalons.

En 1850, il y avait quatre stations comprenant : Saint-Mihiel six étalons, dont un pur sang; Gondrecourt trois chevaux; Revigny et Etain deux chevaux.

En 1864, le département ne reçut plus d'étalons.

De 1873 à 1878, l'administration des haras n'intervint, dans la Meuse, que pour les primes accordées aux étalons approuvés.

En 1878, deux stations furent de nouveau établies : Saint-Mihiel et Void avec deux chevaux chacune.

La composition des stations, en 1889, était la suivante : Saint-Mihiel six chevaux dont un de trait; Gondrecourt quatre chevaux dont deux de trait; Void trois chevaux dont un de trait; Stenay quatre étalons dont deux de trait. (*Les étalons dans la Meuse,* par R. Blaise.)

Indépendamment des étalons fournis par l'administration des haras, des chevaux approuvés servent aussi les juments. Leur nombre était de trois en 1831 ; — vingt en 1845 ; — vingt-cinq en 1850 ; — huit en 1857 ; — quatorze en 1861 ; — trente-deux en 1890.

La question d'amélioration des races de chevaux a été, à diverses époques, étudiée par le Conseil général et les Sociétés d'agriculture de la Meuse.

Voici une délibération du Conseil général de la Meuse en date du 14 septembre 1828 :

« Le Conseil général, dans sa session de 1825 a, par un vote, cherché à prouver l'importance qu'il attache à voir employer les moyens propres à obtenir l'amélioration de la race des chevaux dans le département de la Meuse.

« La grande abondance des prés, leur qualité, et les prairies artificielles, genre de culture généralement adopté, offrent de grandes ressources pour arriver à ce but tant désiré de tous les propriétaires et cultivateurs. En renouvelant ce vœu, le Conseil est l'interprète de ceux des quatre arrondissements du département qui se réunissent pour représenter que les étalons coureurs, détachés du haras de Rozières, ne sont pas propres à procurer les avantages qu'on s'est promis. Ils sont trop élevés pour les juments de pays qui sont généralement petites.

« Ceux de ces chevaux dont la taille se rapproche le plus de celle des juments sont trop fins, ce qui donne des produits qui ne sont bons à aucun genre de service.

« Il serait donc à souhaiter que les étalons sortant des haras royaux, pour occuper des stations au moment de la monte, fussent plus en rapport, par leur taille, avec les juments qu'ils doivent féconder et que, par leur conformation, ils puissent corriger les défauts de construction de la race dominante dans les arrondissements où ils doivent servir.

« Des étalons normands de race fine de sept à neuf pouces pourraient produire ces avantages.

« Jugeant que le nombre des étalons envoyés du haras de Rozières dans les différents arrondissements était insuffisant pour le service, le Conseil vient de voter des fonds particuliers applicables aux propriétaires, dont les étalons seraient reconnus, par un jury nommé à cet effet, capables de donner de bons produits. Il verrait avec la plus vive reconnaissance le gouvernement entrer dans ses vues, et il propose même, pour en hâter l'exécution, de faire des sacrifices proportionnels aux ressources du département. »

Lors de la création des Sociétés d'agriculture dans le département, institutions qui remontent à l'année 1833, la question d'amélioration des espèces animales fut portée à différentes reprises à l'ordre du jour.

A cet effet, les Sociétés organisèrent des concours, récompensèrent les plus beaux types et firent, dans les meilleures races, de nombreux achats de bons reproducteurs.

Le Conseil général ayant voté, pour l'année 1833, une

somme de 2,000 francs, à titre d'encouragement à l'élevage des chevaux et des bêtes à cornes, l'emploi en fut réglé de la manière suivante :

1,500 francs affectés à des primes pour l'amélioration de l'espèce chevaline.

Les 500 francs restant, réunis à une somme de 100 francs que la Société des arrondissements de Bar et Commercy, prit sur son budget particulier, furent affectés, en primes, pour l'amélioration de la race bovine.

Ce système de distribution de primes reçut sa première application le 2 septembre 1833.

Autrefois le concours, pour la distribution des primes, se faisait par arrondissement, mais la Société décida qu'il y aurait par canton une prime pour les étalons et une autre pour les taureaux ; elle proclama aussi que les carrossiers et les chevaux de selle seraient écartés des concours et que seuls, les chevaux de trait, c'est-à-dire les chevaux propres au labourage, y seraient admis.

Dès 1835, la Société d'agriculture de Commercy effectuait l'achat d'étalons percherons. En 1837, une deuxième importation eut lieu. Ces ventes de chevaux percherons se continuèrent jusqu'en 1865 ; mais l'administration des haras n'ayant plus primé les étalons de trait, la Société se vit alors dans la nécessité de faire appel à l'industrie privée, en accordant des subventions de 200 à 250 francs par étalon, qui possédait la conformation recherchée. Cette méthode de procéder n'eut lieu que jusqu'en 1870. A dater de cette année, les importations recommencèrent.

En 1872, la même Société fit l'achat d'anglo-normands dans le but de remplacer ceux, de même race, que l'administration des haras avait supprimés. Les dépôts de remonte ayant été rétablis en 1878, différents achats d'étalons de races bretonne, norfolk-bretonne furent effectués.

Vers 1840, la Société d'agriculture de Bar-le-Duc fit également l'acquisition de nombreux étalons de race percheronne. Plus tard ces animaux furent remplacés par les races anglo-normande et boulonnaise.

La Société de Verdun opéra dans le même sens et continua l'importation de la race percheronne pendant vingt ans ; plus tard, elle encouragea les achats d'anglo-normands, et depuis

quelques années, elle met en vente des étalons de race norfolk-bretonne et de race boulonnaise.

D'après M. Fourrier, rapporteur de l'enquête sur *l'élevage
et ses résultats dans l'arrondissement de Verdun,* les étalons
percherons, boulonnais, ardennais et, en général, tous ceux
de gros trait, doivent être repoussés ainsi que l'ont fait les
Sociétés de Bar, Commercy et même Montmédy depuis 1864,
parce qu'ils n'ont jamais réussi dans notre pays.

Le demi-sang anglo-normand, dit M. Fourrier, de moyenne
taille, un peu étoffé, près de terre, le postier, tel est l'étalon
qui, désormais, doit être employé à l'amélioration de notre
espèce chevaline, si on ne veut courir le risque de rétrogra-
der au lieu d'avancer.

Les Sociétés d'agriculture avaient au début pour but de donner à nos chevaux un peu plus de légèreté et d'énergie, c'est-
à-dire de former des sujets propres à la culture et à l'armée;
aujourd'hui on a dépassé ces limites et on a une tendance
peut-être trop prononcée à la production des chevaux fins.

C'est, à notre avis, un grand tort, attendu que ces derniers
sont trop délicats, exigent trop de soins et de précautions
dans le jeune âge, se tarent plus facilement, travaillent tard,
enfin, leur prix de vente n'est pas toujours lucratif pour l'é-
leveur. Nous pensons que les cultivateurs meusiens doivent
plutôt chercher à produire des chevaux étoffés, s'élevant et
s'entretenant à peu de frais, et dont le prix est souvent
avantageux par suite du peu de concurrence et des multiples
débouchés que trouvent ces animaux.

Dans une notice sur l'amélioration des chevaux, parue en
1833, M. Barbier, secrétaire de la Société d'agriculture de
Commercy, s'exprimait ainsi :

« Il est vicieux de disproportionner les races et la taille des
étalons et des juments : de 25 ou 30 qu'un étalon saillira, à
peine y en aura-t-il six qui lui soient réellement bien assor-
ties ; il ne peut donc que donner des produits décousus et de
peu de valeur, et ces productions, ainsi vicieusement conformées, il leur est physiquement impossible de répondre à aucun genre de service ; souffrant de cette désorganisation, elles
sont en proie à toutes les tares qui caractérisent les mauvais
chevaux.

« Depuis plusieurs années, j'observe même qu'une grande

partie des juments que l'on fait saillir par les étalons royaux et approuvés, ne conçoivent pas et sont toujours en rut. La cause la plus ordinaire de ce dérèglement qui conduit à la stérilité, c'est la cupidité et le manque de connaissance des gardes étalons qui épuisent les mâles par des saillies trop souvent répétées.

« J'ajouterai encore à ces causes de dégradation, l'intérêt mal entendu des éleveurs qui, s'attachant plutôt à se dédommager de la nourriture journalière des poulains qu'au bénéfice qu'ils pourraient en faire en attendant trois ou quatre ans, négligent les soins convenables, les vendent de bonne heure ou les assujettissent à un travail pénible dans un temps où le plus petit effort ne manque jamais de leur être funeste.

« Une mesure très-importante doit fixer notre attention : ce serait de faire subir plus tard la castration aux poulains qui ne sont pas jugés propres à l'amélioration. C'est à la négligence des cultivateurs, sur ce point, qu'on doit attribuer, en partie, la dégénérescence qui s'accuse en ce moment.

« Enfin, M. Barbier signale pour terminer deux abus : le premier, de faire porter les juments tous les ans sans interruption jusqu'à ce que, épuisées, elles deviennent stériles, souvent même avant l'époque prescrite par la nature; le second, c'est de soustraire aux poulains leurs facultés génésitiques dès l'âge de 18 mois à 2 ans : c'est, dit-il, l'âge de quatre ans qu'il faut préférer pour cette opération, on sera sans contredit bien dédommagé de cette attente.

« Il ne suffit pas, dit M. Barbier, de rechercher et de multiplier les races étrangères, il faut encore s'occuper, plus particulièrement, à perfectionner la race indigène utile, laquelle sera alors susceptible de perfectionnements, au moyen du croisement. »

D'un rapport rédigé par M. Godard, vétérinaire à Bar-le-Duc, et adressé, en 1845, à M. le Préfet de la Meuse, il résulte que : l'amélioration des chevaux dans l'arrondissement de Bar, et dans le département, est marquée par quelques progrès. M. Godard attribuait ce changement favorable à l'extension des prairies artificielles, à l'introduction d'excellents types reproducteurs, au bon état des chemins, au développement du commerce et de l'industrie; enfin, à l'aisance des cultivateurs. Suivant le même rapporteur, les causes qui

s'opposent à l'amélioration du cheval sont : le travail préma-
turé auquel on soumet les jeunes chevaux, la parcimonie avec
laquelle on donne l'avoine, le morcellement de la propriété.
Comme conclusion, M. Godard croit devoir recommander
l'introduction des étalons percherons.

Au sujet du choix d'une race, M. Godard indique, dans un
rapport lu en séance de la Société d'agriculture de Bar-le-Duc,
le 28 février 1882, ce qui a déjà été fait et ce qu'il y a lieu
de faire encore. Nous laissons la parole à ce vétérinaire distingué :

« Les chevaux du département de la Meuse sont partout
des chevaux de trait, avec quelques variations, dans le genre,
selon les localités.

« Ainsi dans le Nord, depuis Verdun jusqu'en Belgique, on
trouvait il n'y a pas encore longtemps la race ardennaise,
véritable type du cheval de trait léger, recherché par l'armée,
l'agriculture et le commerce.

« Sur la Haute-Meuse, une race de chevaux plus petits,
trapus, très-solides, connus sous le nom de *vosgiens*.

« Dans la vallée de la Meuse, depuis Vaucouleurs jusque
Verdun, des meusiens issus les uns du demi-sang, les autres
de percherons; à droite et à gauche de cette vallée, toujours
et partout, des chevaux de trait.

« Ils sont presque tous entre les mains de cultivateurs qui
partagent leurs travaux entre la culture des champs et les
nombreux transports qu'exige l'industrie des bois, des pierres, des fers et de tant d'autres qui existent dans le pays. »

Après quelques réflexions sur les essais entrepris par l'administration des haras, M. Godard allègue les considérants
qui suivent :

« Que l'expérience des croisements de demi-sang, continués
sans interruption depuis environ 20 ans, n'a pas donné les
produits répondant aux besoins et aux intérêts de la culture ;

« Qu'il est de toute évidence que les produits issus des
étalons de trait ont plus d'aptitude et de précocité pour les
différents genres de travaux dont s'occupent nos cultivateurs,
qu'ils sont faciles à élever et à vendre;

« Qu'il est temps de rentrer dans la voie rationnelle consistant à améliorer la race dans le sens de son type :

« Propose d'abandonner définitivement les étalons de demi-sang quels qu'ils soient et de les remplacer par des étalons de trait : ardennais, s'il est possible d'en trouver, boulonnais ou percherons ;

« D'accepter le concours de l'administration des haras, si elle veut bien aider la Société dans ce retour et de s'en passer complètement si elle refuse. »

En résumé, les cultivateurs meusiens ne sont pas encore fixés d'une manière positive sur le choix de la race qui conviendrait le mieux à leur région.

Les chevaux fins et demi-fins ne peuvent être élevés que difficilement dans notre pays, d'abord parce que les terrains sont trop morcelés et qu'il n'est pas facile d'établir des clos ; en second lieu, parce que les juments laissent encore trop à désirer sous le rapport de la conformation ; 3° les terres sont, pour la plupart, difficiles à travailler ; 4° les chemins ruraux, souvent mal entretenus, ne sont pas en assez grand nombre ; enfin, 5° ces chevaux exigent des soins spéciaux que tous les cultivateurs ne peuvent donner et le débouché n'en est pas suffisamment assuré.

L'élevage des chevaux fins n'est guère rémunérateur que pour les grands propriétaires disposant à la fois de parcs étendus, d'une main-d'œuvre habile et apte au dressage, et de capitaux permettant d'attendre, pour les vendre, que les animaux aient acquis leur maximum de valeur.

Les chevaux de trait sont d'un élevage facile, peu dispendieux, ne nécessitant que peu de soins, le débouché est certain et ils se vendent toujours un bon prix, malgré les quelques défectuosités ou tares dont ils pourraient être atteints.

ANE ET MULET. — Ces deux espèces animales n'ont jamais été l'objet d'aucune amélioration, d'ailleurs le nombre en est restreint. Elles ne sont que rarement employées à la culture ; le service qui leur est demandé consiste surtout à conduire, de la campagne à la ville, le lait et les produits du jardinage ; elles sont particulièrement répandues dans les environs de Bar-le-Duc et de Verdun.

ESPÈCE BOVINE. — Les animaux de l'espèce bovine présentent également de grandes variations dans la taille, les formes et la race. Cette espèce était autrefois mal entretenue et ne donnait que de faibles produits; elle était considérée comme une machine à produire du fumier.

Les Sociétés d'agriculture, en introduisant les races Schwytz, Franc-Comtoises et de Fribourg et en cherchant à les propager ont eu en vue de donner à nos animaux plus de développement, une meilleure conformation, et souvent, une plus grande aptitude à la production du lait et de la graisse. Ce programme a été en partie réalisé et, aujourd'hui, les bêtes bovines, entretenues dans la Meuse, laissent beaucoup moins à désirer qu'autrefois.

Nous lisons dans l'*Annuaire* de l'an XII : « Les bêtes à cornes auraient besoin d'être améliorées par le croisement avec des taureaux suisses. »

C'est en 1823 que les premiers efforts pour l'amélioration de la race bovine ont été tentés; un concours, ouvert par arrondissement, fut institué par l'administration préfectorale afin d'accorder des primes aux taureaux, vaches et génisses.

Divers achats de taureaux de races normande, Birkenfeld, Comtoise, furent effectués, de 1825 à 1827, par le département et les animaux répartis entre les arrondissements.

Voici une autre délibération du Conseil général en date du 19 septembre 1828, relative à l'amélioration réclamée pour l'agriculture et la propagation du bétail de belle race :

« Le Conseil général croit devoir appeler l'attention du gouvernement sur la nécessité de trouver des moyens d'améliorer l'agriculture dans le département. Les nouvelles méthodes y font peu de progrès; le bétail, principalement la race bovine, y est chétif et misérable. Il conviendrait que des types d'une plus belle espèce fussent introduits dans le pays. La Suisse pourrait en fournir, que l'expérience a déjà prouvé produire de bons effets. Les droits d'entrée empêchent beaucoup de propriétaires de recourir à ce moyen.

« Il serait à désirer que le gouvernement fît la remise de ces droits, pour un certain nombre de têtes de bétail, aux agriculteurs qui en feraient la demande. Il serait bien aussi, pour exciter l'émulation et faire prospérer la science agricole, que le gouvernement donnât des encouragements et accordât des récompenses aux personnes qui s'occupent avec zèle et persévérance de propager les bonnes méthodes. »

Jusqu'en 1836, des primes furent données, chaque année,

aux plus beaux types. A partir de ce moment, deux commissions des sections d'agriculture de Bar et de Commercy proposèrent de faire précéder la délivrance des primes (telle qu'elle était en usage, ou avec quelques modifications) par l'acquisition de types améliorateurs, afin d'assurer la prompte régénération des espèces du pays.

Pour l'amélioration de la race bovine, la commission de la section de Commercy, proposa d'acquérir quelques taureaux de la Franche-Comté qui conviennent parfaitement au pays : les formes sont belles et la taille suffisante, le prix est d'ailleurs moins élevé que celui de l'espèce suisse.

La commission de la section de Bar patronna le même moyen.

Dans sa *Notice sur l'amélioration de la race des chevaux et des bestiaux*, parue en 1833, M. Barbier, secrétaire de la Société d'agriculture de Commercy, s'exprimait ainsi :

« Autant par fausse spéculation que par le manque de principes d'amélioration, les cultivateurs qui élèvent le bétail n'en considèrent que le nombre, se refusant à tout ce qui est contraire aux routines usuelles, il leur importe peu d'élever des individus forts ou faibles, beaux ou laids; ils ne s'appliquent pas plus à conserver les uns qu'à améliorer les autres.

«Pour parvenir sûrement à l'amélioration de la race bovine, les vues de l'éleveur doivent porter essentiellement sur les conditions suivantes: 1° se procurer de beaux taureaux ayant acquis tout leur développement (l'âge de trois ans est le plus convenable) dont les facultés physiques décèlent de la force; 2° de belles vaches ni trop jeunes ni trop vieilles, bien constituées et aptes à la génération ; 3° procurer à ces mêmes vaches et aux nouveau-nés les soins qu'ils exigent au moment du vêlage et dans les premiers jours qui suivent. »

La Société d'agriculture de Commercy fit, au début, l'achat de taureaux provenant de la Franche-Comté; mais, en 1839, elle abandonna cette race trop peu productive en lait pour prendre la grande race suisse des cantons de Berne et de Fribourg; puis ayant remarqué que les sujets, issus de ces races, lorsqu'ils ne recevaient pas une riche et abondante nourriture, étaient décousus, hauts sur jambes, à cuir et à fanon trop développés, elle décida de faire acheter des taureaux, partie dans les cantons de Berne et de Fribourg comme précédemment, partie dans le canton de Schwytz : elle continua ce mode comparatif pendant douze années, de 1842 à 1853 inclus.

Depuis 1854, jusqu'à ce jour, la race Schwytz seule a été introduite (J. Colson).

De 1838 à 1843, la Société d'agriculture de Verdun fit l'achat de taureaux de la race de Bouquenom; mais peu satisfaite des résultats donnés par ces sujets, elle décida, en 1844, et sur la proposition de M. Villeroy, l'introduction de la race du Glane, ce qui fut fait jusqu'en 1861.

En même temps que la Société de Verdun continuait l'importation d'animaux de la race du Glane elle achetait, dès 1853, des taureaux de la race Durham pure ou croisée; ces acquisitions sont encore aujourd'hui continuées.

De 1883 à 1890, il a été acheté à M. Lamy, de la ferme des Francs, 71 taureaux Durham qui ont été revendus aux cultivateurs de l'arrondissement de Verdun.

D'un travail entrepris par M. Blaise, secrétaire de la Société d'agriculture de Verdun, nous extrayons les conclusions suivantes applicables à l'arrondissement :

« Les Normands et les Comtois introduits, en premier lieu, par le département, étaient trop peu nombreux pour qu'il soit possible qu'une amélioration quelconque se soit produite de ce chef.

« Les races bavaroises, de Bouquenom et de Birkenfeld, n'ont amené chez nous que des animaux d'un mérite très-secondaire et le plus souvent inférieurs aux bons animaux de la race locale.

« La race du Glane, variété améliorée des races précédentes, a pu maintenir la race du pays en bonne voie, mais sans lui faire subir d'amélioration sensible dans ses qualités essentielles et surtout dans ses formes.

« Les Schwytz, introduits en petit nombre et depuis 1870 seulement, n'ont donné que des résultats médiocres; dans le canton de Souilly, un acquéreur de taureaux dit avoir obtenu des résultats bons et suivis.

« Les Hollandais, sauf un, n'ont rien produit de bon; par contre, quelques-unes des vaches introduites par la Société ont donné de bons élèves.

« Le Durham a incontestablement donné les meilleurs résultats.

« Nous pensons, ajoute M. Blaise, que c'est à lui qu'il faut s'en tenir et que c'est lui surtout qu'il faut introduire comme reproducteur-améliorateur en ayant soin de tenir la main aux conditions suivantes :

« 1° Que les animaux aient été élevés spécialement en vue de faire des reproducteurs ;

« 2° Qu'ils soient achetés dans un rayon assez limité pour qu'ils n'aient pas à redouter les inconvénients résultant d'un changement de climat et de nourriture. »

La Société de Bar, comme celle de Commercy, a toujours persisté dans les achats de reproducteurs de la race Schwylz. Quelques taureaux de race montbéliarde ont récemment été introduits, les résultats ne pourront être appréciés que plus tard.

Tout le monde est d'avis pour reconnaître que la race Durham est excellente au point de vue de la précocité et de la facilité avec laquelle elle s'engraisse ; mais si elle est recommandable pour les bons résultats qu'elle donne en certains points de notre département, nous ne pensons pas qu'elle puisse rendre les mêmes services dans toute l'étendue de notre pays. Nous estimons que le fourrage n'est pas toujours assez abondant et de qualité suffisante pour entretenir, comme il le convient, une race pure ou croisée passant pour être exigeante sur le choix des aliments. Cette race a aussi le grave inconvénient, à notre époque, de ne posséder que de faibles qualités lactifères.

A notre avis, avant de tenter l'introduction de la race Durham en grand, il serait d'abord nécessaire de mieux sélectionner les femelles destinées à la reproduction ; de modifier le système de culture suivi dans la Meuse, en accordant une plus large part aux fourrages et surtout aux plantes-racines ; de réduire le plus possible, par la création de pâturages, l'étendue consacrée chaque année à la jachère ; enfin le mode d'élevage des jeunes sujets devrait être profondément modifié, les rations plus variées et plus appropriées à l'aptitude des animaux.

Si le nombre des chevaux entretenus par les cultivateurs de la Meuse est en rapport avec l'étendue des terres exploitées, la quantité de bêtes bovines n'est pas en proportion avec la masse de fourrages qu'ils récoltent ou qu'ils pourraient récolter.

Dans la Woëvre, le bétail est insuffisant et mal entretenu. Il n'est pas rare de trouver des exploitations de 25 à 30 hectares garnies de 7 à 8 chevaux et seulement de 2 ou 3 vaches.

Dans la vallée de la Meuse, les animaux sont un peu mieux nourris, mais le nombre des élèves est trop grand pour qu'il soit possible de leur accorder tous les soins indispensables.

Dans le Barrois, bien que le bétail ne soit pas encore en rapport avec la surface cultivée, les animaux sont maintenus dans un meilleur état; nous attribuons ce fait à la diminution de la jachère, à la culture en grand des prairies artificielles et de la betterave, enfin au développement que prend de jour en jour l'industrie fromagère.

Si nous portons surtout notre attention sur la production de l'espèce bovine, c'est que nous sommes persuadé qu'il y a dans l'élevage et dans l'entretien de ces animaux un débouché assuré et une grande source de revenus.

En effet, la consommation de la viande, en France, et dans le département de la Meuse, va continuellement en croissant, ainsi que l'on peut s'en rendre compte par le tableau ci-dessous.

Consommation de la viande dans le département de la Meuse, en kilog.

En 1840.

Arrondissements.	Population.	Bœufs.	Veaux.	Moutons.	Porcs.
Bar-le-Duc...	80,952	454,950	345,658	179,713	1,364,850
Commercy...	86,013	358,674	189,228	148,802	1,569,737
Montmédy...	68,241	376,690	125,563	111,232	1,353,901
Verdun......	82,241	657,928	264,816	154,613	1,596,297
Totaux..	317,447	1,848,242	925,265	594,360	5,884,785

En 1860.

Bar-le-Duc...	80,013	1,045,846	394,438	173,126	1,806,331
Commercy...	82,181	485,067	245,555	172,085	2,077,597
Montmédy...	63,609	501,983	170,433	119,735	1.603,658
Verdun......	79,924	705,469	321,415	210,873	2,192,241
Totaux..	305,721	2,738,365	1,131,841	675,837	7,679,827

En 1875.

Arrondissements.	Population.	Bœufs.	Veaux.	Moutons.	Porcs.
Bar-le-Duc...	77,468	1,591,773	544,155	309,092	2,000,990
Commercy...	75,306	950,140	335,200	196,170	2,096,684
Montmédy...	58,298	693,908	186,527	155,945	1,694,123
Verdun......	73,653	1,001.141	371,077	235,526	2,344,514
Totaux..	248,725	4,236,962	1,436,959	896,733	8,136,311

En même temps que la consommation de la viande s'élève, le prix du kilogramme va aussi en augmentant et, par suite, le prix d'achat des animaux sur pied,

Prix moyen d'un animal de boucherie dans la Meuse
(*Annuaire de l'an XII*).

Bœuf et genisse.	75 francs.
Veau de lait	10 —
Porc	45 —
Cochon de lait	3 —
Mouton.	6 —

Prix des animaux en :

	1840.	1852.	1862.	1882.
Taureau.	144ᶠ	170ᶠ	244ᶠ	356ᶠ
Bœuf	110	220	305	370
Vache.	70	120	208	280
Veau	25	32	43	70
Bélier.	15	29	32	48
Mouton	11	14	18	33
Brebis.	9	11	14	27
Agneau	5	6	8	12
Porc	33	54	57	95
Chèvre	10	14	16	22

Prix de la viande de boucherie à différentes époques :
à Marville :

Dates.	Bœuf.	Vache.	Veau.	Mouton.	
Octobre **1692** . .	3 sols 6 d.	2 sols 6 d.	3 sols »	4 sols »	la livre.
— **1693** . .	3 6	3 »	4 »	4 »	id.
Février **1694** . .	3 6	3 »	3 6 d. »	»	id.

Dates.	Bœuf.	Vache.	Veau.	Mouton.	
Août 1695 ..	3 sols » d.	2 sols 6 d.	» sols » d.	3 sols 6 d.	la livre.
Octobre 1696 ..	3 »	2 3	3 6	3 6	id.
— 1699 ..	3 »	2 6	3 »	» »	id.
— 1751 ..	4 »	3 6	4 6	» »	id.
— 1757 ..	3 6	3 6	» »	» »	id.
— 1775 ..	4 6	3 6	» »	3 »	id.
Août 1776 ..	4 6	3 3	» »	4 »	id.

à Commercy :

Dates	Bœuf.	Vache.	Veau.	Mouton.	Porc.	
Avril 1778..	6 sols	5 sols	6 sols	6 sols	8 sols	la livre.
Mai 1781..	6 6^d	5 6^d	6 6^d	6 6^d	8	id.
Juin 1786..	7 6	6 3	7 6	7 6	8	id.
Octobre 1789..	7 9	6 9	7 9	6 »	»	id.
Août 1790..	7 6	6 6	7 6	7 6	9	id.
Juillet 1806..	0^f 35	0^f 25	» »	0^f 30	0^f 30	id.
Avril 1808..	» 35	» 30	» 35	» 35	» 35	id.
Avril 1810..	» 35	» 30	» 35	» 35	» 40	id.
1816..	» 80	» 70	» 85	» 85	» 95	le kilog.
1820..	» 80	» 65	» 80	» 70	» 70	id.
1825..	» 65	» 55	» 65	» 60	» 70	id.
1830..	» 80	» 70	» 80	» 70	» 85	id.
1836..	» 80	» 60	» 80	» 70	» 80	id.
1844..	» 95	» 85	» 95	» 90	» 85	id.
Avril 1850..	» 90	» 80	» 90	» 90	» 70	id.
1855..	1 10	1 »	1 »	1 10	1 30	id.
1859..	1 10	1 »	1 »	1 20	1 »	id.
1878..	1 80	1 80	1 80	2 »	1 40	id.
1881..	1 20	1 20	1 40	1 80	1 70	id.
1890..	1 70	1 70	2 »	2 40	2 »	id.

D'après le recensement de 1888, les animaux de boucherie étaient ainsi répartis entre les arrondissements :

Nature des animaux.	Bar.	Commercy.	Montmédy.	Verdun.
Taureaux	238	366	373	348
Bœufs { de travail	397	159	827	449
Bœufs { à l'engrais	1.194	685	1.859	746
Vaches	13.860	16.197	13.608	15.517
Elèves d'un an et au-dessus	5.019	4.516	7.490	5.777

Nature des animaux.	Bar.	Commercy.	Montmédy.	Verdun.
Elèves au-dessous d'un an. .	3.203	3.425	4.416	3.403
Béliers.	199	223	165	202
Moutons	7.524	5.046	3.989	4.601
Brebis	14.540	11.058	9.066	11.368
Agneaux de un à deux ans. .	9.011	5.706	4.321	4.691
Agneaux au-dessous d'un an.	8.171	5.071	4.552	4.749
Porcs.	14.939	24.508	20.764	22.160
Chèvres	1.546	1.943	4.284	2.273

ESPÈCE OVINE. — Le nombre de moutons entretenus dans le département a beaucoup diminué depuis 1870. En 1852, on comptait dans la Meuse 219,484 bêtes à laine ; tandis qu'en 1886 ce chiffre se réduisait à 141,309, soit en 35 ans, une diminution de 78,175 têtes.

Cette diminution tient à plusieurs causes, nous citons les principales : importation des moutons étrangers alimentant en partie le marché de La Villette, bas prix relatif de la laine, diminution de la surface des terrains en landes et en friches, étendue plus restreinte des terres en jachère, extension des prairies artificielles, difficulté de se procurer de bons bergers. La race locale, de taille assez élevée, produisant de la laine grossière, avait cependant l'avantage de s'engraisser facilement et le mérite d'être d'une robusticité à toute épreuve. Pour en obtenir une laine plus fine et plus abondante, on chercha à l'améliorer par des croisements.

C'est alors que de nombreuses importations furent tentées. Dès 1798, M. Saincère, de Vaucouleurs, sollicitait et obtenait du ministère de l'Intérieur, 10 brebis et 5 béliers mérinos provenant de la bergerie de Rambouillet. Plus tard, il fit venir lui-même d'Espagne, 40 mères de race pure ; de sorte qu'en 1808, son troupeau était uniquement composé de moutons mérinos de race pure. L'*Annuaire* de l'an XII nous rapporte les faits suivants :

« Les personnes qui désireraient se procurer des bêtes à laine de race pure d'Espagne peuvent s'adresser au citoyen J.-B. Saincère. L'amélioration de notre race locale est d'autant plus désirable que nos petites brebis ne donnent qu'une laine commune (celle-ci était vendue lavée 1 fr. 50 à 1 fr. 60

la livre, tandis que la laine des mérinos s'achetait 3 fr. 75 à 4 francs la livre sans être lavée).

« Il ne faut pas être arrêté par la crainte des frais d'achat. Je vais indiquer un moyen qui est à la portée des propriétaires les moins riches. Il consiste à se procurer un bélier de race pure d'Espagne, on exclut du troupeau, dans lequel on le place, tous les béliers de la race de pays ; on compose ce troupeau d'une quarantaine de brebis que l'on choisi parmi celles qui ont la plus belle taille et la laine la moins grossière.

« Dès la première année, il résultera du croisement des races, des métis qui participeront déjà de la finesse de la laine et de la stature des brebis d'Espagne.

« Que l'on donne aux femelles de cette première génération, quand elles seront en état de porter, c'est-à-dire la deuxième année, ou les anciens béliers, s'ils sont encore de service, ou de nouveaux de race pure, on obtiendra de cette seconde génération des résultats plus sensibles encore que de la première.

« En continuant cette marche pendant 5 ou 6 ans, on aura une race acclimatée semblable à celle d'Espagne et sans qu'il en coûte plus de deux béliers espagnols du prix de 100 à 150 francs chacun.

« En attendant que les cultivateurs adoptent le système que je viens de leur tracer, je les invite à donner plus de soins à la construction des bergeries ; trop souvent l'air n'y circule pas ; étouffés sous des claies couvertes de paille ou de foin, à travers lesquelles tombent des ordures qui se mêlent dans leur toison, les brebis sont exposées à tous les accidents qu'entraînent la malpropreté et un air corrompu. »

Afin de répandre cette race, il fut créé, à Bar-le-Duc, en 1813, un dépôt de béliers mérinos.

Ces reproducteurs étaient confiés aux cultivateurs à la condition de les bien entretenir ; ils devaient aussi justifier que leurs troupeaux étaient sains et bien soignés ; malheureusement, et pour des raisons que nous ne connaissons pas, ce dépôt fut supprimé après une durée de deux à trois ans.

Au début des importations des primes étaient accordées aux introducteurs de races étrangères. En 1791, le procureur général syndic propose au Conseil général d'arrêter qu'il sera accordé une gratification de 100 livres, lors de la première session, à l'agriculteur du département qui aura le mieux soigné et multiplié ses animaux, et 300 livres à celui qui aura transplanté des brebis espagnoles ou anglaises.

Dans une note parue en 1836 et intitulée : *Considérations sur les bêtes à laine et sur diverses races par rapport au pays,* M. Barbier recommande l'introduction de la race mérinos dans notre département, parce qu'elle peut y prospérer et s'y conserver pure (dans la Woëvre et l'Argonne exceptées) et qu'elle n'est pas plus exposée aux maladies et à la mortalité que les moutons indigènes ; en outre, les produits ne peuvent être comparés ni balancés avec ceux des races communes, puisqu'il est vrai que le mérinos donne 5 à 6 fois plus de laine.

Les Sociétés d'agriculture du département firent, à diverses reprises, des achats de béliers améliorateurs étrangers ; bien que revendus avec des pertes très-sensibles, ceux-ci trouvèrent peu d'amateurs. Quelques achats de béliers Southdown et Dishley ont été effectués par un petit nombre d'éleveurs de notre département, les produits obtenus de ces croisements sont excellents, surtout ceux dérivant de la race locale avec le mouton Southdown.

ESPÈCE PORCINE. — La race lorraine, que l'on rencontre dans presque tout le département, laisse peut-être à désirer sous plus d'un rapport, mais elle est toujours très-estimée pour la qualité de sa chair.

Les animaux de cette race sont caractérisés par un dos long, mince et voûté, soutenant un ventre levreté maintenu par des côtes plates ; la tête volumineuse, longue et garnie d'oreilles larges et tombant sur les yeux ; à l'abattage, ils donnent des jambons et des saucissons justement renommés, tel est le cas des jambons et des saucissons de Dannevoux.

Vivant en troupeaux dans les bois, les friches, les terres en jachère, les chaumes, les porcs lorrains produisent relativement peu de lard, mais par contre, les masses musculaires sont très-développées et fournissent un aliment d'excellente qualité. Depuis longtemps des croisements ont été opérés en vue de donner au porc de Lorraine plus de précocité, une ossature plus fine, une conformation tendant à les rapprocher de terre, tout en augmentant la largeur du dos, des reins et de la croupe.

Dès 1843, la Société d'agriculture de Commercy introduisait les races précoces anglaises. Les résultats qu'ont donné leur croisement, avec la race du pays, ont été excellents; aussi depuis, les cultivateurs de la région se sont-ils empressés de suivre la voie ouverte par cette Société et n'ont eu, jusqu'à ce jour, qu'à s'en féliciter.

Bien avant 1864 M. le baron de Benoist avait importé, dans sa ferme de Waly, des porcs Hampshire et Craonnais.

On peut aussi voir chez M. Boulet, de Sorcy, de très-beaux sujets de races Bershire et Craonnaise-lorraine. Quelques-uns de ces types ont mérité, à plusieurs reprises, de nombreuses récompenses à Paris et dans les concours régionaux.

ANIMAUX DE BASSE-COUR. — Les animaux de basse-cour entretenus dans la Meuse n'appartiennent à aucune race déterminée, la plupart se rattachent à la race commune.

Voici le nombre de ces animaux à diverses époques :

Espèces.	1862.	1872.	1882.
Poules	517,669	486,956	500,792
Dindés	2,609	1,225	3,821
Oies	42,661	22,173	27,497
Canards	47,906	26,406	45,273
Pigeons	27,635	33,397	44,815
Pintades			402
Lapins			241,546

Les chiffres relatant l'état de la basse-cour en 1872 doivent être considérés comme au-dessous de ceux des années antérieures. Cette diminution tient à la malheureuse guerre de 1870-1871, pendant laquelle il a été fait une véritable hécatombe de ces petits animaux.

APICULTURE. — Une des branches de l'agriculture, l'*apiculture*, peut être la source de grands revenus lorsqu'elle est bien appliquée et mise à la hauteur des connaissances actuelles.

L'apiculture, autrefois confinée dans les formules très-restreintes du « *Fixisme* », s'est élevée à la hauteur d'une science avec ses principes et ses déductions pratiques. C'est l'éclosion d'un système nouveau qui a pris le nom de « *Mobilisme* », parce que tous les rayons d'une ruche deviennent mobiles et s'extraient à la volonté de l'apiculteur.

Avec ce système, plus de destruction d'abeilles, plus de destruction de rayons de cire; par le fait, surproduction de miel, suppression des essaims naturels, diminution réglée des bourdons, élevage des reines (Comité d'apiculture de Void). Depuis plus de 20 ans, M. Heymonet, apiculteur à Saint-Mihiel, s'occupe de l'éducation des abeilles et cherche à répandre le mobilisme.

En 1874, il était proclamé lauréat, à Paris, pour ses ruchettes et son mello-extracteur nouveau. Au concours ouvert par la Société d'agriculture de Commercy, en 1875, M. Heymonet était récompensé par une médaille d'argent.

Nous entrayons du compte-rendu de ce concours le passage suivant :

Au 1er mai 1875, M. Heymonet avait 18 colonies ; elles produisirent 19 essaims, soit 37 ruches du poids total de 1,353 kilog.; en déduisant 529 kilog. de tare, il reste, comme poids net, 822 kilog. de miel.

La nourriture de ces 37 colonies a absorbé 555 kilog. de miel; le produit à vendre a donc été de 267 kilog., soit :

En rayon, 120 kilog. à 2 fr. 20, ci . . . .   265ᶠ »
En miel ordinaire, 147 kilog. à 1 fr. 20 ci 176 40
                                                     ─────────
            Produit réel 440 40
                                                     ─────────

Ajoutant la valeur de 19 essaims à 15 francs au maximum . . . .   285 »
                                                     ─────────
            La recette est de. . . .   725ᶠ 40
                                                     ─────────

Mais la comptabilité de M. Heymonet ne s'arrête pas là, et nous pouvons passer au compte-matière.

Une ruche coûte 20 francs; 37 absorbent donc en capital. . . . .   740ᶠ »
10 p. 0/0 à défalquer pour rente du capital et usure du matériel. . . . .   74 »

Reste 725 fr. 40 — 74 francs = 651 fr. 40.

Chaque ruche produit ainsi près de 90 p. 0/0 ou 17 fr. 50 annuellement pour une avance de 20 francs.

M. Léopold, ancien instituteur d'Andernay, nous a assuré que, bon an mal an, son rucher lui assurait une recette nette de 200 à 250 francs.

Malgré les grands avantages que retirent quelques apiculteurs meusiens, nous constatons avec peine que le nombre des colonies entretenues reste stationnaire et même tend à diminuer, ainsi que le fait ressortir le tableau ci-dessous.

Années.	Nombre de ruches.
1852	25,085
1862	32,844
1866	25,922
1872	27,029
1882	19,692
1889	23,431

Nous devons faire observer que depuis la création de la Société départementale d'apiculture de la Meuse et de la Société d'apiculture de l'arrondissement de Commercy, un nouvel essor a été donné à l'apiculture; un grand nombre de personnes, autrefois indifférentes, s'occupent aujourd'hui de l'élevage des abeilles.

La production en miel était évaluée en 1889 à
93,632 kilog., à 1 fr. 40 . . . . 132,957 fr.
Celle de la cire était de 24,164 kilog. à 1 fr. 75   42,287 fr.

Total. . . . . 175,244 fr.

PISCICULTURE. — Depuis 1865, le Conseil général de la Meuse vote annuellement à M. Archen, ancien conducteur des ponts et chaussées en résidence à Varennes, 200 francs pour l'entre-

chen se procure des truites dans le ruisseau où est installé son réservoir. Ce pisciculteur émérite produit de 4,500 à 5,000 petites truites par an; pour cela il lui faut cinq à six mères et autant de mâles du poids de 350 à 400 grammes; l'éclosion se fait dans l'eau de source, dont la température est de 8°.

Les fraies commencent du 15 au 20 décembre et durent jusque fin de février : les œufs en incubation sont 30 jours pour être embryonnés, après 40 ou 48 jours l'éclosion a lieu.

M. Archen s'occupe aussi de la reproduction de la carpe dans les eaux de l'étang du *Bas-Bruat,* près de Boureuilles.

En 1884, il a été mis 2,000 petites truites dans la *Cousance,* aux abords d'Aubréville; 6,000 près de Parois; 2,000 dans la *Scance* entre Jardin-Fontaine et Regret; 2,000 dans la *Dieue* entre Dieue et Sommedieue; 2,000 dans l'Aire.

M. Malard, de Commercy, s'occupait aussi de pisciculture depuis 1862.

La pisciculture est enseignée à l'École pratique d'agriculture des Merchines depuis 1884.

Les essais entrepris jusqu'à ce jour ont parfaitement réussis, ils portent principalement sur l'éclosion d'œufs de truite.

Quelques essais de pisciculture ont été faits, en 1886 et en 1887, par les agents de l'administration, dans l'Ornain, près de Varney et de Tannois, au moyen d'alevins de truites fournis par l'établissement de pisciculture de Bouzey (Vosges) et par des œufs pris sur des sujets capturés dans la rivière d'Ornain et fécondés artificiellement. Ces expériences paraissent avoir produit des résultats satisfaisants.

Les espèces de poissons que l'on rencontre dans les eaux de la Meuse sont : la perche, le brochet, le barbeau, la tanche, l'anguille, la brème, la rousse, le chevenne et le hotu; on y trouve aussi quelques carpes et de la truite.

Dans la Saulx et l'Ornain on pêche : la truite saumonnée qui a acquis une certaine renommée, du barbeau, du goujon, de la loche.

Dans les autres rivières, on capture aussi : des truites, de la perche, du barbeau, du brochet et quelques poissons blancs.

Prix moyen du kilogramme de poissons à Bar-le-Duc :

	1883.	1890.
Truite	5ᶠ 50	5ᶠ 60
Brochet.	3 40	3 20
Perche.	2 60	2 50
Carpe.	2 30	1 85
Barbeau	2 80	1 85
Friture	1 65	1 50

Chaque année, quelques étangs de la Woëvre sont mis à sec et les poissons, consistant principalement en carpes, sont colportés dans les campagnes et vendus sur le pied de 1 fr. 30 à 1 fr. 50 le kilogramme.

L'écrevisse de la Meuse, autrefois si renommée, a complètement disparu depuis 1879. Elle est aussi devenue très-rare dans la Saulx, la Chée et l'Aire.

Le dépeuplement est attribué à une maladie épidémique.

Des essais de repeuplement sont tentés, et quelques sujets ont déjà été capturés en divers endroits, ce qui porte à croire que les causes de la mortalité ont au moins en partie disparu.

Les crédits votés en 1893, par le Conseil général de la Meuse, pour favoriser le repeuplement des cours d'eaux étaient ainsi fixés :

Pisciculture. — Subvention à M. Archen 200ᶠ
     —   — Repeuplement de la Chiers 150
Primes pour la capture des loutres. 75

     Repeuplement des écrevisses :

Branche nord du canal de l'Est et rivière de Meuse. . 300
Sous-préfecture de Commercy, rivières de Meuse et
    d'Ornain 150

                Total des crédits. 875ᶠ

DIXIÈME PARTIE.

INDUSTRIES AGRICOLES.

———

Les industries agricoles sont peu variées dans notre département.

En 1811, le duc de Reggio faisait construire, à Bar-lc-Duc, une sucrerie destinée à traiter les betteraves récoltées sur les 80 hectares que devaient cultiver les laboureurs de l'arrondissement de Bar-le-Duc. La durée de cet établissement fut très-courte.

La sucrerie d'Hazavant, créée en 1829, par M. Bonvié, fut supprimée en 1838; celle de Cesse, incendiée en 1837, n'eut qu'une durée éphémère.

Après la guerre de 1870 une sucrerie fut établie à Robert-Espagne; elle dura deux années, puis les bâtiments reçurent une autre destination.

Actuellement le département est dépourvu de ce genre d'industrie, mais il trouve une compensation dans la proximité des sucreries de Sermaize (Marne), dont la création remonte à 1854, de Sainte-Ménehould (Marne), de Conflans (Meurthe-et-Moselle), de Douzy et de Chehery (Ardennes).

Quelques industries touchant à l'agriculture et jadis très-prospères, périclitent à l'heure actuelle. Seules, les usines importantes ont pu résister à la concurrence, tandis que les fabriques de second et de troisième ordre ont dû fermer leurs portes ou subir des transformations : tel est le cas pour les moulins à farine, dont plusieurs broient des nodules de phosphate de chaux, et pour les huileries et les féculeries.

Nombre de moulins à farine.

En l'an XII. 478
1827. 494
1861. 280
1888. 224

Des moulins à phosphate, au nombre de 16, existent à
Revigny, Varney, Villotte-devant-Louppy, Laheycourt,
Rarécourt, Andernay, etc...

Il y a 40 ans, les huileries étaient très-communes, peu de
villages en étaient dépourvus; actuellement les fabriques
d'huile sont très-rares; en 1888, leur nombre se réduisait à
98.

Les féculeries de Vignot, de Montplonne, d'Andernay, de
Stainville, ne fonctionnent plus; seule, celle de Sivry-sur-
Meuse continue à travailler.

En ce moment il est question d'établir une féculerie dans
les bâtiments des anciennes usines de Montiers-sur-Saulx :
notre désir est de voir aboutir ce projet.

M. Brice, de la ferme du Haut-Bois, près Étain, avait
installé sur ce domaine, en 1850, une distillerie de pommes
de terre. Le prix d'achat de ces tubercules était de 1 fr. 50
l'hectolitre.

M. Radouant, de Remennecourt créa, en 1869, une petite
distillerie agricole. Avec les résidus, il pouvait nourrir facilement 190 moutons et 25 têtes de gros bétail à l'engrais.

Les résultats financiers de l'exercice 1869 furent les suivants :

Recettes.

Alcool 588 hectolitres à 58 fr. l'hectolitre.   3,410[f]
Pulpes 840 quintaux à 2 fr. le quintal . .   1,680

Total   5,090   ci.   5,900[f]

Dépenses.

840 quintaux de pommes de terre à 3 fr.
le quintal . . . .   2,520[f]
Frais de fabrication à 2 fr. 50 les 100 kil.   2,100

Total   4,620   ci.   4,620[f]

Soit un bénéfice de . . . .   470[f]

En l'an IX on comptait, dans le département, 130 distilleries d'eau-de-vie de grains pour les arrondissements de

Montmédy et de Verdun. Ces usines traitaient annuellement 466 hectolitres de seigle et 4,964 hectolitres d'orge. Le nombre de distilleries était réduit à 19 en 1861 et à 5 en 1872.

En 1891, la Meuse comptait : 26,807 bouilleurs de cru, et 266 distillateurs et bouilleurs de profession.

A cette époque, la consommation de l'alcool était de 3 litres 18 par habitant et par an.

Répartition pour 1888 et par arrondissement,
des principales industries agricoles.

Nature des industries.	Bar-le-Duc.	Commercy.	Verdun.	Montmédy.
Brasseries.	5	6	5	14
Malteries.	»	1	»	1
Fours à chaux.	5	6	1	2
Moulins à farine. . . .	50	55	66	52
Moulin à vent à farine.	1	»	»	»
Moulins à phosphate. .	7	1	7	1
Huileries.	33	31	19	15
Fromageries.	12	10	»	1
Féculeries en 1882. . .	3	1	»	1

Soit au total : 30 brasseries, 2 malteries, 14 fours à chaux, 223 moulins à farine, 1 moulin à vent à farine, 98 huileries, 16 moulins à phosphate, 23 fromageries, et, en 1882, 5 féculeries.

En 1891, le nombre des brasseries était de 32.

La vannerie grosse et fine a toujours conservé son importance dans les villages de Rupt-en-Woëvre, Mouilly, Auzéville, Varennes, Vaux-les-Palameix et Ranzières.

La fabrication des fromages prend de jour en jour plus d'extension dans le département de la Meuse.

Cette branche de l'exploitation agricole est connue depuis longtemps, mais elle ne s'est bien développée que dans les quinze dernières années.

Dans un traité passé en 1135 entre l'abbé Lanzon, de Marsoupe, et les religieux, il est dit : « Il doit (l'abbé) en ce cas à chacun d'eux un fromage de la grandeur d'un disque et un setier de vin entre tous. De même, il doit un fromage pour chacun des novices et un quart de vin pour tous. »

En 1543, une femme de Louppy fut employée à tirer les chèvres et à faire du fromage pour le Duc de Lorraine, et un homme fit deux fois le voyage de Louppy à Nancy pour y porter des fromages de chèvres.

La fabrication du fromage de Void prit naissance à Saint-Aubin vers 1740.

C'est à Mme Jeanne de Viller, veuve de Michel Lorsin, et femme en secondes noces de Dominique Schmidt, qu'en revient l'honneur.

Ses élèves furent ses deux enfants et principalement sa bru, Mme Catherine Durival, épouse de Jean-Pierre Schmidt. Les trois demoiselles issues de ce mariage se montrèrent très-habiles dans la fabrication et se marièrent à Void où elles importèrent et propagèrent cette industrie qui, dès 1786, donnait déjà assez de produits pour qu'il fallut les écouler par l'entremise des courriers et conducteurs de diligences.

Une de leurs nièces, petite-fille de Jeanne de Viller, nommée Barbe Roussel et femme de J.-B. Joannès, de Vertuzey, fut la première aussi qui, de son côté, en fit hors de Saint-Aubin et de Void. Dès 1788, elle en envoyait au loin; sa production quotidienne s'élevait jusqu'à 20 kilogrammes.

Avant 1800 on n'en faisait assidûment à Void que dans la famille de Jeanne de Viller et chez MM. Aubriot, Carmouche et Ventefloux. A Saint-Aubin, chez le maître de poste Schmidt.

La fabrication ne s'est répandue à Sorcy et à Vertuzey qu'après 1806 et à Ville-Issey qu'en 1830.

Dans l'origine on vendait ces fromages 12 sous de Lorraine; en 1856 on les payait 6 sous, mais ils étaient loin d'avoir le même mérite.

D'une enquête faite, en 1872, par l'administration, sur la production du fromage de Void, il résulte que, malgré les vides produits dans les étables par la guerre et le typhus, 30 communes des cantons de Void, Vaucouleurs et Commercy livraient au commerce, par année, 650,000 kilogrammes de fromages représentant une valeur de plus de 400,000 francs. La commune de Void entrait dans cette production pour une somme supérieure à 100,000 francs et Sorcy pour 115,000 fr.

Aujourd'hui que les étables sont reconstituées et que le nombre des villages fabriquant le fromage est augmenté, la production ne doit pas être inférieure au double de ce qu'elle était en 1872.

Le fromage de Void, autrefois très-apprécié, a, depuis quelques années, perdu de son ancienne réputation; ce fait peut être attribué au mode de fabrication qui laisse beaucoup à désirer et au manque de propreté.

En vue d'engager les cultivateurs à exploiter en commun la transformation du lait en fromage, le Comice agricole de Gondrecourt avait décidé d'accorder, en 1841, une prime de 100 francs au fondateur, dans une des communes du canton, d'une fruitière à l'instar des associations fromagères des Vosges et de la Franche-Comté.

Le fromage façon Brie est à peu près le seul fabriqué dans la Meuse; quelques industriels font aussi du Munster et surtout du Camembert (façons).

C'est à M. Bailleux, propriétaire de la fromagerie de la Maison-Du-Val, que revient l'honneur d'avoir entrepris, le premier dans la Meuse, la fabrication en grand du fromage façon Brie.

La Maison-Du-Val, créée en 1856, est peut-être l'établissement de ce genre le plus important de la région du Nord-Est de la France. En 1874, elle était alimentée par 2,123 fournisseurs répandus dans 134 communes de la Meuse et de la Marne. La masse du lait traitée, à cette époque, était d'environ 4,209,120 litres de lait.

Parmi les autres fromageries de la Meuse, celle de M. Magron, de Noyers, traitait, en 1873, 2,500 litres de lait par jour; celle de M. Guillet, de Rancourt, 12 à 1,500 litres; celle de la Houpette, 1,500 litres; les fromageries de Trémont et de Robert-Espagne, manipulaient, à la même époque, 2,500 à 3,000 litres par jour.

Depuis quelques années, de nouvelles fromageries se sont installées. Nous citerons entre autres celles de MM. Brion, de Morlaincourt; Leclerc, de Rumont; Robas, de La Grange-Lecomte; Courot, du Vieux-Montiers; Boulet, de Sorcy; Gauchotte, de Courcelles-aux-Bois; Erard, de Delouze; Collet, de Lisle-en-Barrois; Renard, de Biencourt; Lœvenbruck, de Dicourt; enfin celles de Montplonne, de Stainville, des Marats, de Mauvages, d'Houdelaincourt, d'Ornes, de Maxey-sur-Vaise, de Fleury-sur-Aire, etc...

Il est aussi fabriqué, dans les petites exploitations, des fromages gras, demi-gras et maigres pour la consommation du ménage.

Sous-les-Côtes, dans la vallée de la Meuse, dans les environs de Saint-Mihiel surtout, et dans la Woëvre, les ménagères fabriquent un fromage fondu ou cuit.

A Peuvillers (canton de Damvillers), on façonne un fromage spécial qui a beaucoup de ressemblance avec le Roquefort.

Le beurre pourrait aussi donner lieu à une industrie spéciale, surtout dans la vallée de la Meuse où le lait n'est l'objet d'aucun commerce. Espérons qu'un jour notre département sera doté d'une ou plusieurs fabriques de beurre installées par des particuliers, ou par des associations à l'instar de celles qui fonctionnent dans les Ardennes et la Haute-Marne.

FIN.

TABLE DES MATIÈRES.

DEUXIÈME PARTIE.

POPULATION.

TROISIÈME PARTIE.

CONSTITUTION GÉOLOGIQUE.

QUATRIÈME PARTIE.

AGROLOGIE.

SEPTIÈME PARTIE.

CONSTRUCTIONS RURALES ET INSTRUMENTS AGRICOLES.

HUITIÈME PARTIE.

CULTURE DES PLANTES.

VITICULTURE MEUSIENNE.

NEUVIÈME PARTIE.

ANIMAUX DOMESTIQUES.

DIXIÈME PARTIE.

INDUSTRIES AGRICOLES

BAR-LE-DUC, IMPRIMERIE CONTANT-LAGUERRE

MEUSE

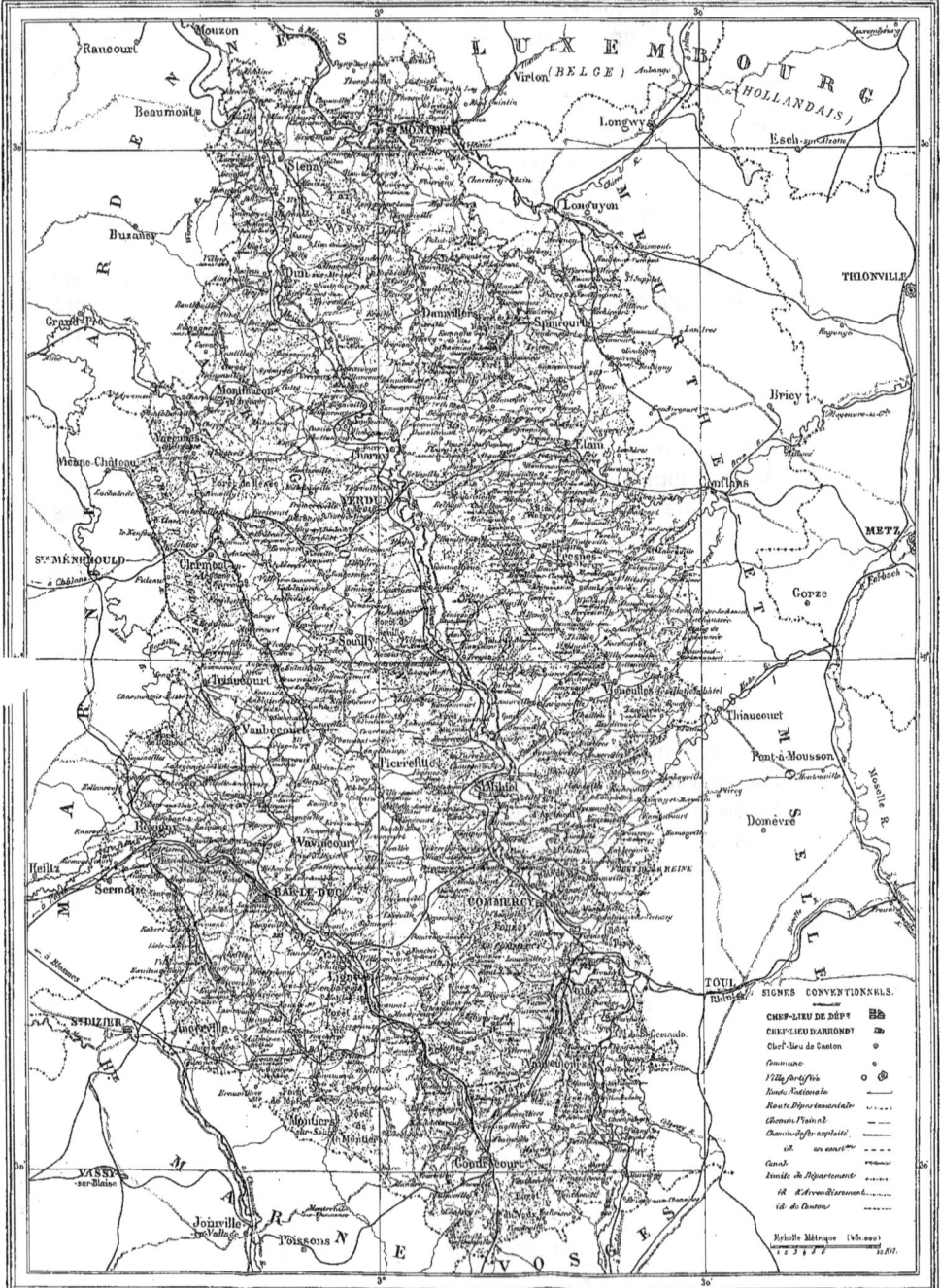

France par ADOLPHE JOANNE

Les chiffres indiquent la hauteur en mètres au-dessus du niveau de la mer.

SIGNES CONVENTIONNELS.

Librairie L. Hachette et Cie à Paris.

www.ingramcontent.com/pod-product-compliance
Lightning Source LLC
Chambersburg PA
CBHW061115220326
41599CB00024B/4053